北京协和医学院特色教育丛书

实验动物学

主　　编：秦　川

副主编：

张连峰　高　虹　雍伟东　魏　强　邓　巍

孔　琪

编　　委（按姓氏笔画排列）：

于　品　马元武　牛海涛　占玲俊　吕　丹

向志光　刘江宁　许黎黎　孙秀萍　严立波

杨志伟　肖　冲　张　玲　姚艳丰　高　苒

高　凯　鲍琳琳

编写秘书：张艳荣

中国协和医科大学出版社

图书在版编目（CIP）数据

实验动物学／秦川主编. —北京：中国协和医科大学出版社，2015. 12
ISBN 978-7-5679-0423-1

Ⅰ. ①实… Ⅱ. ①秦… Ⅲ. ①实验动物学-教材 Ⅳ. ①Q95-33

中国版本图书馆 CIP 数据核字（2015）第 252157 号

实验动物学

主　　编：秦　川
责任编辑：许进力　高淑英

出版发行：中国协和医科大学出版社
（北京东单三条九号　邮编 100730　电话 65260378）
网　　址：www. pumcp. com
经　　销：新华书店总店北京发行所
印　　刷：北京佳艺恒彩印刷有限公司

开　　本：889×1194　1/16 开
印　　张：13
字　　数：300 千字
版　　次：2016 年 1 月第 1 版　2016 年 1 月第 1 次印刷
印　　数：1—2000
定　　价：118. 00 元（含光盘）

ISBN 978-7-5679-0423-1

编写说明

课程学习是我国学位和研究生教育制度的重要特征，是保障研究生培养质量的必备环节，重视课程学习，加强课程建设，提高课程质量，是当前深化研究生教育改革的重要和紧迫任务。

研究生教材是教学内容和教学方法的知识载体，是进行教学的基本工具，也是深化教育教学改革，全面推进素质教育，培养创新人才的重要保证。教材的优劣，直接影响教学的质量和研究生的培养质量。因此，搞好教材建设，对于提高教学质量，培养高质量人才具有十分重要的战略意义。

我国自1978年恢复研究生教育以来，医学研究生教育就一直没有统一的教材。北京协和医学院（原中国协和医科大学）1978年恢复研究生招生，是国务院首批批准可授予博士、硕士学位的单位，也是实行单独考试和可面向港澳台招生的院校之一。经国务院学位办批准，1986年7月正式成立中国协和医科大学研究生院，统一领导院校的学位与研究生教育工作。院校所属19个院所招收培养研究生。经过几十年的建设与发展，院校已初步建设成为学科门类较为齐全、指导力量比较雄厚、科研基础扎实的研究生培养基地。

一直以来，我们都计划着编写一套医学研究生教材，以构建符合培养需要的课程体系，贯彻本学科研究生培养目标和学位要求，实现课程体系的系统设计和整体优化。

近年来我校获得了教育部小规模特色办学的经费支持，在校领导的大力支持下，使我们编写研究生教材的计划顺利实施。

学校成立了教材委员会，教材委员会达成一致意见，协和研究生教材编写应遵循下列原则：

1. 要符合医学教育改革的需要，要适用于医学研究生、住院医师规培。

2. 反映学科前沿，高起点规划和编写教材，适时更新。

3. 教材形式应多样化，借助现代教育技术，可以促进传统传教授业模式向以学生为主体、教师主要起指导作用的模式转变；以单纯传授知识向着重培养学生能力转变。教材模式可以由单纯的图书发展到音像教材等。

4. 参考国外最先进的原版教材，缩小与国外先进教材的差距，提高我们教材编写的水平。

5. 教材风格多样化，鼓励富有学识和经验的学者编撰富有创意和特点的教材。

6. 适用性原则，适应未来专业和学科的发展需要，并与其发展趋势相一致。要求教材能符合人的认识规律，适应教学实际和人的全面发展，适应基本训练和能力培养，适应学生的接受能力和知识水平，适应学生的兴趣和需要。

7. 科学性原则，要求教材内容对本学科的新进展和新成果进行深入广泛的调查研究，及时将被科学论证和公认的新技术、新成果、新观念充实到教材中。展示本学科当前发展的最新水平。

8. 系统性原则，要考虑学生的基本训练和掌握知识的规律以及学科发展和知识更新对系统性的要求。

9. 平衡性原则，现代学科的发展和知识的更新，要求教材的内容既要符合教学大纲的要求，又要有比较广阔的学科知识，还要有比较经典比较深入的知识和反映时代特色的知识。注重教材广度和深度的有机结合，科学平衡两者的关系，才能使学生全面系统地掌握知识，形成合理的知识结构。

编写一本高质量的教材是相当繁重的工作，是功德无量的好事。在教材编写过程中，各位主编和编写老师坚持以研究生能力培养为核心、以创新能力培养为重点，以拓宽知识为基础，有利于长远发展为目标，总结了北京协和医学院几十年的研究生教学经验，集思广义，认真做好每一章节的编写、审核工作，付出了大量时间和精力，在此要对他们真诚地说一声谢谢。

在编写过程中，研究生院和中国协和医科大学出版社做了大量的组织协调工作，才使得研究生教材顺利出版，在此也一并表示感谢。

北京协和医学院研究生教材的出版希望能为协和的研究生提供帮助、为全国医学研究生提供帮助，并藉此推动全国医学研究生教材编写及出版工作，推动医学研究生教育继续深化改革。

北京协和医学院研究生院

2015. 10

前　　言

我国研究生的实验动物学课程由中国协和医科大学（现北京协和医学院）开设于1986年。我们在长期的教学实践中发现，北京协和医学院学生更需要理论知识和操作技术相结合、比例合适的教材。根据北京协和医学院教改精神，我们编写了本教材。

全书包括七章和附录，第一章介绍了实验动物科学的发展历程、实验动物科学的基本概念及医学实验对实验动物的要求。第二章介绍了几种常见的啮齿类和非啮齿类实验动物及生物学特性。第三章介绍了动物实验与基础医学、临床医学的关系，动物实验与医药研究、转化医学的关系，同时具体介绍了动物实验在医学研究中的应用案例。第四章介绍了在生物医学研究中实验动物的选择和设计、影响实验的因素及动物实验数据的收集和整理。第五章介绍了实验动物的操作方法、行为学实验技术、外科手术操作等实验技术方法，对近年来在实验动物相关的基因工程技术、影像学技术以及疾病动物模型等研究领域的最新进展进行了综述和总结。第六章介绍了实验动物福利伦理原则及在研究中实验动物的使用和管理。第七章介绍实验室生物安全的基本概念和要求，动物实验中的生物安全知识和安全操作、动物实验的审查要点、生物安全风险评估以及依据评估采取相应的防护措施。附录包括实验动物常规参数、实验动物相关法律法规及实验动物相关专业期刊三部分，以便于拓展实验动物学信息，获取资源。与以往的教材相比，本教材增添了动物实验新技术、转化医学方法、生物安全和实验动物医学护理等内容。实验操作部分配有光盘。

为方便阅读，本教材每章都有各节的目录，并有主题介绍，部分用插图帮助理解。每章介绍的内容既相对独立又有关联性，建议阅读时注重主题介绍、基本概念掌握以及章节之间的交叉学习。

本教材由从事研究生教学的一线教师和具有相关领域研究经验的专家编写，适合生物学、基础医学、临床医学、药学等相关领域的研究生使用。本教材在内容上做了一些新的探索，限于编者水平，难免存在疏漏，敬请指正。

秦　川

2015年10月

目　录

第一章

实验动物科学发展概况

实验动物科学（laboratory animal sciences）是实验动物资源研究、质量控制和利用实验动物进行科学实验的一门综合性交叉学科。不仅研究实验动物的遗传育种、保种、生物学特性、繁殖生产、饲养管理以及疾病的诊断、治疗和预防，还研究以实验动物为材料，采用各种方法在实验动物身上进行实验，研究动物实验过程中实验动物的反应、表现及其发生发展规律等问题，着重解决实验动物如何应用到各个科学领域中去，为生命科学和国民经济服务。

实验动物科学是生物医学研究的基础支撑条件，与医学、生物学的发展相互促进。其根本目的是要为医学、生物学和医药产品安全性、有效性的评价提供标准的实验动物，从而保证研究结果的科学性、精确性、重复性、可靠性。医药研究更强调体内研究成果，更需要实验动物科学的支持。

第一节　实验动物科学的发展历程

实验动物科学诞生于20世纪50年代初期，是一门融合了动物学、兽医学、医学和生物学等科学的理论体系和研究成果发展而成的综合学科。经过半个多世纪的发展，实验动物科学的作用日趋重要，对生命科学、医药、农业和食品卫生的支撑作用直接或间接地影响人类健康、社会安全和生命科学的创新研究。实验动物作为“活的试剂或精密仪器”，在生命科学的基础研究和新药开发中具有不可替代的位置。

动物、植物与人类关系密切，共同构成自然界。人类对自然界的认识，也是从动物开始的。西方医学属于实验医学，建立在解剖学、生物学及实验技术的基础上，更多的要用到动物。

一、西方国家实验动物科学发展史

实验动物科学起源于欧美等西方国家，是伴随着实验医学或实验生物学的发展而发展起来的。而在此之前，就已经有许多科学家通过研究动物，发展了解剖学、生理学等诸多学科。古代生物学以古希腊为中心，著名的学者有亚里士多德（Aristotles，公元前384~公元前322年，研究动物形态学和分类学）和古罗马的盖仑（Galen，130~200，研究解剖学和生理学），他们的学说在生物学领域内整整统治了1000年。亚里士多德首先发现了比较的方法，为比较医学的出现奠定了基础。

文艺复兴时期，是科学发展史上的第二个高潮。部分科学家冲破传统教条的束缚，开始探索生命科学的真相。画家兼科学家达·芬奇（Da Vinci，1452~1519）、解剖学家科伦布（Readus Columbus，1510~1559）、英国人哈维（William Harvey，1578~1657）、意大利医生伽瓦尼（Luigi Galvani，1737~1798）等分别使用动物进行研究，取得了生理学、比较解剖学、肺循环理论、现代解剖学、血液循环、神经电传导等著名的医学进展。

欧洲中世纪传染病传播猖獗，其中以鼠疫、麻风和梅毒为最盛。为了解决传染病的防控问题，法国化学家巴斯德（Louis Pasteur，1822~1895）、德国科学家科赫（Robert Koch，1843~1910）、德国科学家贝林（EmilVon Behring，1854~1917）等通过动物体内研究，发明了狂犬病疫苗、炭疽杆菌、血清疗法等。

实验医学之父——法国生理学家伯纳（Claude Bernard，1813~1878）发明了很多动物研究的复杂方法，他评论说"对每一类研究，我们应当选择适当的动物，生理学或病理学问题的解决常常有赖于所选择的动物"。他在《实验医学研究导论》中强调，得益于丰富多彩的动物试验，生理学、微生物学、传染病学、免疫学、遗传学等现代医学的基础学科在19~20世纪初逐渐形成。

实验动物最早出现的是小鼠，来源于宠物鼠。1900年，美国的一位退休教师莱斯罗普（Abbie Lathrop）建立宠物鼠场（mouse farm），实验小鼠很多品系都是从这里被选育而成。莱斯罗普被称为小鼠遗传学之母。

而推动实验动物出现的是孟德尔遗传定律。1900年，生物学家们纷纷用各种实验模型来测试孟德尔的遗传定律。1902年，美国哈佛大学的卡斯特（Castle）购买宠物鼠用于孟德尔遗传定律研究，并培育出C57BL小鼠，被称为小鼠遗传学之父。1909年卡斯特的学生李特（C. C. Little，1888~1971）培育出了第一个近亲繁殖的小鼠品系——DBA（diluted brown non-agouti），并在1929年创建了著名的杰克逊研究所（Jackson laboratory）。1913年美国人贝格（Bagg）购得一种白化小鼠原种，以封闭群的方法繁殖。1923年美国麦克·多威尔（Mac Dowell）开始将其做近交系小鼠培育，至1932年传到26代，命名为BALB/c品系。

20世纪40年代，在实验动物科学还没有独立发展之前，欧美等发达国家认识到实验动物饲养管理和质量管理的重要性。美国在1950年成立实验动物管理小组，后改组成美国实验动物学会（AALAS）。德、法、英、日等国纷纷建立了专门的实验动物管理机构和研究机构。1956年国际实验动物科学理事会（ICLAS）成立。随着实验动物科学的发展，欧美不少国家都成立了专门的实验动物管理机构和各具特色的管理体制和法律法规。

20世纪50年代，实验动物科学成为一个独立的学科，由多个学科和领域交叉融合而成，包括动物学（zoology）、兽医学（veterinary medicine）、医学（medicine）和生物学（biology）等科学的理论体系和研究成果，逐渐发展为整个生命科学不可或缺的支撑学科。实验动物资源、实验动物质量保障体系、实验动物供应和实验动物管理构成了实验动物科学的基本元件。半个多世纪以来，实验动物科学以相关科学为基础，结合自身的目标和特点，从理论和实践两个方面不断丰富学科的内容，使该学科逐渐形成了完整的理论体系。

20世纪70年代以后，生物医学飞速发展，许多重要发现都和动物实验息息相关。嵌合体和试管婴儿也是首先从动物模型上起步的。现代免疫学、病毒学、遗传工程、生物医学等学科和细胞融合、单克隆、DNA重组等高技术领域都与实验动物密不可分。正如巴甫洛夫所说："没有对活体动物进行的实验和观察，人们就无法认识有机界的各种规律。"对于医学科学来说，探讨危害人类健康的各种疾病的发病、治疗与治愈机制及其生理、生化、病理、免疫等方面的机制，无一不是通过动物实验阐明或证实的（表1-1）。

表1-1　西方国家实验动物科学发展史

时间	事　件
古希腊时期	亚里士多德解剖各种动物，著有《动物的自然史》《动物的组成部分》《动物的生死》等
	盖伦提出生理学萌芽
文艺复兴时期	达·芬奇通过解剖各种动物，形成了比较解剖学的雏形
1510~1559年	解剖学家科伦布根据临床观察和动物解剖实验提出了肺循环理论
1514~1556年	维萨里采取比较解剖和活体解剖不同动物的方法，创立现代解剖学
1578~1657年	哈维证明血液是循环的
1780年	伽瓦尼用立体青蛙大腿的神经做实验，发现神经的电传导特性
1798年	琴纳给人接种牛痘，证明可以免除人感染天花，催生了免疫学的出现
1879~1885年	法国化学家巴斯德先后发明了鸡霍乱、犬与人狂犬病疫苗
1882年	德国科学家科赫通过兔和小鼠试验，分离炭疽杆菌，发现结核杆菌
1890年	德国人贝林与日本人北里柴三郎用豚鼠等动物研究白喉杆菌与破伤风杆菌，首创血清疗法，提出体液免疫学说
1845~1916年	俄国动物学家梅契尼科夫在研究涡虫时第一次观察到吞噬过程，随后证实了吞噬细胞的假说，建立了细胞免疫学说
1813~1878年	法国生理学家伯纳发明了很多动物研究的复杂方法，撰写了《实验医学研究导论》
1902年	美国人Castle购买宠物鼠用于遗传学研究
1909年	美国人C. C. Little培育出了第一个近亲繁殖的小鼠株系——DBA
1932年	美国人麦克·多威尔（MacDowell）培育出BALB/c近交系小鼠
1944年	美国科学院讨论实验动物标准化，成为实验动物科学作为独立学科的起点
1947年	英国成立了实验动物管理署
1950年	美国实验动物学会成立
1956年	国际实验动物科学理事会（ICLAS）成立
1963年	美国NIH制订《实验动物饲养管理和使用手册》，成为实验动物管理文件
1965年	美国实验动物管理认可协会（AAALAC）成立
1982年	世界卫生组织和ICLAS组织起草了《实验动物饲养与管理指南》

续 表

时间	事　件
1982 年	培育出转基因小鼠
1987～1989 年	培育出第一只基因敲除小鼠
1998 年	培育出克隆小鼠
2002 年	完成小鼠基因组测序

1901～2009 年，诺贝尔生理学或医学奖获奖成果中直接涉及 25 种动物，共计 120 次，其中常规实验动物如小鼠、大鼠、兔、犬、豚鼠、地鼠、猫、猪、猴、鸡、蛙的使用频率是 92 次，非常规实验动物如鸟类、马、鱼、蛇、果蝇、蜜蜂、线虫等是 27 次。而 2004～2014 年诺贝尔生理学或医学奖获奖成果几乎都是使用实验动物获得的成果（表 1-2）。

表 1-2　近 10 年诺贝尔医学奖主要发现与使用的实验动物

时间	主要成果	所用动物
2004 年	发现气味受体和嗅觉系统组织方式	小鼠、犬
2006 年	发现核糖核酸（RNA）干扰机制	线虫、果蝇、小鼠
2007 年	建立基因打靶技术和基因敲除技术	小鼠
2008 年	发现导致严重人类疾病的两类病毒（HPV 和 HIV）	鸡、小鼠，人类、黑猩猩
2009 年	发现端粒和端粒酶保护染色体的机制	线虫、酵母、小鼠
2010 年	建立体外受精技术	小鼠
2011 年	发现人体免疫系统激活的关键原理	果蝇、小鼠
2012 年	发现细胞核重新编程研究	小鼠
2013 年	细胞的囊泡运输调控机制	酵母、小鼠等基因修饰模型
2014 年	发现构建大脑定位系统的细胞——GPS 细胞	大鼠

自 20 世纪中叶以来，实验动物学博采众长，从发育生物学、遗传学、细胞生物学、分子生物学、畜牧学等学科中广泛吸收研究成果，来充实和发展自己，从而形成了一整套现代实验动物学技术。先后成功培育出试管动物、嵌合体动物、转基因动物、基因剔除或替换动物等，为胚胎发育机制研究、人类疾病研究、基因功能分析等，提供了有价值的动物模型。

二、中国实验动物科学发展史

公元前 1600 年中国商朝开始有动物试毒的文字记录。中国传统医学属于经验医学，很少通过动物来研究人类自身。直至1918年，中国生物制品的先驱——中央防疫处齐长庆饲养小鼠用于生物制品试验，实验动物科学在中国才开始萌芽。

为了生物制品和动物实验研究，新中国成立后在部分研究机构和大学建立了实验动物中心，自主培育了部分实验动物新的品系，如中国1号（C-1）、津白1号（TA1）、津白2号（TA2）、白血病小鼠615等近交系小鼠，并于1985年被国际小鼠遗传命名委员会收录。

1980年中国医学科学院成立医学实验动物中心。1982年国家科委召开第一届全国实验动物工作会议，标志着实验动物现代化进程的开始。1985年中国农业大学开始实验动物专业教育。1987年中国实验动物学会正式成立，1988年被正式接受为国际实验动物科学理事会（ICLAS）的成员国。1992年中国医学科学院医学实验动物研究所承办的中日政府合作实验动物人才项目（JICA）的实施，为我国实验动物科学发展提供了智力支持，培养了大批专业人才。

近30年来，中国的实验动物行业从质量和数量上都有了很大的改善。实验动物行业管理体系初步形成，步入了标准化、法制化管理的轨道，初步形成了国家、地方、部门三级管理体系，法律法规建设也逐渐完善（表1-3）。

表1-3 实验动物科学在中国的发展史

时间	事件
前21世纪	神农尝百草，开创了中国医药和医术
前16世纪	自商周开始有人使用动物试用毒药
1578年	李时珍“本草纲目”中记载剖解食蚁兽等动物实验
1918年	原北平中央防疫处齐长庆首先繁育小鼠开展实验，并从日本引进豚鼠
1919年	谢恩增开始使用中国地鼠检定肺炎球菌
1944年	自印度Haggkine研究所引入swiss小鼠，培育成昆明（KM）小鼠
1948年	蓝春霖从美国旧金山Hooper基金医学研究所引进金黄地鼠
50年代	各地生物制品研究所开始设立实验动物机构
60年代	李明新、杨简和李漪等人培育出TA1、TA2和615等近交系小鼠
60年代	全国有500~600人的专业队伍，实验动物20个品系
1980年	中国医学科学院医学实验动物研究所成立，开始培育裸鼠和无菌动物
1982年	国家科委在云南召开全国第一届实验动物工作会议
1982年	开始建立四个国家级实验动物中心（北京、天津、上海、云南）
1984年	我国在世界上首次开展转基因鲤鱼研究
1985年	卫生部试行医学实验动物合格证制度，2001年被科技部的许可证制度代替
1987年	中国实验动物学会成立，挂靠在中国医学科学院医学实验动物研究所
1988年	中国实验动物学会加入国际实验动物科学理事会（ICLAS）

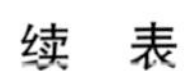

续 表

时间	事　　件
1988 年	经国务院批准，国家科委颁布《实验动物管理条例》（国家科委 2 号令）
1992 年	中国医学科学院医学实验动物研究所开始实施中日实验动物科学人才培训项目（JICA）
1992 年	卫生部颁布六项医学实验动物行业标准
1994 年	国家质监局颁布 47 项实验动物国家标准，2001 年修订后达 82 项
1997 年	国家科委颁布《实验动物质量管理办法》（国科发财字［1997］593 号）
1998 年	国家科委发布《省级实验动物质量检测机构审查准则》和《省级实验动物质量检测机构审查细则》（国科财字［1998］059 号）
1998 年	科技部颁布《实验动物种子中心管理办法》（国科发财字［1998］174 号）
2001 年	国家七部局颁布《实验动物许可证管理办法（试行）》（国科发财字［2001］545 号）
2003 年	中国、日本等国家实验动物学会倡导成立亚洲实验动物学会联合会（AFLAS）
2005 年	全国实验动物标准化技术委员会（SAC/TC281）成立，挂靠在中国医学科学院医学实验动物研究所
2006 年	科技部发布《关于善待实验动物的指导性意见》（国科发财字［2006］398 号）
2008 年	中国实验动物学会承办的第三届 AFLAS 大会在北京召开
2008 年	全国实验动物标准化技术委员会组织修订 20 项实验动物国家标准
2014 年	中国实验动物学会倡导成立中国实验动物产业技术创新战略联盟
2015 年	国家标准化管理委员会批准中国实验动物学会为团体标准试点单位

短短的 30 余年里，通过建立实验动物管理体系和政策法规体系、实行实验动物标准化、加大实验动物专项投入、建设实验动物技术平台，实验动物科学在中国得到了空前的发展，我国常用实验动物（包括实验用动物）资源有 30 余个品种，2000 多个品系，绝大多数用于科学研究，其次为检定、相关产品生产和教学。实验动物科学在解决我国老龄化、环境污染、重大疾病、传染病控制、新药研制、食品安全、航空航天等诸多方面发挥了关键性作用。

（孔　琪　秦　川）

第二节　实验动物科学的基本概念

一、实验动物科学

（一）实验动物科学的内涵

实验动物科学一方面在不断地吸取其他相关学科的理论和技术，学科本身在快速地发展；另一方面，随着实验动物的广泛应用，不断地与其他学科融合形成新的应用领域和边缘学科。比如，随着基因组计划的完成而兴起的比较基因组学，随着基因修饰大鼠资源的积累，可能促进生理学与遗传学融合而产生“遗传生理学”等。实验动物科学包括以下几个基本元素。

1. 来源于多个学科的基础理论体系　实验动物的品系培育，生理、解剖结构基础数据分析和系统化，品系的饲育和行为特征的分析，实验动物微生物背景控制等借鉴了动物学、遗传学、解剖学、病理学、生理学、营养学、行为学、微生物学、医学等学科的基础理论，通过交叉融合构成了实验动物科学的理论体系。

2. 多样性的实验动物物种和品系资源　实验动物科学的物质基础是实验动物，经过近百年来世界各国培育的包括大鼠、小鼠、兔、猪、斑马鱼、果蝇、线虫等 100 多个物种，几千个动物品系和接近 2 万种以上的基因修饰动物品系，构成了实验动物的重要部分，也是实验动物对生物医学提供支撑的基础。

3. 涉及分子、细胞、组织到活体多层次的分析技术　实验动物本身的各种饲养管理技术和质量监测技术，疾病模型的制作技术，以及进行动物实验的各种操作技术和实验方法等一系列活体、组织、细胞、分子等不同层次的技术集成，构成了实验动物科学的技术元素。

4. 系统的管理体系　实验动物是生物医学研究的对象，世界各地的实验动物的一致性是保证科学研究的重复性、严谨性的前提，实验动物培育、饲养、生产、使用等环节的统一性是保证实验动物的一致性的前提，所以保证这一过程的管理体系，包括法律、法规、指导原则、实施管理的构架等也是实验动物科学的重要部分。

5. 与其他学科形成的多个分支学科　实验动物科学与其他学科交叉，形成了一些新型的边缘学科，比如，医学的交叉，以实验动物研究医学问题为导向的比较医学，以挖掘不同动物与人类基因组信息内涵为研究主体的比较基因组学，以动物实验研究中的动物病理变化为主要研究内容的实验病理学等，都可纳入到实验动物科学的体系中。

（二）比较医学是利用实验动物和动物模型对人类疾病机制和治疗进行探索的学科

比较医学（comparative medicine）是医学与实验动物科学交叉形成的边缘学科，包括疾病动物模型的研发、与人类疾病的比较与应用，动物和人类疾病相似的病理、生理机制的发现和外推到人类医学的一门综合性基础学科。比较医学研究范围广，包括基础性的比较生物学、比较解剖学、比较组织学、比较生理学等，也包括比较免疫学、比较流行病学、比较药理学、比较毒理学、比较心理学、比较行为学等，还包括人类各系统疾病的比较医学。比较医学包括以下几个方面的基本元素。

1. 疾病动物模型的研制以及与人类疾病的对比　对人类疾病的发生、发展规律和研究防治措施深入研究，很重要的一方面需要利用疾病模型进行。但是动物和人类在基因组、生理规律、外在环境等方面有差异，没有一种疾病模型可以完全反映人类疾病的特点，所以制备疾病动物模型，并对模型反映的人类疾病特点进行界定是比较医学的重要内容之一。比如，淀粉样前体蛋白基因（APP）和早老素基因1（PS1）的突变可以引发阿尔茨海默病。用突变的APP和PS1基因制备的转基因小鼠，可以再现APP和PS1突变引起的家族性阿尔茨海默病病因、部分发病机制和阿尔茨海默病的典型病理特征，即老年斑的形成（图1-1）。但是，APP和PS1突变引起的家族性阿尔茨海默病只占所有患者的小部分，这种模型不能反映老年性阿尔茨海默病和血管性痴呆的发病机制，这些与人类疾病的异同是比较医学研究的重点内容。

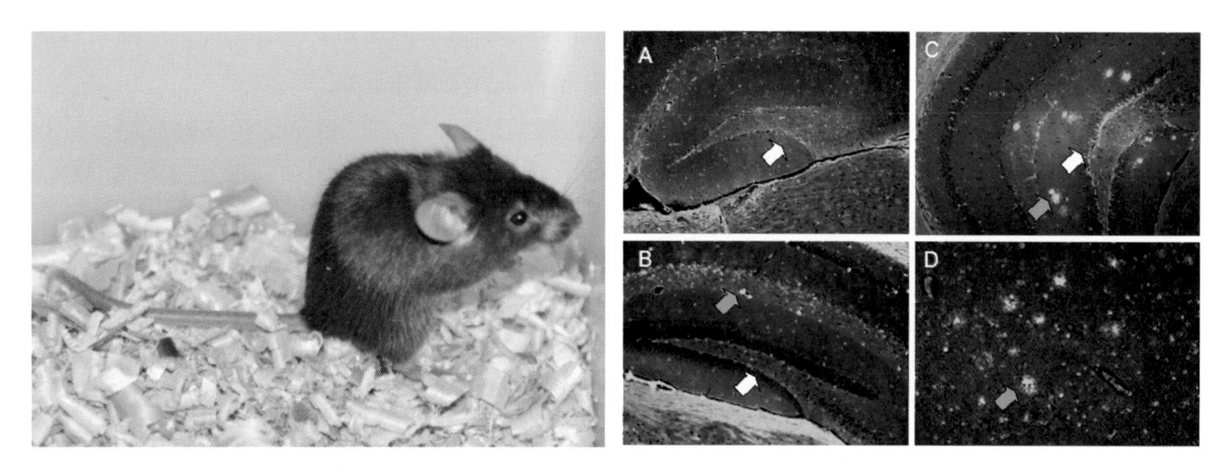

图1-1 左侧是转基因小鼠，右侧是小鼠大脑切片的老年斑染色

A. 和野生正常小鼠比较，突变APP和PS1基因的转基因小鼠在大脑皮层表现为进行性老年斑形成（灰色箭头指老年斑，白色箭头指海马区）；B. 4月龄小鼠脑组织；C. 9月龄小鼠脑组织；D. 具有和人类阿尔茨海默病相似的病理表型。图片来自中国医学科学院实验动物研究所卫生部比较医学重点实验室

2. 不同物种或品系生理特点和作为疾病模型的对比研究　不同动物的生理特点不同，建立的模型特点也不同，对这些特点进行比较研究，指导使用模型的生物医学研究也是比较医学的范畴。比如，小鼠、大鼠、豚鼠、兔、犬等不同实验动物对过敏原反应和模型特点的对比研究，研究者根据研究的抗原、过敏抗体、研究早期还是晚期过敏反应，选择不同的模型（表1-4）。

3. 动物实验技术的发展　动物实验技术一直在不断地借鉴其他学科的技术，这些技术在动物实验中的应用和实验结果的解读是再创新的过程，比如，动物模型分子影像的解读和临床是有区别的，需要实验动物科学家开发和总结。另一方面，动物实验结果的临床意义的解读也是需要实验动物科学家开发和总结，比如，抑郁模型的行为分析方法的设计，动物的抑郁行为评定和临床关系的研究等都是比较医学的范畴。

表 1-4　不同动物过敏模型比较

	小鼠	大鼠	豚鼠	兔	犬
过敏抗体	IgE	IgE	IgG1	IgE	IgE
易感抗原	卵白蛋白（OVA） 屋尘螨（HDM）	OVA	OVA	OVA	蛔虫（ascaris）
缺点	脉管系统是主要过敏位点； 气管平滑肌发育不好； 对组胺不敏感	致敏需要佐剂； 对组胺敏感性差	特定致敏原少； 对色甘酸不敏感	晚期气管反应需要再次免疫	没有晚期气管反应
致敏方式	腹腔注射致敏+肺吸入激发	腹腔注射致敏+肺吸入激发	腹腔注射致敏+肺吸入激发	皮下注射致敏+肺吸入激发	皮下注射致敏+肺吸入激发

二、实验动物

实验动物（laboratory animal）：经人工饲育，对其携带的微生物实行控制，遗传背景明确或者来源清楚的，用于科学研究、教学、生产、检定以及其他科学实验的动物。

1. 实验动物是多物种的动物总称　实验动物作为生物医学研究的主要生物资源之一，包括了昆虫、两栖类、爬行类、鸟类、哺乳类等不同进化级别、不同用途的动物 100 多个种系。其中品系最多的是大、小鼠。

2. 实验动物的遗传背景明确　实验动物的一个重要特点是品系的遗传背景稳定，在长期的培育、开发过程中形成了基因频率稳定的近交系、封闭群等，并在繁育过程中通过遗传技术保持品系的遗传稳定，对一些主要的实验动物建立了相应的遗传监测标准。有一些未形成或不易形成封闭群的动物，比如，恒河猴，在繁育的过程中也通过家系控制，保证遗传背景的可控性。近交系（inbred strain）是指在一个动物群体中，任何个体基因组中 99%以上的等位位点为纯合。封闭群（closed colony or outbred stock）是指以非近亲交配方式进行繁殖生产的一个实验动物种群，在不从外部引入新个体的条件下，至少连续繁殖 4 代以上的群体，亦称远交群。

3. 实验动物的微生物控制　科学家在科学研究中发现动物携带的一些病原可能影响实验动物的寿命、健康或生物学特性，一些病原对环境或人类有危害。为了进行严谨的生命科学研究和避免生物污染，实验动物科学家根据不同目的，通过净化，排除对实验研究有干扰作用的细菌、病毒和寄生虫等病原，并饲养在相对隔离的环境中，保持未携带这些病原状态。通过实验室检测技术动态监控实验动物污染或携带微生物状况，确定实验动物等级，及时了解实验动物健康状态并采取一定综合措施保证实验动物质量。标准中按照病原微生物、寄生虫对实验动物致病性和危害性的不同，以及是否存在于动物体内，将实验动物分成普通级动物、清洁级动物、无特定病原体级动物和无菌级动物四个等级类别，我国也制定了实验动物微生物标准。

4. 丰富的疾病动物模型和基因修饰实验动物　实验动物是研究生命的密码、生命本质、疾病机制的主要工具，经过对动物自发突变的选育和分析，积累了近百种人类疾病的动物模型。近20年来，由于基因工程技术的进步，以线虫、果蝇、小鼠和大鼠等为主，通过转基因、基因敲除、基因敲入等建立了丰富的基因修饰实验动物品系，这些品系极大地丰富了实验动物资源。

三、动物模型、模式动物与疾病动物模型

1. 动物模型（animal model）　根据科学研究需要，利用实验动物建立的具有特定表现的动物实验对象和材料。在国际上，动物模型和模式动物没有严格的区分。在国内，模式动物主要指线虫、果蝇、斑马鱼、小鼠、大鼠等基因组相对简单的实验动物。

2. 疾病动物模型（animal model of diseases）　生物医学科学研究中所建立的模拟人类或动物疾病的动物实验对象，可反映疾病的病因、病理机制、病理生理表型或病理行为等方面的一些特点的动物模型，使用动物模型是现代生物医学研究中的一个极为重要的实验方法和手段，有助于更方便、更有效地认识人类疾病的发生、发展规律和研究防治措施。

动物，尤其是包括人类在内的哺乳动物，是由多细胞相互作用、协调而形成，并对环境刺激做出即时反应的生命体。心脑血管病、肿瘤、糖尿病、肥胖症、阿尔茨海默病，甚至包括肝炎、结核等传染性疾病等，都是多基因、多细胞、多组织参与环境相互作用的总体表现。疾病动物模型比细胞模型更能体现疾病病理机制的复杂性和多因素的相互作用，也更能再现人类疾病的真实性和外推到人类疾病的诊治的有效性。所以现在的医学研究更注重体内研究。据不完全统计，人类所患的重要疾病，几乎都有相应的动物疾病模型与之对应。

用于复制人类疾病模型的动物包括果蝇、斑马鱼、小鼠、大鼠、猪、非人灵长类等多种动物。复制人类疾病模型的方法多种多样，可大体分为非遗传性疾病和遗传性疾病动物模型两大类（表1-5）。

不同动物和不同技术复制的疾病模型各有优缺点，不同模型可以反映人类疾病的一些特点，可以相互补充，目前没有完全反映人类疾病的动物模型。这与疾病的复杂病因、物种之间解剖结构、生理、体型、生命周期等因素相关（表1-6）。研究者要根据所研究疾病的病因、病理表型、研究目的、分析手段、费用等因素综合考虑选择模型，只要适合研究目的、并能说明科学问题的模型就是合理的模型，没有必要片面地追求基因修饰模型、大动物模型或非人灵长类模型。

表 1-5　疾病动物模型的分类

疾病分类	模型分类	制作方法
非遗传性疾病	自发疾病动物模型	自然发生
	诱发疾病动物模型	化学、物理、生物、食物等因素
	手术动物模型	结扎、损伤、摘除等方法
遗传性疾病	诱发突变动物模型	化学、物理、生物等因素
	自发突变动物模型	自然发生
	基因工程动物模型	转基因、基因打靶、基因沉默等方法

表 1-6　不同疾病动物模型优缺点对比

疾病分类	模型分类	优缺点对比
非遗传性疾病	自发疾病动物模型	最能反映人类疾病发生的复杂性和病理进程。遗传背景的一致性不好，重复性不好
	诱发疾病动物模型	部分反映人类疾病的病理进程。不能反映人类疾病发生的复杂性。动物的自愈性对研究造成困扰
	手术动物模型	部分反映人类疾病的病理进程。不能反映人类疾病发生的复杂性。动物的自愈性对研究造成困扰
遗传性疾病	诱发突变动物模型	主要用于基因功能的研究，目前成功的疾病动物模型不多，不能真实反映人类疾病的遗传易感性
	自发突变动物模型	能反映人类疾病发生的病理进程。遗传背景的一致性好、重复性好
	基因工程动物模型	能反映人类疾病发生的病理进程。遗传背景的一致性好、重复性好。机制研究和靶点药物研究的优势模型

非遗传性动物模型主要由化学、物理、特殊食物诱导或手术方法复制，常用于复制非遗传性动物模型的动物包括小鼠、大鼠、猪、猴等动物。

小鼠因为价格便宜、品系多、分析手段齐全、操作简单等因素应用最为广泛，适合免疫、代谢、神经、肿瘤等疾病或是疾病机制等的研究。大鼠适合于神经、循环、行为、生理、药物评价等方面的研究；猪适合于皮肤、移植等方面的研究；而非人灵长类更适合于行为与心理、中枢神经等方面的研究。

遗传性动物模型以小鼠和大鼠为主，包括自发突变、诱导突变、转基因、基因敲除、点突变等稳定遗传的大小鼠品系。仅自发突变小鼠和大鼠就有 2000 个左右的品系，涵盖 100 多种人类疾病，比如，我们常用的裸鼠、早衰小鼠、高血压大鼠等。更丰富的是转基因和基因敲除动物模型，目前主要以小鼠为主，但是由于基因组编辑技术的出现，基因修饰大鼠模型也在快速发展中，对神经、循环、行为、生理、药物评价等方面的研究将产生重要的推动作用。遗传性疾病模型和用于疾病机制模型资源总计接近 10000 个品系（表 1-7），已经成为医药研究的主要动物模型资源。

表 1-7 遗传性疾病模型和用于疾病机制模型资源

疾病	神经系统疾病	免疫疾病	心血管疾病	肿瘤	糖尿病	肥胖症	传染病
品系数量	2800	2500	1100	900	300	200	100

没有完全反映人类疾病的动物模型，但是随着模型复制技术的进步，实验动物科学家和医学家在不断地研制更接近人类疾病的动物模型。一方面是使用与人类更接近的动物植被模型，另一方面将部分动物基因用人类基因替换，即所谓的人源化动物。可以产生人类抗体的小鼠，已经成为抗体药物生产的重要手段。

四、基因工程动物

基因工程动物，也叫作遗传工程动物，或者基因修饰动物。是使用转基因技术、基因打靶技术或基因组编辑技术等各种基因重组技术手段，人为地修饰、改变或干预生物原有 DNA 的遗传组成，并能产生稳定遗传的新品系。

（一）转基因动物（transgenic animal）

通过转基因技术，将一段基因或 DNA 片段以随机插入的方式导入到动物的基因组中，形成稳定遗传的动物品系，是引入或整合新基因的变异物种，称之为转基因动物。转基因动物的产生是基于显微注射技术的发展，1966 年由 Lin T. P. 建立了显微注射技术，1980~1981 年，包括 Gordon 和 Ruddle 在内的 5 个实验室利用显微注射技术成功地建立了转基因小鼠，并由他们首次提出了“转基因”（transgenic）这一概念。随着细胞核移植技术和动物克隆技术的成熟，除经典的以显微注射技术为基础的转基因技术外，反转录病毒介导的转基因技术和细胞核移植技术与动物克隆技术结合的转基因技术等也得到了广泛应用，并形成了多种鱼类、鸟类和哺乳类转基因动物。

引入到动物中的新基因受转基因载体中启动子调控，由启动子的活性决定了新基因的表达是全身性的、组织特性的、时间特异性的还是诱导性的。不同表达谱的转基因动物有不同应用价值。

显微注射转基因方法是最经典的转基因方法，显微注射的最佳时机是受精卵中来源于卵子的雌原核与来源于精子的雄原核融合之前，利用显微注射仪，将纯化和定量后的转基因载体 DNA 注射到雄原核内，在雄原核内，转基因载体 DNA 会随机地插入到基因组中，成为基因组的一部分。图 1-2 是小鼠受精卵的显微注射。

还有一些技术，比如，反转录病毒介导和精子载体法介导的转基因动物制作，反转录病毒的一个特点是感染细胞后，病毒 RNA 在细胞中反转录成双链 DNA，再转运到细胞核内整合到细胞的基因组中，成为基因组的一部分，通过基因工程将反转录病毒进行改造，去除病毒致病的危险部分，保留整合到细胞基因组的能力，并可以携带一定长度的外源基因片段，即可形成转基因载体。经过包装，形成有感染能力的病毒颗粒，感染着床前的囊胚，通过胚胎移植技术，将感染过的囊胚移植

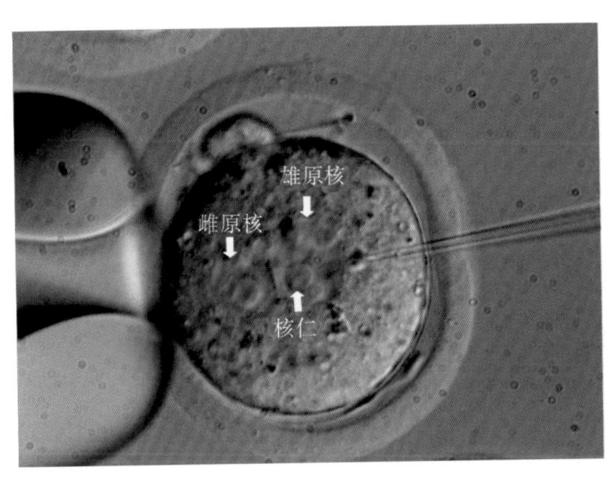

图 1-2 在显微注射仪的 40 倍物镜下，可以看到受精卵的 2 个细胞核，其中雄原核较大，易于显微注射

图片来自中国医学科学院实验动物研究所卫生部比较医学重点实验室

到假孕动物的子宫内，即可怀孕并产生一部分转基因动物。在反转录病毒介导的转基因动物中，不是 100%的细胞都有转入的基因，只有整合到生殖细胞的个体可以遗传给下一代。图 1-3 是利用反转录病毒技术制作的转基因绒猴。

（二）基因敲除动物（gene knock out animal）

通过基因工程技术，将动物基因组中的特定基因片段替换或插入灭活，造成该基因表达的缺失或关闭，形成稳定遗传和特定基因失去功能的变异物种，称之为基因敲除动物。广义的基因敲除包括某个或某些基因的完全敲除、部分敲除、基因调控序列的敲除。利用基因打靶技术、转座子技术、特异性细胞内核酸酶介导的 DNA 剪切技术等都可以制备基因敲除动物。基因敲除动物常用以观察生物或细胞的表型变化，是研究基因功能的重要手段。

基因敲除技术的发展，主要得益于胚胎干细胞培养技术和基因打靶（gene targeting）技术取得的进展。胚胎干细胞（embryonic stem cell，ES 细胞）是胚胎性多能干细胞，20 世纪 80 年代初，由 Martin J. Evans 等从小鼠囊胚中成功地建立起 ES 细胞系以来，许多实验证明小鼠 ES 细胞可以在体外特定的条件下进行培养，在保持二倍体状态的同时，具有分化成体内各种组织细胞的潜能。

Mario R. Capecchi 和 Oliver Smithies 随后证实的哺乳动物细胞中同源重组的存在奠定了基因敲除的理论基础，并分别独立首次建立了完整的 ES 细胞基因敲除的小鼠模型。Mansour 等在 1988 年设计了正负选择法，以区别定点整合与随机整合。同源重组时，只有载体的同源区以内部分发生重组，同源区以外部分将被切除。而随机整合时，从载体的两端将整个载体连入染色体内。直到现在，运用基因同源重组进行基因敲除依然是构建基因敲除动物模型中最普遍的使用方法。由于 ES 细胞培养技术和基因敲除技术对生命科学研究的巨大贡献，由三位科学家获得了 2007 年的生理或医学诺贝尔奖（图 1-4）。

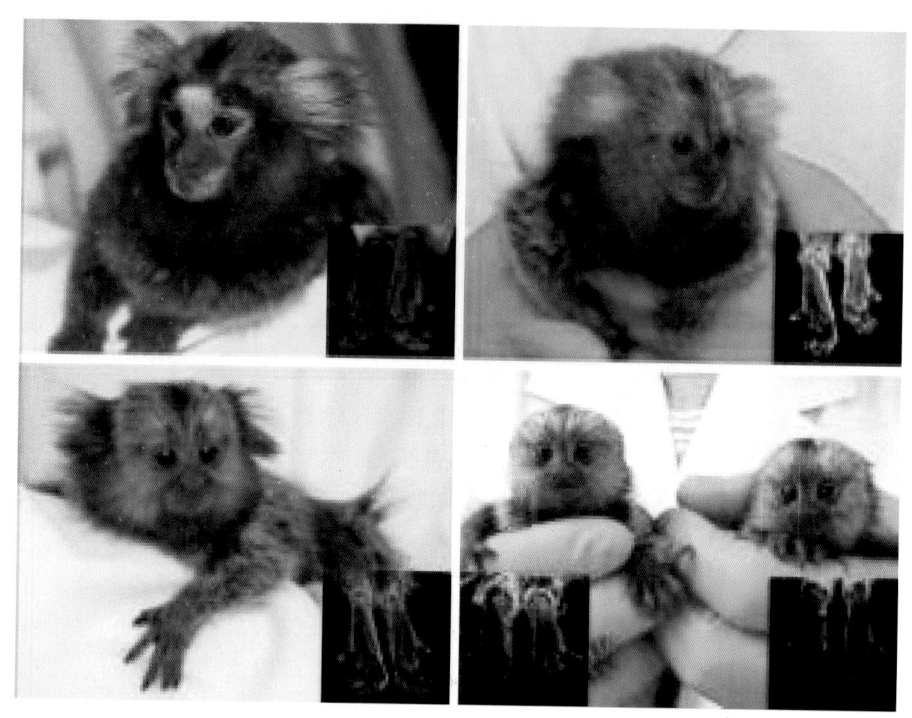

图 1-3 利用反转录病毒技术将绿色荧光蛋白（GFP）基因转入绒猴的胚胎，培养转基因绒猴，在紫外线的激发下，不同年龄的绒猴趾端都可发出绿色荧光

引自 SasakiE 等，Nature. 2009May28；459（7246）：523-7.

图 1-4 由于建立 ES 细胞培养技术和基因敲除技术获得 2007 年的生理或医学诺贝尔奖的科学家

左：Mario R. Capecchi；中：Martin J. Evans；右：Oliver Smithies。（来源于中国新闻网）

动物基因组携带的是生命密码，而基因敲除是了解基因组功能的主要技术手段，在基因打靶技术建立并广泛应用于生命科学研究之后，科学家又建立了多种基因敲除技术，使基因敲除变得简单方便和适合更多的物种。比较重要的有 4 类基因敲除技术。

1. 转座子（transposon）技术　在哺乳动物基因敲除中应用最为广泛的是来源于硬骨鱼的睡美人转座子（sleeping beauty，SB）和甘蓝蝼度尺蛾转座子（piggy bac，PB）。

2. TALEN［transcription activator-like（TAL）effector nucleases］靶向基因修饰技术　TAL 蛋白核酸结合域的氨基酸序列与其靶位点的核酸序列有较恒定的对应关系，可以利用 TAL 蛋白的序列模块，构建针对任意核酸靶序列的重组核酸酶，在特异的位点打断目标基因。

3. CRISPR/Cas9 技术　利用 Cas9 蛋白与一个 20bpRNA 片段（gRNA）结合，gRNA 可以结合到基因组中的互补区域，并对 DNA 进行切割，这种方法是目前效率最高的基因敲除方法。TALEN 和 CRISPR/Cas 技术也叫作基因组编辑（genome editing），图 1-5 是用 CRISPR/Cas9 敲除瘦素基因的肥胖大鼠品系。

图 1-5　基因组编辑技术敲除 Leptin 基因的肥胖大鼠

图片来自中国医学科学院实验动物研究所卫生部比较医学重点实验室

（三）克隆动物

克隆动物（cloned animal）发育早期的动物胚胎细胞，或成年动物的体细胞，经显微手术移植到去掉细胞核的卵母细胞中之后，在适当的条件下，可以重新发育成正常胚胎。这种胚胎被移植到生殖周期相近的母体之中，不经过雄雌配子结合，由一个细胞无性发育而成的遗传信息与细胞核供体相同的动物。动物克隆技术（animal clone technology）是由细胞核移植技术、胚胎培养技术和胚胎移植技术等结合而成的，如果细胞核供体的来源是胚胎细胞，培育的动物叫胚胎细胞克隆动物，如果胞核供体的来源是体细胞，培育的动物叫体细胞克隆动物。如果在细胞克隆前对供体细胞进行转基因或基因敲除修饰，培育的动物叫基因修饰克隆动物。

在1963年提出了克隆（clone）一词，克隆动物是指不经过有性繁育，由一个胚胎细胞或成年动物的体细胞发育而成的动物。同年，亚洲鲤鱼被成功克隆。基于胚胎培养技术和细胞核移植技术的进步，动物克隆技术进一步发展。1996年完成了首例体细胞哺乳类动物克隆，即克隆的绵羊（图1-6）。随着克隆羊的诞生，美国、中国台湾和澳大利亚科学家分别利用胚胎细胞成功克隆猴子、猪和牛。随后，小鼠、大鼠、山羊、野牛、猫、狗、骡子（图1-6）等动物相继克隆成功。克隆成功的细胞供体包括胎儿成纤维细胞、乳腺细胞、卵丘细胞、输卵管细胞、子宫上皮细胞、肌肉细胞和耳部皮肤细胞等多种体细胞。克隆技术与基因工程技术结合，将基因修饰过的细胞进行克隆，成为多种动物基因工程修饰的重要工具。

图1-6 世界首例利用体细胞克隆的绵羊和骡子

左：这只克隆羊生活了6年，比自然孕育的绵羊寿命短，图片显示的是出生不久的克隆羊和它的代孕妈妈。图片来自Nature. 1996，380（6569）：64-66. 右：世界首例利用体细胞克隆的骡子，图片显示的是出生不久的克隆骡子和它的代孕妈妈。图片来自Science. 2003，301（5636）：1063.

五、实验动物技术

实验动物技术（laboratory animal techniques）包括实验动物本身的各种饲养管理技术和质量监测技术，以及进行动物实验时的各种操作技术和实验方法等。包含基因工程技术、胚胎工程技术、遗传育种技术、代谢组学技术、基因组学技术、实验病理技术、动物分子影像技术、生物信息技术、动物繁育技术、质量检测技术、无创遥感技术、芯片标记技术、净化技术、替代方法等的技术集成。

（张连峰）

第三节 医学实验对实验动物的要求

疾病动物模型和动物实验是医学实验研究中重要的研究工具和研究方法。医学研究需要标准化的实验动物来获得科学、可重复的动物实验结果。为获得标准化的实验动物，医学实验对实验动物提出了以下几个方面的要求，包括法制化管理、资源多样性和标准化、良好的人员素质、科学的质量控制等。

一、法制化管理要求

实验动物的法制化管理是世界各国实验动物科学发展的总趋势，其核心是通过法律法规等手段，来约束实验动物的饲养、繁殖、运输、使用、人员等各个方面。为了加强实验动物的管理工作，保证实验动物质量，适应科学研究、经济建设和社会发展的需要，1988 年经国务院批准，以国家科委 2 号令发布《实验动物管理条例》，这是我国实验动物管理的最高法规。科技部陆续建立 10 项规章制度用于规范实验动物的生产和使用。有 25 个省（市）颁布了各省（市）实验动物管理规章制度，北京、湖北、广西、广东、黑龙江等省（市）还实现了对实验动物管理条例的立法工作。各地也根据实际情况制定了相应的实验动物地方法规。

国家层面的法规对以下方面做出了规定。

1. 实验动物管理机构　《实验动物管理条例》确立了国家科技主管部门在全国实验动物管理中的核心地位。同时规定各省、自治区、直辖市科学技术委员会主管本地区的实验动物工作。国务院各有关部门负责管理本部门的实验动物工作。国家实行实验动物的质量监督和质量合格认证制度。

2. 实验动物饲育管理　从事实验动物饲育工作的单位，必须根据遗传学、微生物学、营养学和饲育环境方面的国家标准，定期对实验动物进行质量监测。实验动物的饲育室、实验室应设在不同区域，并进行严格隔离，要有科学的管理制度和操作规程（SOP）。

3. 检疫和传染病控制　对引入的实验动物，必须进行隔离检疫。对必须进行预防接种的实验动物，应当根据实验动物要求或者按照《家畜家禽防疫条例》（农业部）的有关规定，进行预防接种，但用作生物制品原料的实验动物除外。实验动物患病死亡的，应当及时查明原因，妥善处理，并记录在案。实验动物患有传染性疾病的，小动物一般给予安乐死，大动物视具体情况根据兽医的建议分别予以安乐死或者隔离治疗。

4. 从业人员　《实验动物质量管理办法》规定实验动物机构应配备“经过专业培训的实验动物饲养和动物实验人员”。《关于善待实验动物的指导性意见》规定“各级实验动物管理部门应根据实际情况制定实验动物从业人员培训计划并组织实施，保证相关人员了解善待实验动物的知识和要求，正确掌握相关技术。运输人员应经过专门培训，了解和掌握有关实验动物方面的知识。”实验动物单位应当配备科技人员和经过专业培训的饲育人员。各类人员都要遵守实验动物饲育管理的各项制度，熟悉、掌握操作规程。实验动物从业人员应该经过培训，并获得上岗证后才能开展工作。从业人员应该定期接受医学检查，以确保无传染病。对实验动物必须爱护，不得戏弄或虐待。

5. 实验动物进出口　“从国外进口作为原种的实验动物，应附有饲育单位负责人签发的品系和亚系名称以及遗传和微生物状况等资料”，并在科技部指定的国家实验动物种子中心注册后方可按照国家海关渠道进口以及生产使用。进口、出口实验动物的检疫工作，按照《中华人民共和国进出境动植物检疫法》的规定办理。除以上政策法规外，科技部也制定了实验动物进出口管理办法。

6. 转基因动物　1993 年科技部发布了《基因工程安全管理办法》，目的是防止基因修饰动植物对人类、环境和生态系统的基因污染。该办法规定了生物安全等级和评价、申请、安全控制和奖惩等。农业部在 2001 年发布了经过国务院 304 号令批准的《农业转基因生物安全管理条例》，要求国务院各部委建立农业转基因生物安全管理部际联席会议制度。农业部同时颁布了几项配套规章，涉及安全评价管理办法、进口安全管理办法、生物标识管理办法等（农业部 2002 年第 8、9、10 号令）。卫生部在 2001 年发布了《转基因食品卫生管理办法》（卫生部第 28 号令），国家质检总局在 2004 年发布了《进出境转基因产品检验检疫管理办法》（国家质检总局第 62 号令）。

7. 善待实验动物　在欧美国家，动物福利是实验动物法制化管理的核心。2006 年，科技部发布《关于善待实验动物的指导性意见》，规范了饲养管理、应用、运输等过程中善待实验动物的指导性意见及相关措施。在饲养管理和使用实验动物过程中，要采取有效措施，使实验动物免遭不必要的伤害、饥渴、不适、惊恐、折磨、疾病和疼痛，保证动物能够实现自然行为，受到良好的管理与照料，为其提供清洁、舒适的生活环境，提供充足的、健康的食物、饮水，避免或减轻疼痛和痛苦；并要求各单位成立本单位的实验动物管理和使用委员会（IACUC），完善规章制度建设，其职能一般是监督和评定研究机构有关实验动物的计划、操作程序和设施条件，以保证符合相关的法律和法规要求。

二、资源多样性和标准化要求

不同实验动物品种、品系均有其独特的生物学特性，适用于不同领域的研究。发达国家，以美国为首，十分重视实验动物物种资源的收集、保种，已有 200 多个物种、2. 6 万个品系。我国实验动物主要以引进为主，少量自主培育和动物化的品系，有 30 个物种、2000 个品系。实验动物模型资源缺乏和多样性不足已成为我国生命科学和医药创新研究的瓶颈之一，是亟待解决的问题。

实验动物标准化建设一直是实验动物科学技术发展的重点，质量控制是实验动物管理的核心和切入点。其中，国标是依法管理的科学依据，许可证制度是依法管理的主要措施，而质量监测则是国标能够得以落实、许可证制度得以实施的技术支撑条件保障。建立实验动物质量监测网络，依法开展实验动物质量检测，为科学监管提供依据，是实验动物标准化建设中的重要环节。标准化建设的任务就是根据形势和学科发展的需要制定、修订和补充实验动物国家标准。

1992 年，继卫生部颁发《医学实验动物标准》之后，国家技术监督局颁发了《实验动物国家标准》。至 2015 年共有 93 项国家标准，包括微生物和寄生虫 66 项（包括病毒、细菌等）、遗传 3 项（包括遗传质量控制和检测技术）、营养 12 项（包括饲料营养要求和检测技术）、环境 2 项（包括环境与设施和建筑技术规范）和 SPF 鸡 10 项（包括微生物质量控制和检测技术）。一些省市（如北京、上海、广东、江苏等）还建立了实验动物地方标准。一些公司也建立了企业标准。《实验动物国家标准》的颁布实施，为提高和保障我国实验动物质量奠定了基础。

三、从业人员要求

（一）基本技能要求

实验动物使用者应熟练掌握实验动物专业的基本知识和基本技术，熟悉常见实验动物的一般生物学特性；应熟悉动物实验的一般程序和标准化操作规程；应掌握实验动物的抓取保定和常用麻醉方法；熟练进行实验动物的常规健康检查和分组编号；应熟练掌握各种给予试品的方法和实验样品的采集技术，熟悉常见观察指标的测定与检查方法，掌握动物无痛苦处死和尸体及实验污染物的无害化处理方法；应熟悉动物实验前后的饲养管理和特殊护理要求，能认真做好实验观察和实验记录；应掌握所用仪器设备，熟练进行实验样品的处理和检测，较好地开展仪器设备的维护和保养工作。

（二）健康卫生要求

与动物接触的人员每年应进行一次健康状况检查，重点检查人与动物存在交叉传染的细菌如沙门菌、布鲁菌、结核分枝杆菌等，病毒如乙型肝炎病毒等，真菌如皮肤真菌，寄生虫等。检查、了解与动物接触人员及其家庭人员有无过敏史，尤其是对动物的皮屑、血液、尿液等有无过敏反应。控制好工作人员的清洁卫生习惯，否则容易通过人员进出而污染设施。必须建立屏障设施内人员卫生管理规程，并由指定负责人检查、记录、实施。

四、科学的质量控制要求

实验动物的质量控制至少应包括以下内容：实验动物遗传、微生物、寄生虫、设施环境、饲料营养、病理等方面的质量控制。

实验动物遗传质量控制：一是科学地进行引种、繁殖和生产，即对生产过程进行控制；二是建立定期的遗传监测制度，对产品的质量进行控制。遗传质量控制的重点是近交系和封闭群动物，应符合 GB14923 的要求。

根据国家标准（GB14922. 1 和 GB14922. 2），我国实验动物按微生物和寄生虫学控制分类，分为四个等级，即普通级动物、清洁级动物、无特定病原体级动物、无菌动物。现行标准中，大鼠和小鼠无普通级，犬和猴无清洁级和无菌级。

实验动物设施环境质量控制：实验动物设施根据其功能和使用目的不同，国标（GB14925）中将其分为实验动物繁育、生产设施和动物实验设施。实验动物繁育、生产设施和动物实验设施的要求基本一致，因为只有达到基本一致的条件，才能尽量使实验动物的生理与心理保持稳定，不致影响实验结果。实验动物设施按国标分为普通环境、屏障环境和隔离环境。

我国对用于实验动物的饲料质量有严格的要求，因为饲料的质量不仅直接影响着实验动物的质量，而且也间接影响实验结果的可靠性。我国先后就实验动物饲料质量控制制定和颁布了相应标准，有关部门对销售饲料建立了核发《实验动物全价营养饲料质量合格证》制度，要求其质量应符合国家标准（GB14924）。

（孔　琪　秦　川）

第二章

实验动物

实验动物是为科学研究而培育的动物的总称，作为实验动物科学的核心，既是研究的主体，也是实现实验动物学对生物医学“支撑作用”的物质基础。

18世纪为了科学研究的目的，开始专门培育大鼠和小鼠以来，实验动物成为生物医学研究的主要生物资源和工具之一。从原始的线虫纲动物秀丽隐杆线虫（*C. elegans*）到昆虫纲的果蝇（*drosophila melanogaster*）等基因组较小的模式动物，到研究目前国际上最大的基因工程动物资源——小鼠（mouse），从药物研究应用最多的大鼠（rat）、兔（rabbit），到与人类最接近的实验动物恒河猴（rhesus monkey）和黑猩猩等含有丰富生物多样性的动物物种，这些实验动物在长期的培育过程中，形成了具有不同生物学特征的品系，仅大小鼠品系就多达3000个左右。本章不能全面描述，仅就常用的实验动物进行概括。共分两节，第一节简述常用的几种啮齿类实验动物，包括动物资源现状、动物习性和饲养注意的问题、适合的生物医药研究领域等。第二节简述兔、犬、猪、猴和猫等几种在医药研究中常用的实验动物，使学生对其一般特性有所了解，指导以后研究中实验动物的选择。

第一节 啮齿类实验动物

一、概述

啮齿类属哺乳纲啮齿目，分属28~34科，有1590~2000种，最大的特点是上下颌只有一对门齿，门齿无根，能终身生长。最大的啮齿类动物水豚体重可达80kg，而最小的啮齿类动物汤匙鼠的体重仅几克（图2-1）。啮齿类占哺乳动物的40%~50%，广泛分布于世界各地。

图2-1 水豚和汤匙鼠

啮齿类动物也是实验动物中包括物种最多、使用最普遍的主要动物类群。常用的实验动物小鼠、大鼠、豚鼠、地鼠都属于啮齿类。另外，一些啮齿类动物，龙猫、仓鼠、沙漠跳鼠、东方田鼠、裸鼹鼠等，由于本身的特点适合某些特定生物医学研究，也成为实验动物的一员，使啮齿类实验动物物种资源越来越丰富。

原产于南美洲的龙猫（*chinchilladale*）又叫南美洲栗鼠，是目前宠物界的新宠，培育了多个不同品系（图 2-2），由于在脂代谢和退行性神经变性方面的特点，适合研究动脉粥样硬化或阿尔茨海默病，正开发为实验动物。

图 2-2 品系丰富的龙猫

布氏田鼠（*microtus brandti*）属于草食性的，群居的小型啮齿动物主要栖息于植被较差的草原，呈现不同的消化器官和社交行为。同时布氏田鼠还是多种病毒性疾病、鼠疫、立克次体疾病、螺旋体和寄生虫病的携带者，是研究动物群体行为和社交行为的模型，也有成为传染病模型的潜力，正在进行实验动物化研究（图 2-3）。

裸鼹鼠（*heterocephalus glaber*）是一种分布于东非部分地区的挖掘类啮齿目动物，裸鼹鼠有着一系列不同寻常的使它可以在粗糙的地下环境里兴旺发达起来的身体特征，包括皮肤痛觉的缺失和极低的代谢率。群体具有王后、雄鼠和工作鼠的分工。用于代谢、抗衰老以及动物的社会性等方面的研究（图 2-4）。

二、小鼠

小鼠（Mouse）在生物学分类上属啮齿目、鼠科、鼠属、小家鼠种动物，来源于野生小家鼠。

图 2-3　实验室饲养的布什田鼠

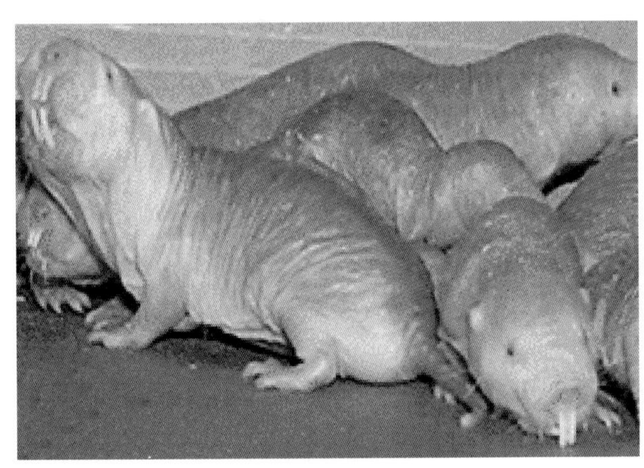

饲养的裸鼹鼠

野生的裸鼹鼠

图 2-4　实验动物裸鼹鼠和野生裸鼹鼠

17 世纪时，科学家们应用小鼠进行比较解剖学研究及动物实验。1909 年 Little 等人采用近亲繁殖的方法首次培育成功 DBA 近交系小鼠，经过长期人工饲养、选择培育，已育成各具特色的远交群和近交系 1000 多个，包括多种自发突变疾病模型品系。小鼠也是基因工程修饰的主要动物，目前，已有基因修饰的小鼠品系接近 2 万种，是最大的生物医学研究资源，遍布世界各地，是当今世界上研究最详尽、应用最广泛的实验动物。

（一）生物学特性

小鼠是哺乳动物中体型最小的动物，成年小鼠仅 18~45 克。小鼠喜黑暗安静的环境，昼伏夜出，喜群居，发育迅速，新生鼠 3 周龄可离乳，独立生活。雌性 35~50 天性成熟，雄性 45~60 天性成熟。4 周龄雌鼠阴腔张开。5 周龄雄鼠睾丸降落至阴囊，开始生成精子。小鼠寿命一般为 2~

3年。

（二）小鼠的解剖结构

小鼠身体划分为头部（图2-5）、躯干（图2-6）和四肢三部分。各部分的划分和命名主要以骨做基础。

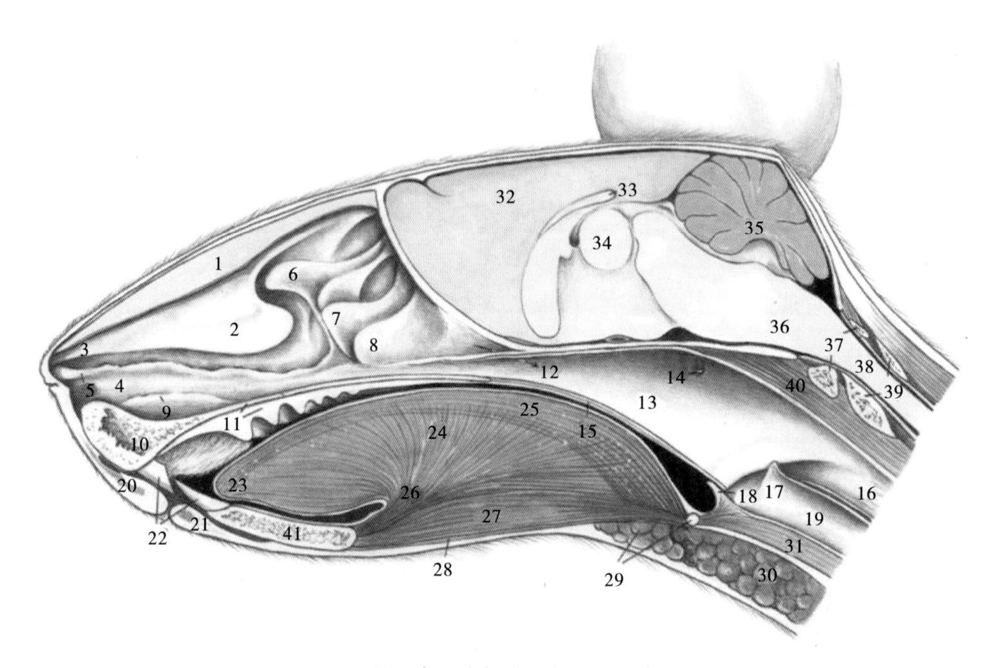

图2-5 头部中线解剖图

1. 鼻中隔软骨［*cartilagoseptinasi*（*resecta*）-cartilage of nasal septum（resected）］；2. 背鼻甲（*concha nasalis dorsalis*-dorsal nasal concha）；3. 鼻直褶（*plica recta*-straight fold）；4. 腹鼻甲（*concha nasalis ventralis*-ventral nasal concha）；5. 鼻翼状褶（*plica alaris*-alar fold）；6. 内鼻甲Ⅱ（*endoturbinalia* Ⅱ-endoturbinate Ⅱ）；7. 内鼻甲Ⅲ（*endoturbinalia* Ⅲ-endoturbinate Ⅲ）；8. 内鼻甲Ⅳ（*endoturbinalia IV*-endoturbinate Ⅳ）；9. 斜褶（*plica oblique*-oblique fold）；10. 切齿骨（*corpus ossis incisive*-body of incisive bone；incisive bone）；11. 硬腭（*palatum durum*-hard palate）；12. 鼻咽道［*choana*（*meatus nasophryngeus*）-choana（nasopharyngeal meatus）］；13. 鼻咽腔（*cavum pharyngis*-pharyngeal cavity）；14. 耳咽开口（*ostium pharyngeumtubaeauditivae*-pharyngeal opening of auditive tube）；15. 软腭（*palatummolle*-soft palate）；16. 食管（*esophagus*-oesophagus）；17. 杓状软骨（*cartilagoarytenoidea*-arytenoid cartilage）；18. 会厌（*epiglottis*-epiglottis）；19. 气管（*trachea*-trachea）；20. 上唇（*labium superius*-upper lip）；21. 下唇（*labium inferius*-lower lip）；22. 切齿（*dentes incisive*-incisor teeth）；23. 舌尖（*apex linguae*-apex of tongue）；24. 舌体（*corpus linguae* -body of tongue）；25. 舌内肌表面纵向长纤维（*fibraelongitudinalessuperficialis m. lingualisproprii*-superficial longitudinal fibres of proper lingual muscle）；26. 颏舌肌（*m. genioglossus*-genioglossal muscle）；27. 颏舌骨肌（*m. genilohyoideus*-geniohyoid muscle）；28. 下颌舌骨肌（*m. mylohyoideus*-mylohyoid muscle）；29. 舌骨，下颌腺（*corpus ossishyoidei*，*glandulamandibularis*-body of hyoid bone，mandibular gland）；30. 下颌腺（*glandulamandibularis*-mandibular gland）；31. 胸骨舌骨肌（*m. sternohyoideus*-sternohyoid muscle）；32. 大脑半球（*hemispheriumcerebri*-cerebra hemisphere）；33. 胼胝体（*corpus callosum*-callous body）；34. 丘脑间粘合（*adhesiointerthalamica*-interthalamic adhesion）；35. 小脑（*cerebellum*-cerebellum）；36. 延脑（延髓；末脑）（*medulla oblongata*-medulla oblongata）；37. 寰椎（*atlas* -atlas）；38. 脊髓（*medulla spinalis*-spinal medulla）；39. 中轴（脊髓轴）（*axis*-axis）；40. 头长肌（*m. longus capitis*-long capital muscle；long muscle of head）；41. 下颌骨（*mandibula*-mandible）

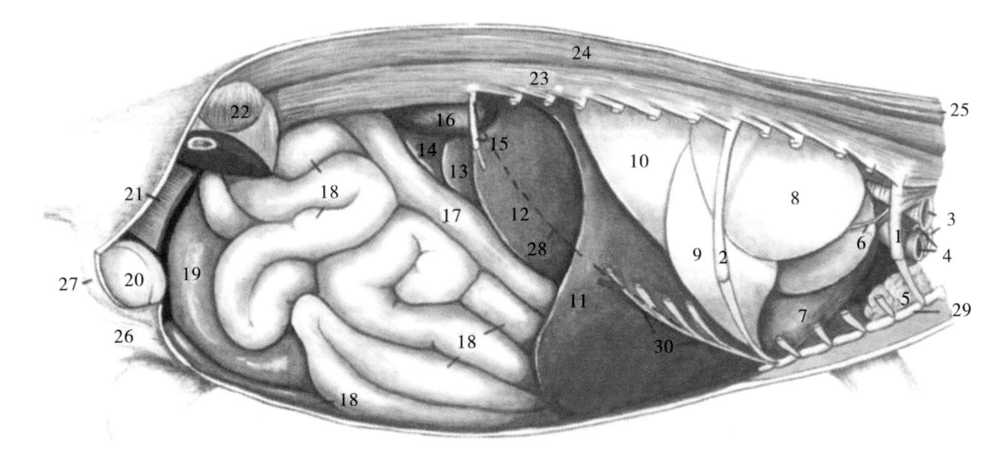

图 2-6 雄性小鼠胸腔和腹腔内脏器右视图

1. 第一肋（右）（*costa I*-rib Ⅰ）；2. 第六肋（右）（*costa VI* -rib Ⅵ）；3. 气管，食管（*trachea*，*esophagus*-trachea，oesophagus）；4. 前腔静脉，右锁骨下动脉（*v. cava cranialis*，*a. subclaviadextra*-cranial vena cava，right subclavian artery）；5. 胸腺胸叶（*lobusthoracicusthymi*-thoracic lobe of thymus）；6. 膈右神经（横膈膜右侧神经）（*n. phrenicusdextra*-right phrenic nerve）；7. 心脏（*cor*-heart）；8. 前叶（*lobuscranialis*-cranial lobe；anterior lobe）；9. 中叶（*lobusmedius*-medial lobe）；10. 后叶（*lobuscaudalis*-caudal lobe；posterior）；［8~10. 右肺（*pulmodexter*-right lung）］；11. 左中叶（*lobus sinister medialis*-left medial lobe）；12. 右中叶（*lobusdextermedialis*-right medial lobe）；13. 右外叶（*lobusdexterlateralis*-right lateral lobe）；14. 尾状突（尾状叶；尾叶突）（*lobuscaudatus*-caudate lobe）；［11~14 肝脏（*hepar*-liver）］；15. 第八肋（右）（*costa X*Ⅲ -costa XⅢ）；16. 右肾（*rendexter*-right kidney）；17. 升结肠（*duodenum pars ascendens*-ascending part of duodenum）；18. 空肠（*jejunum*-jejunum）；19. 盲肠（*caecum*-caecum）；20. 睾丸（*testis*-testis）；21. 腹外斜肌（*m. obliquus externis abdominis*-external oblique abdominal muscle）；22. 臀中肌（*m. gluteus medius*-medial gluteal muscle）；23. 髂肋肌（*m. iliocostalis*-iliocostal muscle）；24. 胸最长肌（*m. longissimus thoracis*-longest thoracic muscle）；25. 棘肌（*m. spinalis*-spinal muscle）；26. 阴茎包皮（*preputium*-prepuce）；27. 阴囊（*scrotum*-scrotum）；28. 膈投影线（*lineaadhesionisdiaphragmatis*-line of diaphragmatic adhesion）；29. 胸骨板（*sternum*-sternum）；30. 肋弓（*arcus costalis*-costal arch）

（三）常见品系简述

1. BALB/c 小鼠（BALB/c mouse） 近交系，毛色为白色（图 2-7），与其他近交系相比，肝、脾与体重的比值较大，血压较高，可自发高血压。广泛地应用于肿瘤学、生理学、免疫学、核医学研究，以及单克隆抗体的制备等。

图 2-7 BALB/c 小鼠

2. C57BL/6 小鼠（C57BL/6 mouse） 近交系，毛色黑色，C57BL/6 经过多年的培育形成了包括 C57BL/6J、C57BL/6JCrl、C57BL/6JBomTac、C57BL/6N 等 20 多个有细微区别的亚系。现在常用的是 C57BL/6J（Jax 来源）和 C57BL/6N（Charles river 来

源），目前国际上的基因修饰品系主要为C57BL/6J背景（图2-8），是基因工程模型制备的主要品系，也是基因功能研究、肿瘤学、生理学、免疫等方面研究常用的品系。

3. ICR小鼠（ICR mouse） 封闭群，毛色白色（图2-9），适应性强，体格健壮，繁殖能力强，生长速度快，繁育性能好。除了广泛用于药理、毒理、肿瘤、放射性、食品、生物制品等的科研、生产和教学外，也是基因工程、小鼠净化、体外受精等常用的假孕或代孕鼠。

图2-8 C57BL/6J小鼠

图2-9 ICR小鼠

4. DBA小鼠（DBA mouse） 近交系，常用亚系包括DBA/1、DBA/2（图2-10）。DBA/1易于诱发类风湿关节炎，常用于自身免疫性疾病研究。DBA/2常用于心血管研究、发育生物学研究、神经生物学研究、一般用途、免疫和炎症研究、感觉神经研究。

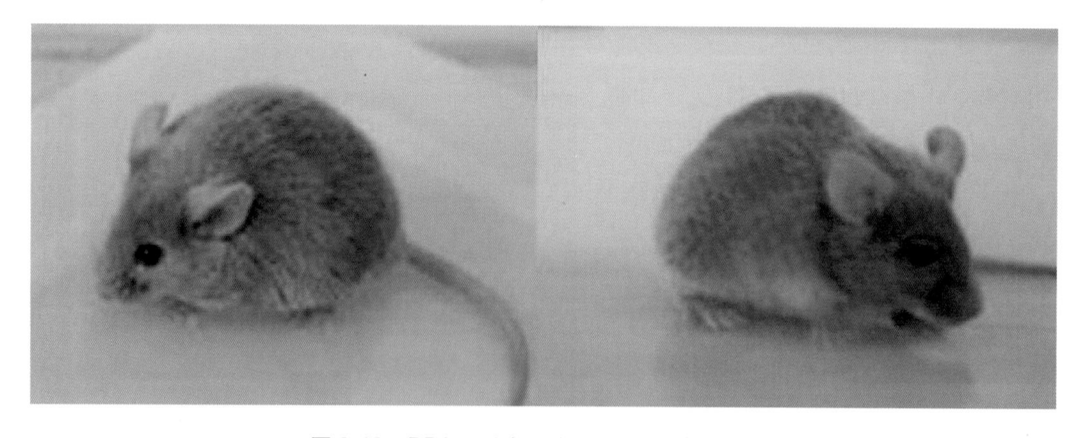

图2-10 DBA/1（左）和DBA/2（右）小鼠

5. 裸小鼠（nude mouse） 裸小鼠是一类胸腺发育缺陷和T细胞免疫缺陷的小鼠品系，由于基因突变而导致全身无毛，也称裸鼠。由不同品系背景培育成的多个裸鼠品系，我国常用的是BALB/c

背景的裸鼠，即 BALB/c-nu 小鼠（图 2-11）。由于 T 细胞免疫缺陷适合各类异种移植实验，因此裸小鼠是制备移植性肿瘤模型的常用动物。

图 2-11 BALB\ c-nu 小鼠

三、大鼠

大鼠（Rat，Rattusnorvegicus） 脊椎动物门、哺乳纲、啮齿目、鼠科、大鼠属。在 19 世纪早期，大鼠开始用于科学实验，19 世纪后期，由孟德尔引发了遗传学研究热潮，科学家开始进行大鼠品系间杂交、观察毛色和行为的遗传规律，并培育出多种大鼠品系，经过一个世纪的积累，目前已经培育了 300 个近交系大鼠和一部分封闭群大鼠，总的品系数量近 400 个。我国常有的大鼠有 SD 大鼠、Wistar 大鼠、BN 大鼠等，2004 年完成了 BN 大鼠基因组测序。

由于大鼠温顺、学习能力强、体型适中、取材方便等，一直是生理、行为、代谢、神经、毒理等研究最常用的实验动物。

（一）生物学特性

大鼠上、下颌各有两个门齿和六个臼齿，门齿终身生长；胃中有一条皱褶，收缩时会堵住贲门口，这是大鼠不会呕吐的原因。无胆囊，肝脏分泌的胆汁通过总胆管进入十二指肠，受十二指肠端括约肌的控制；肝脏共分 6 叶，再生能力强，切除 60%~70%后仍可再生；肺结构特别，左肺为 1 个大叶，右肺分成 4 叶；心脏的血液供给既来自冠状动脉，也来自冠状外动脉，后者起源于颈内动脉和锁骨下动脉；无扁桃体；眼角膜无血管，有棕色脂肪组织；长骨有骨骺线长期存在，不骨化；大鼠汗腺极不发达，仅在爪垫上有汗腺，尾巴是散热器官，当周围环境温度过高时，靠流出大量唾液调节体温；一般成年雄鼠体重 300~600g，成年雌鼠体重 250~500g，寿命为 2.5~3 年；2 月龄时性成熟，为全年多发情动物，有产后发情，发情周期（性周期）为 4~5 天；妊娠期为 19~23 天；平均每窝产仔 6~14 只。

（二）解剖结构

大鼠的一般解剖结构与小鼠类似，大鼠的大脑是小鼠的 1.5 倍左右，解剖结构见图 2-12。

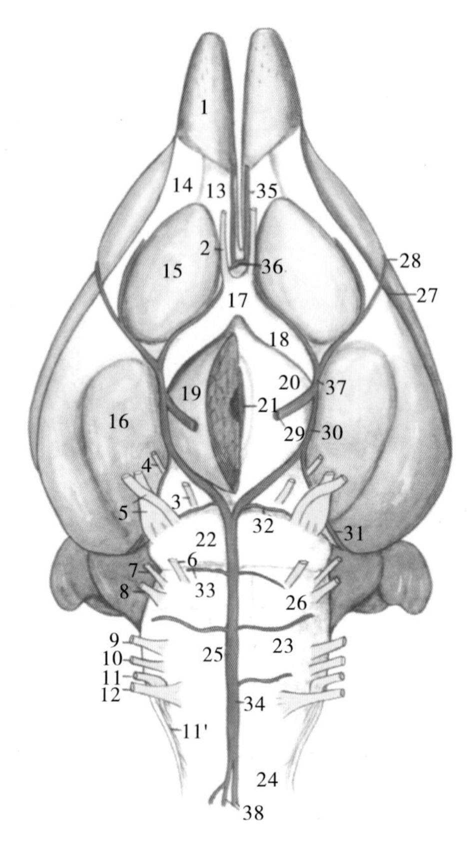

图 2-12 大鼠大脑基部及其显现的神经和动脉腹视图

1. 嗅球（*bulbusolfactorius*-olfactory bulb）；2. 视神经（*n. opticus*-optic nerve）；3. 动眼神经（*n. oculomotorius*-oculomotor nerve）；4. 滑车神经（*n. trochlearis*-trochlear nerve）；5. 三叉神经（*n. trigeminus* -trigeminal nerve）；6. 展神经（外展神经）（*n. abducens*-abducent nerve）；7. 面神经（中间面神经）（*n. intermediofacialis*-intermediofacial nerve）；8. 前庭耳蜗神经（*n. vestibulocochlearis*-vestibulocochlear nerve）；9. 舌咽神经（*n. glossopharyngeus*-glossopharyngeal nerve）；10. 迷走神经（*n. vagus*-vagus nerve）；11. 副神经，延脑根［*n. accessories*（*radix cranialis*）-accessory nerve（cranial root）］；11′副神经，脊髓根［*n. accessories*（*radix spinalis*）-accessory nerve（spinal root）］；12. 舌下神经（*n. hypoglossus*-hypoglossal nerve）；13. 内侧嗅束（*tractusolfactoriusmedialis*-medial olfactory tract）；14. 外侧嗅束（*tractusolfactoriuslateralis*-lateral olfactory tract）；15. 嗅三角（*trigonumolfactorium*-olfactory triangle；olfactory trigone）；16. 梨状叶（*lobus piriformis*-piriform lobe）；17. 视交叉（视神经交叉）（*chiasma opticum*-optic chiasm）；18. 视神经束（*tractusopticus*-optic tract）；19. 垂体（脑下垂体）（*hypophysis*-hypophysis）；20. 大脑脚［*crus*（*pedunculus*）*cerebri*；*pedunculicerebricerebral peduncles*-cerebral crus（peduncle）；cerebral peduncles］；21. 第三脑室的神经垂体隐窝（*recessusneurohypophysialisventriculi* Ⅲ -neurohypophysial recess of third ventricle）；22. 脑桥（*pons*-pons）；23. 延脑（延髓；末脑）（*medulla oblongata*-medulla oblongata；hindbrain）；24. 脊髓（*medulla spinalis*-spinal medulla）；25. 延脑锥体（*pyramis medullae oblongatae*-pyramid of medulla oblongata；pyramid）；26. 斜方体（*corpus trapezoideum*-trapezoid body）；27. 嗅沟（*sulcus rhinalis*-rhinal sulcus）；28. 大脑外侧裂（*fissure lateraliscerebri*-lateral cerebral fissure）；29. 大脑颈内动脉［*a. carotisinterna*（*cerebralis*）-internal carotid artery（cerebral）］；30. 大脑后动脉环（*a. communicanscaudalis*-caudal communicating artery）；31. 大脑后动脉（*a. cerebricaudalis*-caudal cerebral artery）；32. 小脑前动脉（*a. cerebellirostralis*-rostral cerebellar artery）；33. 小脑后动脉（*a. cerebellicaudalis*-caudal cerebellar artery）；34. 大脑基底动脉［*a. basilaris*（*cerebri*）-basilar artery（cerebral）］；35. 筛骨内动脉（*a. ethmoidalisinterna*-internal ethmoidal artery）；36. 大脑前动脉环（*a. communicansrostralis*-rostral communicating artery）；37. 大脑中动脉（*a. cerebri media*-medial cerebral artery）；38. 腹侧脊动脉（*s. spinalisventralis*-ventral spinal artery）

（三）常见品系简述

1. SD 大鼠（sprague dawley rat） 封闭群。1925 年由美国 Sprague 和 Dawley 农场育成。头部狭长，尾长度近于身长，产仔多，抗病能力尤以对呼吸系统疾病的抵抗力强。自发肿瘤率较低。对性激素感受性高。常用作营养学、内分泌学和毒理学研究。毛色为白色（图 2-13）。广泛用于生理和药物研究。

图 2-13 SD 大鼠

2. WISTAR 大鼠（wistar rat） 封闭群。1907 年由美国 Wistar 研究所育成。使用数量最多，遍及全世界。头部较宽，耳朵较长，尾长小于身长。该种群性周期稳定，繁殖力强，产仔多，生长发育快，性情温顺，对传染病的抵抗力较强，自发肿瘤发生率低。毛色为白色（图 2-14）。广泛用于生理和药物研究。

图 2-14 WISTAR 大鼠

3. F344 大鼠（fisser 344 rat） 近交系。1920 年由哥伦比亚大学肿瘤研究所 Curtis 培育。原发和继发性的脾脏红细胞的免疫反应性低，肝结节状增生的发生率为 5%。自发性肿瘤发生率高且种类多，如乳腺癌、脑垂体腺瘤、睾丸间质细胞瘤、甲状腺癌、单核细胞白血病、多发性子宫内膜肿瘤等。同时，可诱导发生膀胱癌、食管癌和卵黄囊癌。适用于各种肿瘤性研究。毛色为白色（图 2-15）。广泛用于毒理学、肿瘤学、生理学等领域。

图 2-15 F344 大鼠

4. BN 大鼠（brown norway rat） 近交系。1958 年由 Silvers 和 Billingham 用 D. H. King 和 P. Aptekman 培育的棕色突变型动物近交繁殖而来。毛色为棕褐色（图 2-16），肿瘤发生率高，主要用于过敏性呼吸系统疾病、肿瘤学、老化、白血病、肾脏疾病及器官移植的研究。

图 2-16 BN 大鼠

5. 裸大鼠（nude rats）　近交系。先天性无胸腺，缺少 T 细胞，T 细胞功能明显丧失。生长发育相对缓慢。毛色为白色、黑色、黑白相间；体毛稀少（图 2-17）。主要用于皮肤肿瘤与皮肤癌、中枢神经系统肿瘤等移植瘤模型和外伤与整形外科方面的研究。

图 2-17　裸大鼠

（四）大鼠的回归

生命科学界预见到大鼠基因修饰技术很快会建立起来，2004 年专门组织专家撰写了回顾文章，叫大鼠的复兴（the renaissance rat），预言了大鼠基因工程技术一旦建立，大鼠将会回归实验室。人工核酸酶介导的基因组编辑技术的发展，为大鼠基因修饰提供了解决方案。中国医学科学院医学实验动物所的科学家们利用 CRISPR/Cas9 技术建立了大鼠基因敲除、敲入、条件敲除等成套技术，使大鼠的基因组编辑实现了常规化。大鼠在生理、神经、行为、毒理等方面的应用更为广泛，而 CRISPR/Cas9 对大鼠基因组编辑的高效率，使基因修饰大鼠的研制变得快速和经济，大鼠将回归实验室成为医药者的“新宠”，并发展为实验动物学的新热点。

四、豚鼠

豚鼠（Guinea pig）属于哺乳纲，啮齿目，豚鼠科，豚鼠属。草食性动物，又名几内亚猪、荷兰猪、海猪、天竺鼠等。祖先来自南美洲，曾被作为食用动物或宠物驯养。经人工驯化繁育，成为实验动物，应用于医学、生物学等科学研究领域。豚鼠品种主要有英国种（亦称荷兰种）、阿比西尼亚种、秘鲁种和安哥拉种。目前用作实验动物的是英国种短毛豚鼠（Dunkin-Hartley）繁育衍生的品系，现在全球已将其广泛地应用于医学、生物学、兽医学等领域。

（一）一般特性

身体紧凑，短粗，头大颈短，耳圆且小，四肢短小，前足有四趾，后足有三趾。毛色多样，有白色、白花、黑花、沙色、两色、三色等（图2-18）。

图2-18 不同毛色的豚鼠

性情温顺，喜群居，其活动、采食多呈集体行为。单笼饲养时易发生足底溃疡。群体中有专制型社会行为，1~2个雄鼠处于统治地位，一雄多雌的群体形成明显的稳定性。喜欢安静、干燥、清洁的环境且需较大面积的活动场地。

嗅觉和听觉发达，有听觉耳动反射。胆小易惊，温度的波动、声音的刺激、气味的变化、饲养环境和器具的变化，都会为其带来不利影响。

草食性动物，喜食纤维素较多的禾本科嫩草，食量较大，粗纤维需要量较兔还要多。有食粪癖，从肛门处取软粪补充营养，幼仔从母鼠粪中吸取正常菌丛。

（二）解剖和生理特点

门齿尖利呈弓形深入颌部，并能终身生长，臼齿和咀嚼肌发达。耳蜗网发达。

雌鼠30~45天、雄鼠70天性成熟。性周期15~17天，妊娠期59~72天，一般产仔3~4只，哺乳2~3周。自身不能合成维生素C，对其缺乏敏感，需要从外界完全补给。

（三）生物医学用途

豚鼠易致敏，过敏性休克和变态反应的研究中豚鼠是首选动物。豚鼠对许多病原微生物都十分敏感，如钩端螺旋体、疱疹病毒、布氏杆菌、沙门氏菌、淋巴细胞性脉络丛脑膜炎等，常用于这些疾病的研究。尤其对结核杆菌高度敏感，是结核杆菌分离、鉴别、疾病诊断以及病理研究的首选动物。豚鼠皮肤对毒物刺激反应灵敏，可用于局部皮肤毒物作用的实验。

五、地鼠

地鼠（hamster）又称仓鼠，啮齿目，仓鼠科，仓鼠亚科动物。实验用地鼠主要品系有2种，一种是耶路撒冷希伯来大学的Aharoni博士从叙利亚收养，由最初的1雄2雌繁育并带到美国发展成为实验用地鼠。因此被称为叙利亚仓鼠（Mesocricetusauratus），染色体2n=44（图2-19，左）。世界各地培育了几十个不同特点的地鼠品系。另一种是由中国输入到美国，培育成实验动物的中国仓鼠（Chinesehamster，Cricetulusgriseus），染色体2n=22，也叫黑线仓鼠（图2-19，右）。

图2-19 利亚地鼠（左）和中国地鼠（右）

（一）生物学特性

地鼠身体粗短，耳朵小、有颊囊，昼伏夜行，胆小，警觉敏感，嗜睡。具有储食习性，好斗。60日龄左右性成熟，性周期4~5天，全年发情，平均每窝产仔数11只，寿命2~3年。

（二）解剖学特点

地鼠颊囊位于口腔两侧，由一层薄而透明的肌膜组成。齿式为1003/1003×2=16；脊椎43~44节，肺分5叶，右4、左1；肝分7叶，左右各3叶，有1个很小的中间叶；胃分前胃和腺胃两部分，胃小弯很小；肾乳头很长，一直伸到输尿管内；无胆囊，胆总管直接开口于十二指肠。

（三）生物学用途

地鼠的用量仅次于大小鼠，广泛应用于肿瘤、生殖生理、老化、冬眠、行为实验的研究，地鼠的肾脏用于流行性乙型脑炎疫苗、狂犬疫苗培养和生产等。

中国地鼠染色体大，数量少，且易于相互鉴别，为研究染色体畸变和染色体复制机制的极好材料。全世界都在用的CHO细胞（Chinese hamster ovary cell）皆来源于中国地鼠。

（张连峰）

第二节 非啮齿类实验动物

一、兔

兔属哺乳纲兔形目，原产地中海沿岸，经由人工驯化饲养而成。我国有数千年养兔历史。兔作为实验动物，已经遍布世界。家兔染色体数为2n=44，一般寿命为7~8年，也有成活10年的记录。目前常用品种有：新西兰种，皮肤光滑，适用于皮肤实验（图2-20）。日本大耳白兔，适用于胆固醇代谢与动脉硬化等实验。荷兰兔，耳短体型小，适用于各种诊断和发热性物质的检测。青紫兰兔，可供生产疫苗，对猩红热毒素反应敏感，可用于对猩红热的研究和检测。安哥拉长毛兔，可用于皮肤实验。除上述品种，用于实验的兔还有英国兔、喜马拉雅兔、中国兔等。

图2-20 新西兰白兔

（一）生物学特性

兔为夜行性动物，胆小易受惊；性喜清洁、干燥、凉爽，对潮湿高温适应性差。家兔白天排出球状粪称硬便，夜晚或黎明排出柔软带有黏液粪便称软便。兔食软便，软便含有蛋白质、维生素B和较高的灰分，食便可能为再吸收未曾吸收的营养成分行为。家兔无固定排卵期，交配或其他刺激约10分钟后开始排卵。除交配以外，可用性激素或电刺激引发排卵。兔寿命5~8年，性成熟4~6个月，妊娠时间29~35天，窝产仔数4~10个，离乳时间4~6周。家兔中性粒细胞中，常有嗜伊红颗粒的伪嗜酸性粒细胞，在血液检查中需注意。

（二）解剖学特点

兔出生后18日左右长出的为乳齿（门2/1，臼3/2），总计16颗，其后长出的为恒齿（门2/1，犬0/0，前臼3/2，后臼3/3），总计28颗。此外，兔齿的特点是有2颗上颚门齿重叠，外观不易鉴别。左肺分为前后叶，右肺分为前、中、后及中间叶。肝脏分为左侧内外叶，右侧内外叶及乳头突起。胆囊位于尾状叶内缘。胃横向生长，胃底大。盲肠发达，约占腹腔1/3。盲肠末端的细长部称引突。肾脏位于腹腔背侧，右肾比左肾稍靠前。兔的胸腔及腹腔脏器的解剖结构见图2-21。

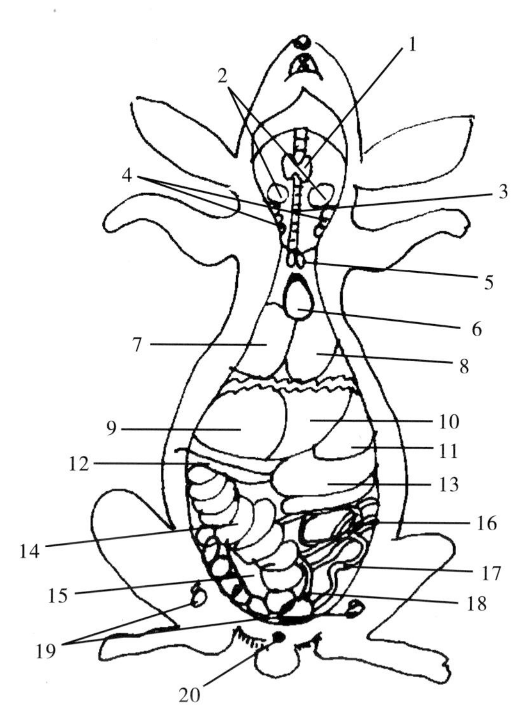

图 2-21 兔的胸腔及腹腔脏器

1. 甲状腺（glandula thyroidea）；2. 颌下腺（submaxillary saline）；3. 气管（trachea）；4. 淋巴结（pl. lymphonodi）；5. 胸腺（thymus）；6. 心脏（cardiac）；7. 右肺（right lung）；8. 左肺（left lung）；9. 肝右叶（right lobe of liver）；10. 肝左叶（left lobe of liver）；11. 肝脏（liver）；12. 十二指肠（duodenum）；13. 胃（stomach）；14. 盲肠（caecum）；15. 升结肠（ascending part of duodenum）；16. 空肠（jejunum）；17. 结肠（colon）；18. 直肠（rectum）；19. 淋巴结（pl. lymphonodi）；20. 肛门（anus）

（三）生物学用途

兔的体温变化灵敏，易产生发热反应，发热反应典型、恒定。对致热物质反应敏感，适用于热原实验。兔免疫反应灵敏，产生血清量较多，耳静脉和动脉较粗，易于注射和采血，故常用于制备高效价的特异性免疫血清，生产抗体。兔后肢膝关节屈面腘窝处有一个比较大的呈卵圆形的腘淋巴结，长约 5mm，易触摸定位，适用于淋巴结内注射。兔抗空气感染能力很强，对皮肤刺激反应敏感，反应近似于人。兔在遗传上具有能产生胆碱酯酶的基因，该酶能破坏有毒的生物碱。兔为刺激性排卵型，能较准确把握妊娠期，适合用于致畸实验、毒性实验、人工授精实验。此外兔类还被广泛地用于胆固醇代谢和动脉粥样硬化以及眼科研究。

目前近交系兔有 30 多种，但存在诸如退化、繁殖力显著下降等亟待解决的问题。发达国家实验用兔已 SPF 化。我国在实验室成功育成悉生兔，但因条件所限尚未推广。

二、犬

犬属哺乳纲、食肉目、犬科。犬是最早被人类饲养的动物之一，与人类共同生活约 1000 多年。

犬有许多品种，以毛色或以体型分类。犬的品种由有关协会按一定章程确定登记后公布。最早由英国畜犬协会开始登记，后被世界各国效仿，世界各地犬品种有400种以上。实验用犬以比格犬为代表，其生物学特性稳定、均一，遗传和微生物学控制较好。

（一）生物学特性

犬已明显丧失野生特性，肉食性与夜行性已变成杂食性与昼行性。犬的嗅神经极为发达，鼻黏膜布满神经末梢，鼻黏膜内大约有2亿个嗅细胞，为人类的40倍，嗅细胞表面还有许多粗而密的纤毛，大大提高了嗅细胞的表面积，使之与气体的接触面积扩大，产生敏锐的嗅觉功能，其嗅觉能力是人的1200倍，但犬味觉极差。犬的皮肤汗腺极不发达，趾垫上有少量汗腺，散热主要靠加强呼吸频率，将舌头伸出口外以喘式呼吸，通过加速唾液中水分的蒸发，来加速散热，调节体温。犬触觉较敏感，触毛生长在上唇、下唇、颜部和眉间，粗且长，敏感度较高。雄犬性成熟后爱撕咬、喜斗，有合群欺弱的特点。犬的神经系统发达，能较快地建立条件反射。习惯不停地活动，运动量不足，会导致雌犬到时不发情或配种后不孕，长期饲养应该配备运动场。犬具有高度群居性和社会性，好奇性强。犬的时间观念和记忆力强。

（二）解剖学特点

不同品种犬骨骼数基本一致，而其长度、宽度和关节角度却因品种而异。犬乳齿在生后大致一定时间被永久齿替代，可用于鉴别犬龄。犬喉头较短，甲状软骨结合部发达。声带由弹性韧带横纹肌组成。犬胃无食管部，与人结构相同，全部由胃腺组成。犬肠道为体长的5倍，明显短于其他家畜。犬的全身骨骼解剖结构见图2-22。

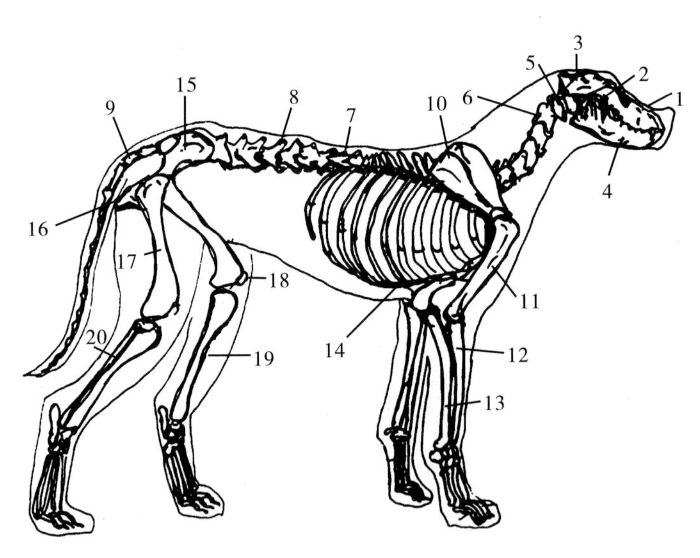

图2-22 犬的全身骨骼（侧面观）

1. 上颌骨（maxillary bone）；2. 颧骨（zygoma）；3. 顶骨（parietal bone）；4. 下颌骨（mandible）；5. 第一颈椎（寰椎）（atlas）；6. 第二颈椎（枢椎）（nd cervical verbebra）；7. 胸椎（thoracic vertebra）；8. 腰椎（vertebra lumbalis）；9. 尾椎（coccygeal vertebra）；10. 肩胛骨（scapula）；11. 肱骨（humerus）；12. 桡骨（radius）；13. 尺骨（ulna）；14. 胸骨（sternum）；15. 髂骨（patella）；16. 坐骨（ischium pl. ischia）；17. 股骨（thighbone）；18. 髌骨（patella）；19. 胫骨（tibia）；20. 腓骨（fibula）

（三）生物学用途

犬用作医学实验研究开始于17世纪，1945年后正式作为实验动物使用。目前我国用于科研的犬大多沿用家畜犬，近十年来才开始作为实验动物使用。犬被广泛应用于实验外科学研究和训练，如心血管外科、脑外科以及器官移植等，新的麻醉方法的探索也用犬实验获得经验后应用于临床。犬被广泛应用于基础医学研究，犬的神经、血液循环系统很发达，应用于失血性休克、动脉粥样硬化、急性心肌梗死、肾性高血压、大脑皮层定位、条件反射等方面的实验研究。犬也是药理、毒理学研究中最常用的实验动物，用于新药在临床前的各种药理实验、代谢实验以及毒性实验。犬的消化系统发达，与人有相同的消化过程，常用于慢性消化系统瘘道的研究。如可用无菌手术方法做成唾液腺瘘、食道瘘、肠瘘、胃瘘、胆囊瘘来观察胃肠运动和消化吸收、分泌等变化。犬对呕吐敏感，常做呕吐实验。犬在行为学、肿瘤学及核辐射研究中也有广泛使用。狂暴犬可能伤人，在实验操作过程中要谨慎处理。犬要带颈环和链条饲养，从笼中取出要注视犬并拉住链子。装车或实验过程中要尽量避免犬的恐惧，同时要请专业人员给犬佩戴警械和口套。

三、猪

猪（*Susscrofa domestica*）属于偶蹄目，野猪科，猪属动物。由于在心血管、消化系统、免疫系统、泌尿系统、皮肤、眼球等处，以及在解剖、生理、营养和新陈代谢等方面与人类十分相似，故猪成为研究人类疾病的重要实验动物。对于做慢性试验和成年动物代谢和生理相关研究试验时，最好使用小型猪，国外常见品种如辛克莱、汉福德、皮特曼-摩尔、尤卡坦等品系。国内小型猪常见品种如贵州香猪、巴马香猪（图2-23）、五指山小型猪、藏香猪等。

图2-23　巴马香猪

（一）生物学特性

猪性格温顺，爱清洁，好奇而聪明，喜探究。猪的汗腺不发达，怕热。猪嗅觉灵敏，鼻子也是敏感的触觉器官，为探究周围环境和寻找食物的主要器官。猪听觉也较灵敏，但视觉不发达。猪适合群居，母猪及其仔猪组成自然群。成熟雄猪宜单独饲养，减少其攻击性行为。猪群有明确的群体结构和等级结构，群体间通过复杂的咕哝和尖叫声相互沟通交流。母猪分娩前筑窝。

（二）解剖学特点

猪齿式为门 3/3，犬 1/1，前臼 4/4，后臼 3/3，为哺乳动物基本式。从乳臼齿长出至恒臼齿长完需约 19 个月，其间可根据齿的生长数判断猪龄。猪皮肤由被毛、表皮、真皮和皮下组织构成。表皮厚而硬化，汗腺退化、皮脂减少，与人类相似。猪除冠状动静脉以外的动静脉血管内皮构造均与人相似。

（三）生物学用途

猪被大量用于实验研究，比如，心血管研究、运动生理、营养、外科、动脉粥样硬化、糖尿病、移植和其他学科的研究。因为普通猪躯体肥大，不利于实验操作和管理，同时考虑到节省饲育成本和场地，目前各国竞相培育小型猪和微型猪用于实验。

猪的胎盘属于上皮绒毛膜型，母源抗体不能通过胎盘屏障，只能通过初乳传递给仔猪。初生猪体内没有母源抗体，只能从初乳中获得。无菌剖宫产术获得的仔猪，其体液内 γ 球蛋白及其他免疫球蛋白含量极少，其血清对抗原的抗体反应极低。无菌猪如果饲喂低分子、无抗原的饲料，则体内没有任何抗体，接触抗原后能产生较好的免疫反应，可用于免疫学研究。

四、非人灵长类

非人灵长类属灵长目，共有原猴亚目和类人猿亚目 2 亚目 12 科 60 属 200 种。主要分布于亚洲、非洲和美洲温暖地带，大多栖息林区，杂食性，具有社会行为。由于它们与人类相似，非人灵长类动物被广泛用于科学研究。非洲和亚洲起源的猴子种类经常被称为旧大陆猴，包括恒河猴（图 2-24，左）、猕猴和狒狒。在南美和美国中部发现的猴子称为新大陆猴，最为常见的有松鼠猴和狨猴（图 2-24，右）。目前使用的主要是猕猴和食蟹猴。

图 2-24　恒河猴（左），狨猴（右）

（一）生物学特性

猴聪明伶俐，动作敏捷，好奇心和模仿力强，有较发达的智力，能操纵工具。猴的视觉较人类敏感，视网膜具有黄斑，有中央凹。视网膜黄斑除有和人类相似的锥体细胞外，还有杆状细胞。猴有立体感，能辨别物体的形状和空间位置，有色觉，能辨别各种颜色，并有双目视力。猕猴的嗅脑很不发达，嗅觉高度退化，而听觉灵敏，有发达的触觉和味觉。猕猴进化程度高，大脑发达，有大量的脑回和脑沟，有较发达的智力和神经控制能力，能用手脚操纵工具，喜探究周围事物。前臂能自由转动，具有五指，拇指与其他四指相对，具有握力，能握物攀登。大多数猴子一次生一个幼仔，通常在夜间出生。大多数母猴具有良好的母性，能独自抚养自己的幼仔。性成熟 4~5 年，性周期 28 天，妊娠期 150~175 天，胎产仔数 1 只（绒猴经常产 2 只）。非人类灵长类动物属于群居性动物，具有群体语言和种群中特殊的行为模式，包括设计性活动、攻击性、领土划分和群相互交流行为，一般喜欢与其他相同种类的动物接触交流。非人类灵长类动物对其能抓到的任何东西都很好奇。

（二）解剖学特点

非人灵长类手足具有肤纹，可增加摩擦力和提高触觉敏感性。指甲为扁指甲。猕猴的眉骨高，眼窝深，有较高的眼眶，两眼向前。胸部有两个乳房，脑壳有一钙质的裂缝。灵长类子宫为单子宫，近似人类。猴的乳齿在生后一年内全部长齐，可通过恒齿的生长情况推断年龄。

（三）生物学用途

非人灵长类的应用较为广泛，包括：传染病学研究、药理学和毒理学研究、生殖生理研究、口腔医学研究、营养代谢研究、行为学和高级神经活动研究、老年病研究、器官移植和眼科研究、内分泌疾病和畸胎学研究、肿瘤学和环保研究。

五、猫

猫（Feli silvestris catus）属哺乳纲，食肉目，猫科。据历史记载，家猫已经与人类共同生活了至少 5000 年。应用于科学实验的猫品种主要为短毛种，来源比较杂乱，在我国成群饲养应用于科学实验的是虎斑猫（图 2-25）。

图 2-25　虎斑猫

（一）生物学特性

猫对周围环境警惕和好奇。寿命 12~16 年，性成熟 5~6 月龄，春季周期性持续数天的发情，诱发排卵，妊娠期 62~65 天，窝产仔数 3~6 只，离乳时间 6~7 周。猫平衡感觉与反射功能发达，对光敏感，调节瞳孔能力强，适应明暗环境，夜视力好。猫听觉灵敏，可判断声音方向与高低，并能判断声源距离。嗅觉不如犬发达。猫自主性强，喜独立生活，不喜人类干预，饲养繁殖中应予考虑。

（二）解剖学特点

猫体长一般约40cm，雄性体重3~4kg，雌性体重2~3kg。耳呈三角状，前肢5趾，后肢4趾，爪发达，且能缩回，瞳孔收缩时成针状。猫舌面有大量舌乳头，进食时乳头突起，可协助将肌肉从骨表面剥离。

（三）生物学用途

猫自1880年用于实验以来，主要用于肌肉骨骼、消化、神经、循环（血液、淋巴）、新生儿畸形以及生理学和药理学研究等。猫麻醉后可保持血液正常，对各种刺激的反应与人类近似；神经系统、循环系统和肌肉的实验结果比啮齿类接近人类。

六、雪貂

雪貂（*Mustela Pulourius Furo*）属食肉目，鼬科，鼬属动物。实验用雪貂毛色呈白色或黑、黄、白混色，眼睛呈粉红色或黑色（图2-26）。

图2-26 雪貂

（一）生物学特性

雪貂的寿命6~10年，繁殖期5~6年，9个月性成熟，发情期在自然条件下受气候调节，北半球从8月份开始到第二年的1月份结束，南半球从3月份开始到8月份结束，雌性雪貂是诱导排卵。实验室饲养条件下，可造成雌性雪貂患上致命的再生障碍性贫血。雪貂妊娠期41~43天，每胎产仔4~14只，6~8周离乳，4月龄可至成年体重。雪貂嗜睡，每天睡眠时间有时可达18个小时以上，喜欢安静的环境，对外界的异常变化保持高度的警惕。雪貂爱玩耍，喜群居，有藏食的天性。

（二）解剖学特点

雪貂为肉食性动物，消化道短，空肠不明显，缺乏回盲瓣，雄性雪貂无前列腺。雪貂有对称分布的肛门腺，如果感到痛苦或发怒，雪貂会将肛门一侧的腺体排空散发出臭味。在雌貂发情期，肛门腺的分泌增加，腺体可外科手术摘除，最适摘除时间为雪貂 6~8 月龄之间。图 2-27 为雪貂肺组织。

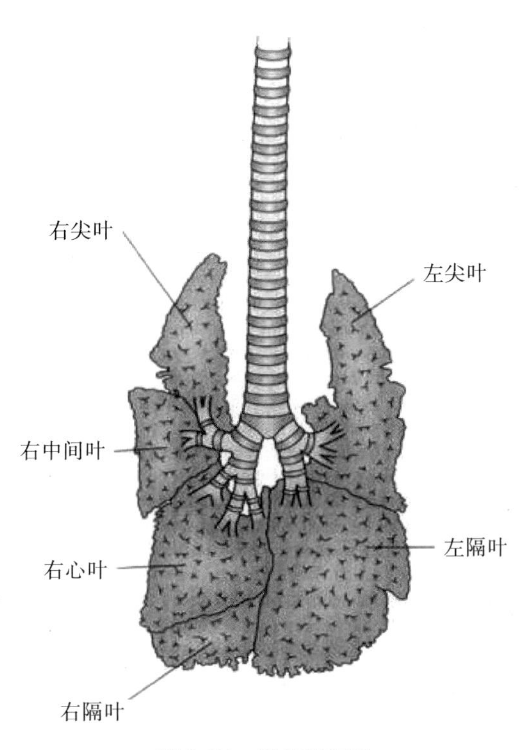

图 2-27　雪貂肺组织

（三）生物学用途

雪貂主要用于病毒性疾病研究，如狂犬病病毒、流感病毒等。雪貂呼吸道解剖结构上下呼吸道分腔明显，受体分布与人极为接近，是迄今为止最为敏感的流感病毒感染动物模型。它对人流感病毒高度易感，病毒不经适应即能使雪貂致病，并易传播给雪貂和人。在自然条件下，雪貂一般也是通过呼吸道吸入病毒的方式感染流感病毒，其感染后的发病过程和机体反应也与人体相似。雪貂除对人流感病毒高度易感外，对禽流感、猪流感病毒也十分敏感，且感染后出现典型症状。

（鲍琳琳）

第三章

动物实验与医学研究

有资料显示，在Pubmed网站上检索近30年的科研论文发现，有2000多万篇的SCI论文是利用实验动物模型进行相关研究，几乎涉及生命科学和医学研究的许多领域。其中Nature、Science、Cell等国际最高权威科学杂志刊出的生命科学论文中，使用动物模型的论文占35%~45%。Science、Nature使用实验动物的论文占35%。自然医学杂志（Nat Med）发表使用实验动物的论文占总数的71%，实验医学杂志（JEM）占45%，实验动物已成为医药科技创新的重要工具。2007~2011年，Science选出的50项重大科技进展中，生命科学占22项，其中利用实验动物的研究占13项。2012年，我国国家自然科学基金资助的生命科学和医学领域课题13000余项中，使用实验动物的研究课题占40%左右，实验动物对我国生命科学、医药等领域研究的支撑作用彰显无遗。

第一节　动物实验与基础医学

基础医学是人类认识自身科学实践过程的重要学科之一，主要研究人体的结构、功能、遗传、发育和免疫以及病理过程等，着力探究疾病的发生原因、发病机制以及药物作用机制，寻求有效诊断治疗的方法。

作为医学研究不可替代的重要支撑条件，实验动物模型对于生命基本规律和机制的阐明所起的作用越来越不可替代。人类各种疾病的发生发展十分复杂，要深入探讨其疾病的发病及防治机制不能也不应该在患者身上进行，但可以通过对动物各种生命现象的观察研究，进而推用到人类。通过实验动物进行比较医学研究，有利于更准确、更全面、多方位、多层次地了解各种人类疾病以及各种生命现象的本质。

基础医学的发展与动物实验有着密不可分的联系。

根据2013年出版的《学科发展报告》，生物化学与分子生物学近年的比较活跃的研究领域包括糖生物化学、生物分子复合物、核酸和基因调控、蛋白质与蛋白组学、表观遗传学、代谢与代谢组学等6部分。其中核酸和基因调控、蛋白质与蛋白组学、表观遗传学、代谢与代谢组学4部分主要采用动物模型进行研究，有一些新的交叉学科如比较基因组学、比较代谢组学等，主要比较动物与动物之间，动物与人类之间的异同。

我国生理学研究主要在神经生理方面的感觉神经系统研究和癫痫、脑瘤等脑重大疾病研究；循环生理方面的心脏电生理、心脏相关离子通道，内分泌对心血管活动的调节等；内分泌生理方面的激素的作用机制、中枢神经内分泌网络；消化生理方面的消化及物质转运，消化道运动调控等几个方面。主要使用大鼠、小鼠、猪等建立诱导模型结合临床进行生理研究，部分使用激素、激素受体、离子通道等基因敲除动物进行机制研究。

实验动物学及解剖与组织胚胎学正发生着深刻的交叉，第一，早期胚胎发育、神经发育、肠发育，内皮细胞生物学和生殖医学都在结合动物模型研究知识积累和使用大鼠、小鼠、斑马鱼、猪、猴等动物模型进行深入的研究；第二，一些神经生物学、内皮细胞生物学、胚胎发育等的基因功能研究，主要采用基因修饰动物作为研究对象；第三，疾病动物模型，包括诱导疾病模型、基因工程模型和疾病易感动物等是神经退行性疾病、神经损伤与修复、胃肠疾病机制研究的主要对象，结合临床研究正在对以上疾病的研究与治疗发挥着重要作用。

在免疫学领域，很多机制研究都采用了实验动物作为研究对象。2013～2014 年免疫方面的 SCI 研究论文 3 万篇左右，其中使用实验动物的研究占 35%以上，尤其是小鼠和基因修饰小鼠分别占 17%和 16%，是免疫研究使用最广泛的动物模型，大鼠占 4%，其他动物如豚鼠、犬等则较少。

在过去 3 年，使用实验动物的肿瘤方面的研究论文，主要涉及移植瘤模型、肿瘤与宿主相互作用、肿瘤与免疫、肿瘤的转移、肿瘤与微环境和肿瘤的生长、凋亡机制等。肿瘤研究使用最多的是基因修饰小鼠和自发突变小鼠。

生物医学的发展对实验动物的要求越来越高，从而促进了实验动物科学的发展。不断涌现的基础医学研究手段加速了实验动物的研究进程。实验动物的种类资源和丰富的模型极大地促进了生物医学的发展，实验动物的研究成果大大丰富了生物医学的研究内容。只有通过实验动物和动物实验人们才能解开生命的奥秘，才能从根本上认识疾病从而战胜疾病。

（邓　巍　张连峰）

第二节　动物实验与临床医学

一、临床医学的发展

临床医学是指医学中侧重实践活动的部分，主要研究疾病的病因、诊断、治疗和预后，致力于促进人体健康的科学，包括内科学、外科学、妇产科学、儿科学、老年医学、眼科学、肿瘤学、麻醉学等 18 个二级学科。自 16 世纪人体解剖学产生以来，生理学的创立，病理解剖学的创立，以及 19 世纪细胞学、细菌学的长足发展，使得基础医学和临床医学逐渐成为两个独立的学科，而数学、生物学、化学等方面的巨大进步为现代临床医学奠定了坚实的基础。而在 17 世纪末期医生开始回到患者身边，从事临床观察和研究，以及 18 世纪临床教学的兴起，逐渐形成了生物医学模式。该模式认为每一种疾病都能从器官、细胞、生物大分子上找到可测量的形态和（或）化学变化，确定生物及物理的病因，从而进行治疗。20 世纪以来，伴随着抗生素的发现、CT 和 MRI 的发明与应用以及生物制品的生产，产生了现代临床医学。现代临床医学已经形成了分科专业化、发展国际化、技术现代化、学科相互渗透交叉等特点，与社会医学、全科医学的关系日益紧密，成为人类与疾病抗争的最重要武器。2015 年初，“精准医疗”的提出标志着现代临床医学的发展进入了一个新的时代。临床研究的很大成功是依赖于规范化治疗，大多数患者由此获益，医疗质量和医疗安全得到保证。而少数患者对治疗疗效较差甚至无效，而这部分患者为“精准医疗”的研究提供了机会。在临床研究领域，“精准”是相对的，是大群体中的小群体，采用相对个体化的技术路线。精准医疗是基于基因差异而进行的个体化治疗，随着人们的健康意识不断提高以及“治未病”理念的推广，为这种预防性、个体化及高效性的医疗手段提供了快速发展的环境。而精准医疗的实施除了收集资源以及分析海量的临床数据外，尚需要利用大量的模式动物开展实验并进行临床验证。

二、动物实验与临床医学的发展

临床研究是现代医学最基本的、不可或缺的研究手段，是连接基础医学研究和临床应用的桥梁。临床研究使得新药的研发成为现实，没有临床研究，就不会有青霉素、脊髓灰质炎疫苗以及各种肿瘤治疗药物的发明；临床研究使得糖尿病变得可以控制和管理，使得艾滋病患者至少多生存了20年，使得数百万的癌症患者的生存期大大延长。而动物实验又是临床研究的主要工具和手段，没有动物实验，以上一切都不会实现。回顾医学发展史，可以清楚地看到，临床医学上许多重大的发现均与动物实验紧密相关。传染病病原发现、预防接种、抗生素、麻醉剂、人工循环、激素的使用、脏器移植、肿瘤的病毒病原和化学致癌物的发现等都离不开动物实验。

1628年，英国科学家哈维通过对蛙、狗、蛇、鱼、蟹等动物的解剖与生理研究，发现了血液循环是一个闭锁的系统，阐明了心脏在动物体内血液循环中的作用。1878年，德国科学家科赫通过对牛、羊疾病的研究，发现了结核杆菌，指出了细菌与疾病的关系。1880年，法国微生物学家巴斯德在家禽霍乱病的研究中首先用人工减毒性的巴氏杆菌，制造出禽霍乱疫苗，到1885年他又成功地研制出狂犬病弱毒疫苗，开辟了传染与免疫的新领域。19世纪，德国医生冯·梅林和俄国医生闵可夫斯基在用切除胰腺的犬进行胰腺消化功能的研究时，偶然发现犬的尿招来成群的苍蝇，证明了切除胰腺的狗尿糖增加，从而认识了糖尿病的本质，并从犬胰腺中分离出胰岛素，有效地用于糖尿病的治疗。1914年，日本人山极和市川用沥青长期涂抹家兔耳朵，成功地诱发出皮肤癌，进一步的研究发现沥青中的3，4-苯并芘是化学致癌物，从而证实了化学物质的致癌作用。从此，许多化学物质都相继被证实可以诱发动物的肿瘤，为肿瘤病因的化学因素提供了更多的证据，使人们充分认识到化学致癌因素在人类恶性肿瘤的病因中占有极其重要的地位。法国生理学家里基特通过动物实验发现了过敏的本质是抗原抗体反应，从而推动了变态反应性疾病的研究。在现代生物医学中新的动物种系及模型动物将为生物医学的发展开辟广阔前景。无胸腺裸小鼠的培育为人类恶性肿瘤异种移植及体外研究带来了生机。目前，免疫缺陷动物的研究进展迅速，其培育及应用已从小型啮齿类动物扩展到马、牛等大型哺乳类动物，从单T细胞缺陷的无胸腺裸小鼠扩展到T细胞、B细胞联合免疫缺陷的SCID小鼠以及T细胞、B细胞、NK细胞三联免疫缺陷小鼠，从自发突变的先天性免疫缺陷到后天获得性免疫缺陷，并广泛应用于肿瘤学、免疫学、遗传学、微生物学以及临床医学等各个领域。巴甫洛夫指出，“没有对活动物进行实验和观察，人们就无法认识有机世界的各种规律，这是无可争辩的。”

三、动物实验与临床试验的差距

目前在很多疾病的病因、发病机制和治疗方面国外采用动物模型进行研究，有些已有突破性的发现和进展，为揭示疾病的本质和未来的临床治疗带来了希望。但是必须认识到，动物实验到临床应用还有很大的差距。

由于对动物实验和临床试验的差距认识不足，国外曾经有惨痛的教训：一次临床试验，使受试者命悬一线。TGN1412 为抗 CD28 人源化单克隆抗体，该药能与 T 细胞上 CD28 受体结合，并能够单独激活 T 细胞，使 T 细胞增殖分化，进一步激活体内免疫系统。该药物拟应用于类风湿关节炎和多发性硬化等自身免疫性疾病及白血病的治疗。2006 年 3 月 13 日，8 名健康志愿者在一家合同研究组织（CRO）的安排下于伦敦 Northwick Park 医院接受 TGN1412 首次用于人体的 Ⅰ 期临床试验。结果出人意料：6 名接受药物注射的志愿者在药物注射后 90 分钟内都出现严重的全身炎症反应，在输注药物 12~16 个小时内病情加重，出现多器官功能衰竭和弥散性血管内凝血而全部被转入重症监护病房（ICU）接受治疗。在接受药物注射 24 小时内，志愿者们出现意想不到的淋巴细胞和单核细胞耗竭。经抢救，虽 6 名志愿者无 1 例死亡，但这是反应最严重的病例，在 ICU 住院治疗 3 个多月后，因药物不良反应导致脚趾和手指缺血坏死而接受全部足趾切除术和 3 个手指部分切除术。而安慰剂组的 2 名志愿者没有出现任何不良反应。

经调查，TGN1412 在药物生产、储存等过程中不存在任何问题。志愿者的血清检测发现，在用药后 1~4 个小时多种前炎性细胞因子水平显著上升。所有志愿者的外周血淋巴细胞在用药后 8~16 个小时几乎耗竭，这是典型的细胞因子释放综合征。众所周知，细胞因子就是免疫系统调兵遣将的“命令”。可以想象，细胞因子出现如此突然、巨大的水平波动，带给体内淋巴细胞的是如何混乱和危急的命令，大量淋巴细胞被激活，攻击体内的各个系统和器官，导致受试者出现多器官功能衰竭。由于淋巴细胞在短时间内全部被激活并游走到组织器官内导致炎症反应，而骨髓造血系统在短时间内又无法产生大量淋巴细胞，所以造成外周血淋巴细胞耗竭。

随后来自英国伦敦帝国学院、伦敦国王学院和 Babraham 研究所的学者报道，人体的记忆 T 细胞可能是 TGN1412 Ⅰ 期临床试验悲剧的原因。大约 50% 的人体 T 细胞是记忆细胞，即它们在人的一生中因感染和疾病等因素曾经被激活。然而，动物模型，比如，用于 TGN1412 临床前研究的动物，却没有这么多数量的记忆 T 细胞，这是因为为了预防感染，这些动物一直被置于无菌环境下饲养。CD28 是激发 T 细胞反应的重要分子，而 TGN1412 就具有强烈激发 CD28 的能力。研究者将记忆 T 细胞的表面分子 CD28 激活后注射到健康小鼠体内，这些细胞马上从血液游走到多个器官内，包括肾脏、心脏和肠道，导致这些组织的损害。而在没有感染的情况下，这些细胞不应该出现于这些部位。

这样的悲剧也揭示了一个令人不安的事实：人们对人体内在生理和病理机制的认识还存在很多盲点，而动物实验和临床试验也经常出现相左的结果。首先，动物实验是在一定条件下进行的，所得到的结果和结论只能限定于这种条件，而不能盲目扩大，这是科研的基本原则，而这些特定的条件在临床试验中很难实现。另外，动物实验只需观察某种因素的作用，而不必过多考虑对于动物整体生命的影响，有些干预实验可能在某些方面对于模型动物有积极作用，但是也常常造成其他的严重损害，而临床试验首先需要评估治疗方法的安全性。正是由于动物实验的单纯性，使它比较容易获得突破。但是，也正因如此，动物实验结果应用于临床需要十分慎重，这是严谨的科学研究所必需的。

四、展望

尽管动物实验结果无法直接外推到人类，而且在动物实验有效的药物或者理论未必在人类有相同的效果。但是，动物实验对于临床研究的发展，对于人类健康的促进是不可替代的。临床研究还是必须从临床到实验室，即从临床中发现问题，再到实验室解决问题。

随着人们健康理念的发展，人类健康成为现在和未来科技发展的重点之一，而人类健康相关领域研究都需要实验动物和疾病动物模型作为支撑条件。同时实验动物科学也是进入生物医药产业时代参与生物高科技领域国际竞争所必须占领的制高点，对打破国外生物医药资源和技术垄断意义非凡。如何利用日新月异的生物高科技为人类健康和发展服务，如何更科学地把实验动物科学与临床医学紧密地结合起来，是我们要思考的问题。

（高　苒　张连峰）

第三节　动物实验与医药研究

现代药学研究以药物为研究对象，主要研究药物的发现、开发和合理应用，药物研发是药学研究的核心任务。随着分子生物学、分子药理学、功能基因组学、蛋白质科学、理论和结构生物学、信息和计算机科学等学科与药学的交叉，药物的种类和范围日益广泛，根据药物研发的技术流程，可大体分为临床前研究和临床研究两个阶段。临床前研究主要包括药物靶点的确认、化合物的合成、活性化合物的筛选、评估药效、安全性与毒性及药物的吸收、分布、代谢和排泄情况。临床研究主要通过人体实验进行药物的系统性研究，以证实或揭示试验药物的作用、不良反应及（或）试验药物的吸收、分布、代谢和排泄，目的是确定试验药物的疗效与安全性。动物实验主要应用于药物的临床前研究。

药物靶点的确认、活性化合物的筛选、药效研究、安全性和毒性研究和代谢研究，均会涉及或使用实验动物。药物靶点的确认，属于药物研发的基础研究，主要指发现潜在药物靶点和进行验证的过程，单基因药物靶点的发现和验证，一般使用靶点基因修饰的基因工程动物模型来研究。

在活性化合物的筛选中，一般采用高通量的模型初步筛选化合物的活性，筛选模型包括数学/计算机模型、细胞模型和动物模型等，具有生命特征的细胞模型或动物模型获得的活性数据更有信服力。对于靶点明确的药物，细胞模型适合于高通量筛选，但对于中药或疫苗等依赖于生命系统发挥作用的药物，一般采用动物模型。

在药效学研究中，则主要使用人类疾病的动物模型进行药物的治疗效果评价，阐明药物的作用机制和量效关系，制备疾病动物模型的方法包括物理化学诱导、手术、基因工程技术和病原感染等，应根据药物的特征及作用机制来选择适合的疾病动物模型。

药物的安全性与毒性、药物代谢等研究，包含单次给药的毒性试验、反复给药的毒性试验、生殖毒性试验、致癌试验、局部毒性试验、免疫毒性试验、依赖性试验、毒代动力学试验及与评价药物安全性有关的其他试验，属于临床前药物安全性研究的范畴，对于此阶段的研究，世界各国一般以法律手段强制纳入 GLP 管理，需根据药物临床前研究的技术规范进行严格的动物实验。

本节主要从药物靶点研究、药效学研究、药物安全性研究这三个方面，来叙述药物研究中动物实验的选择原则。

一、药物靶点研究

在药物靶点的研究中，通过鉴定药物在体内的作用结合位点，包括基因位点、受体、酶、离子通道、核酸等生物大分子，依据生命科学研究中所揭示的包括酶、受体、离子通道、核酸等潜在的药物作用靶位，或其内源性配体以及天然底物的化学结构特征来设计药物分子，以发现选择性作用于靶点的新药。

靶点基因表达或缺陷的转基因动物，可用来研究药物与靶点作用机制，为靶点药物的筛选和药效学研究提供了可能。在基因靶点研究中，适合做基因高通量修饰的斑马鱼和小鼠为首选研究对象。基因通路在脊椎动物中具有高度的守恒性，例如，Wnt 通路和骨形成蛋白（BMP）信号通路的各主要组件在斑马鱼体内都存在，并且在发育的早期阶段就起作用，因此，经基因工程改造的斑马鱼可用来筛选与哺乳动物疾病相关的基因通路的化合物。

二、药效学研究

在药效学研究中，主要通过药物作用于人类疾病动物模型，用模型指标反应药物预防、终止或缓解疾病的程度，从而预测药物对人体的治疗效果。选择合适的人类疾病动物模型是药效学研究成功的关键因素之一。理想的疾病动物模型应该在解剖学与生理学上与实验设计相一致，并在病理反应和疾病进展方面与人的疾病一致。为了使动物实验中获得的药效学结果与临床上尽量接近，用于药效学评价的疾病动物模型应该具有三个特征：第一，可重复，包括固定的疾病表现、生理特征等，并且这些指标可以被测量；第二，一致性，即动物模型的重要疾病表现和生理特征与患者一致，且症状与病因的因果关系明确；第三，可恢复（可预防），即通过预防或治疗等干预措施的介入，动物的疾病可以被预防、缓解或治愈。

在动物实验中，需对实验进行良好的设计、实施和分析，以保证数据的可信和避免浪费实验动物。实验设计的不合理，会导致从动物实验向临床转化的过程中，存在很大的失败概率。例如，在研究益生菌对胰腺炎治疗效果的实验中，许多设计是先给予益生菌，再使动物患上胰腺炎。而在临床上，则是对表现出胰腺炎症状的患者给予益生菌治疗，这种设计的差别会加剧失败的风险。此外，在实验过程中，动物的品系、性别、年龄、重量和饲养环境等均会影响实验结果，在药效学评价时，这些数据必须予以公布，避免分析结果时造成偏差。

在有效性研究中，所选用动物模型的致病机制需与药物作用原理一致，并在某些方面与人类疾病表现一致。例如，自发性高血压大鼠模型，是在动物生长过程中形成的，与人类疾病的形成具有密切的相关性，能够较好地反映疾病的病程和转归，适用于抗高血压药物的研究。

下面以突发或急性肝衰竭疾病为例，阐述对药物的药效学进行评价时，选择动物模型的原则。突发或急性肝衰竭（AHF）是一种严重的肝损伤疾病，通常伴随肝性脑病，并引起多器官功能衰竭，死亡率极高。AHF 的病因是由病毒性肝炎、毒素、药物或其他未知因素等造成的肝细胞大量坏死。AHF 的手术模型包括肝缺血或局部、整体切除，药物诱导模型则使用对乙酰氨基酚、氧化偶氮甲烷、伴刀豆球蛋白 A、半乳糖胺、氟烷、硫代乙酰胺等制造。在选择动物模型时，应该充分考虑药物的作用机制。手术模型成功的模拟了临床上肿瘤切除病人的情形，是人为造成了肝脏组织学上的缺损，因此适合评价人工支持设备或器官移植，但其缺点是无 AHF 的典型炎症反应，因此不适合评价药物。显而易见，对于抗病毒药物的药效学研究，则应该选择肝脏病毒感染制备的动物模型。而对于抗炎类的药物，比如，甲磺酸加贝酯、褐藻硫酸多糖和柚皮素等，则适合选择存在炎症反应的模型，例如，四氯化碳诱导的大鼠模型。

三、药物安全性研究

药物安全性研究是通过动物实验，评价药物的毒性及潜在危害，以决定其能否进入市场或阐明安全使用条件，以最大限度地减小其危害作用，保护人类健康。最早提出安全性评价，起源于 20 世纪发生的一系列药物安全事故，包括美国发生的磺胺酏剂导致肾衰竭事件、法国发生的有机锡中毒事件、德国发生的“沙利度胺”反应停导致海豹儿（畸胎）事件、日本发生的氯碘喹啉导致亚急性脊髓视神经病事件等。这些药物研发历史上的沉痛教训，迫使各国立法规定，任何新药必须在动物实验中获得令人信服的药效和安全性数据后，才可以进入临床试验。在安全性评价方面，则需要根据《药品非临床研究质量管理规范》，在具有 GLP 资质的研究机构实施。

在安全性研究中，实验动物的选择根据实验目的有所区别。单次给药的毒性试验以小鼠和大鼠为主，以大鼠居多，犬也用于此类实验。反复给药的毒性实验以大鼠和犬为主。生殖毒性实验首选为大鼠，也可选择家兔。致癌试验一般多用大鼠、小鼠等啮齿类动物，如条件许可，尚可于犬和猴等一种非啮齿动物中进行。局部毒性试验以家兔和小型猪为主。依赖性试验可选择小鼠、大鼠、犬和猴。安全药理试验可选择小鼠、大鼠、豚鼠、家兔和犬。免疫毒性实验一般采用啮齿类动物。药代动力学试验常用动物为大鼠、小鼠、兔、豚鼠、犬等，首选动物与性别尽量与药效学或毒理学研究所用动物一致。下面以几个实例阐述动物实验在药物安全性评价中的应用原则。

在药物毒性研究中，要充分考虑动物与人在物种上的差异，以及动物之间的物种差异。由于物种差异，往往一种实验动物不能反映人类疾病的全面特征，在毒性研究中，需两种以上的动物才能较正确地预示受试药物在临床上的毒性反应，一般一种为啮齿类大鼠，另一种为犬、猴、小型猪。20 世纪中叶的沙利度胺（反应停）事件是典型的药物安全事故。反应停在小鼠和大鼠身上的实验没有发现有明显的副作用，便被正式推向市场，用于治疗妊娠呕吐。反应停进入临床应用后，便发现了与之相关的婴儿畸形病例（海豹儿）。在反应停进入市场的短短数年间，全世界 30 多个国家和地区（包括我国台湾）共报告了“海豹胎”1 万余例。随后，通过对数十种不同种属动物进行的致畸试验表明，反应停对大约 15 个种属的动物有不同程度的致畸作用，并且致畸作用有明显的种属差异。反应停事件的发生，推动了动物安全实验的规范，两种不同种属动物实验结果相互佐证，也为药物的安全性提供了进一步的保障。

药物的致癌性是通过检测药物对动物的致癌作用，以预测人体长期用药所产生的致癌风险。致癌性试验通常包括一项啮齿类动物（大鼠）长期致癌性试验、一项短期或中期啮齿类动物致癌性试验或第二种啮齿类动物（小鼠）长期致癌性试验。啮齿类动物的长期致癌性试验的局限性包括：需要的动物数量多、试验周期长、费用高、存在种属特异反应、量效关系难以换算、机制不清、需要大量的补充实验等。随着原癌基因和抑癌基因的发现，研究人员建立了不同类型的癌症相关的转基因小鼠，包括癌症发生过程中关键基因的过表达或抑制表达的转基因小鼠，其癌症进程可缩短。转基因小鼠应用于短期致癌研究，可避免老化产生自发肿瘤的背景影响，为深入阐明致癌机制提供帮助，对人体致癌原的反应更加特异和灵敏，减少药物致癌性试验的动物数量、时间和费用。自 1996 年开始，转基因小鼠被批准用于药物的短期致癌性试验，其结果可以取代两个物种的长期致癌性试验，大大缩短了药物致癌性试验的周期和费用，并逐渐取代了中长期的致癌性试验，被各国药物评价机构广泛采用。其中，*rasH2* 和 $p53^{+/-}$ 转基因小鼠模型在短期致癌性评价中应用最广泛。其中，*rasH2* 是目前被 FDA 认可的转基因模型，可用于遗传毒性或非遗传毒性化合物的致癌性评价，但相对更适合于遗传毒性化合物，是目前致癌性试验中应用最为广泛的转基因小鼠模型。

药代动力学实验主要通过动物实验，阐明药物在体内的吸收、分布、代谢、排泄和毒性情况。但由于实验动物和人的物种差异，不能简单地将动物实验得到的数据外推至人。人源化小鼠模型的出现，为解决上述问题带来了契机。通过人源化的嵌合体小鼠来预测药物的体内分布、代谢和毒性是目前的热点之一。人肝脏的嵌合体小鼠的制备技术已经比较成熟，并被用来预测药物的体内分布、研究药物的代谢和排泄途径。人肝脏嵌合体小鼠模型通过遗传修饰造成内源性肝细胞的损伤和免疫缺陷，使它可以作为移植人肝细胞的受体小鼠。利用人肝脏嵌合体小鼠研究 S-华法林在体内的代谢被证实有效。嵌合体小鼠肝脏微粒体的代谢活性与人肝脏微粒体接近，且活性的高低与小鼠肝脏被人肝脏细胞替换的比例相关。研究证实 S-华法林在嵌合体小鼠被 CYP2C9 代谢为无活性的 7-羟基产物，这一点与人体内代谢相同。

（刘江宁）

第四节　动物实验与转化医学

转化医学（translational medicine），也称转化研究（translational research），倡导以患者为中心，从临床工作中发现问题、提出问题；由基础研究人员进行深入研究，分析问题；再将基础科研成果快速转向临床应用，解决问题。其核心是在基础研究与临床应用之间建立转化通道，实现二者之间的双向快速转化。

转化医学是医学研究的一个分支，试图在基础研究与临床医疗之间建立更直接的联系。转化医学在健康产业中的重要性不断提升，而它的精确定义也在不断变化。在药物的研发过程中，转化医学的典型含义是将基础研究的成果转化成为实际患者提供的真正治疗手段，强调的是从实验室到病床旁的连接，这通常被称为“从实验台到病床旁”定义。转化医学，从基础到临床，不是单向的，亦不是封闭的；而是双向的，开放的；即实验室研究的成果，迅速有效地应用于临床实际；临床上出现的问题，又能及时反馈到实验室，进行更深入的研究，它是一个不断循环向上的永无止境的研究过程。

传统的基础研究与临床实践被一系列的障碍分隔，这些障碍就像“篱笆墙”。如新药的研发隔离于临床在实验室中进行，当需要进行安全测试和临床试验时才不可避免地被“扔过篱笆”，而动物实验正是穿过这道“篱笆墙”的通道。生命科学、医学、药学最终的研究成果实验为人类健康与发展服务，随着科学技术的进步，生物医药研究成果最终要转化到临床，要保证医学技术、药品、医疗器械的安全有效，是无法用人直接进行实验的，因此，转化过程中实验动物模型是最好的替代品。

医学研究经常使用动物模型作为临床和实验假说的实验基础。人类疾病的发生发展是十分复杂的，要深入探讨其发病机制，就离不开动物实验。许多临床研究不可能也不允许在人体上进行，因而可以通过在动物身上复制出类似人类的各种疾病及某些生命现象来进行研究，进而推论转化到人类，从而实现探索人类疾病的发生发展机制，以找到控制人类疾病的方法和手段。

人类疾病的动物模型是指在医学研究中建立的具有人类疾病模拟表现的动物实验对象和相关材料。使用动物模型是现代转化医学研究的实验方法和手段。通过对动物模型的间接性研究，进而有意识地改变那些在自然条件下不可能或不容易剔除的因素，以便更加准确地观察动物模型的实验结果，并将研究结果转化为人类疾病，从而有助于更方便、更有效地认识人类疾病的发生发展规律和研究防治措施。人类疾病的动物模型研究，实质上是有关实验动物的应用研究。研究者可利用各种动物的生物学特性和疾病特点，与人类疾病进行比较研究。

（邓　巍）

第五节　动物实验在医学研究中的应用

一、动物实验在传染性疾病研究中的应用

人类社会的发展历史也是不断同各种疾病，尤其是传染病进行斗争的历史。目前，传染病在各类疾病发病率的排行榜中高居榜首，而全球每年死于各类传染病的人数占总死亡人数的三分之一。随着新发传染病的不断出现和原来流行病病原体的不断变异并产生耐药性等问题，再加上全球的城市化进程加快、交通日益发达及人口老龄化等因素又为传染病的流行创造了有利条件，其结果导致传染病的流行正在全球复活。据统计，1973 年以来，仅新发现的传染病就达几十种，且仍在不断增加。这些新发传染病的出现在严重威胁人类健康的同时，还影响到社会稳定、经济发展和国家安全。世界卫生组织已数次向全球发出警告“我们正处在一场传染病全球危机的边缘，没有哪一个国家可以逃避这场危机，也没有哪个国家可以对此高枕无忧”。

当传染病疫情暴发时，应急防控的主要任务一般包括：确定病原、流行病学调查、易感动物筛查、探索临床救治方案、研制疫苗、研发标准化检测试剂等，这其中病原的诊断和检测、监测预警和防治策略评价研究等都依赖于动物模型的建立。合适的动物模型可为传染病的病原体溯源、国家卫生防控政策制定、传染病的民众个人防护提供实验依据和生物安全保障；为各种临床救治策略的科学性验证和推广提供动物模型支撑；为国家的药物和疫苗储备提供科学性的动物实验基础；为拓展现有药物的新功能，增加新适应证，缩短药物研发和应用周期，及时有效的为对抗疫情提供药物做出保障，为缩短药物研发成本、减少民众治病负担，使医药研究真正的在降低发病率、病死率和

治疗费用负担率上做出贡献。

人类通过开展动物实验防御各种传染病的历史可追溯至18世纪。1798年英国医生琴纳经过细致观察，研究牛、马和猪的痘疹，比较人类的天花，发现奶牛乳房的牛痘和挤奶工人手部接触的关系，提出用牛痘来免疫人以预防天花，取得了良好的免疫效果，这是人类利用聪明才智，在比较医学上成功运用的经典案例。法国化学家巴斯德用鸡做实验，制备出了鸡霍乱疫苗，随后又发明了犬与人狂犬病疫苗。德国科学家科赫通过研究农畜的炭疽病，并在兔和小鼠身上做实验，于1876年分离发现了炭疽杆菌，1882年科赫证明结核病由结核杆菌引起，并提出了可能的治疗方案。后来发现许多动物包括牛、马、猴、兔和豚鼠等都能罹患结核病，但所能感染的结核杆菌菌型不相同，凑巧的是人的结核杆菌可以感染豚鼠。1890年，德国科学家贝林与日本科学家北里柴三郎以豚鼠等动物研究白喉杆菌与破伤风杆菌，发现是细菌毒素而不是细菌本身造成动物死亡，首创血清疗法，于1901年获得首届诺贝尔生理学或医学奖。

理想的传染病动物模型，应能全部或基本上拟似人类疾病的临床表现、疾病过程、病理生理学变化、免疫学反应等疾病特征。但由于动物和人类存在种属差异，对于同一种疾病病原，感染不同动物可能会产生不同的表现。因此，对于同一种病原，往往要建立多种动物模型，才能全面模拟传染病特征。根据研究目的的不同，来选择并应用最合适的动物模型。目前在世界范围内广泛使用的经典传染病动物模型包括：SARS的灵长类模型，艾滋病的SIV/HIV嵌合病毒（SHIV）感染灵长类模型，流感的小鼠、雪貂模型，乙肝的黑猩猩、树鼩、土拨鼠模型以及转基因或转染小鼠模型，结核的小鼠、灵长类、树鼩模型，红色毛藓菌的豚鼠、家兔模型，巴贝斯虫的小鼠模型等。下面就以具有代表性的动物模型为例，简要介绍几种动物模型在感染性疾病中的应用。

1. 流感动物模型

（1）流感研究简介：流感是由流感病毒引起的一种急性呼吸道传染病，它通过飞沫传播，能在短时间内迅速蔓延。流感病毒根据其核蛋白及基质蛋白抗原性的不同，可分为甲、乙、丙三型。迄今为止，能导致流感疫情大暴发的均为甲型流感，乙型流感仅在人群中引起局部流行，且致病性较低，丙型流感一般只引起散发感染病例。1918年的西班牙大流感共造成全球约5000万人死亡，成为人类历史上致死人数最多的疫病。1957年亚洲流感、1968年香港流感、高致病性禽流感H5N1、2009年起源于北美的新型甲型H1N1流感以及2013年初始于我国华东地区的人感染H7N9禽流感，也都造成我国或世界范围内的流感大流行，给人类社会和经济造成极大的负面影响。

（2）流感动物模型种类及优缺点：目前流感的动物模型主要有小鼠、雪貂、非人灵长类等。不同的模型具有不同的特点，可根据实验的特定用途进行选择。各种模型的优缺点如下表所示。

表3-1 常见流感动物模型

物种	优势	缺点
小鼠	繁殖周期短； 遗传背景均一； 个体差异小	感染后的临床症状与病理表现不能完全模拟人类感染后的情况； 部分流感病毒要经过在小鼠体内多代适应才能有效复制

续 表

物种	优势	缺点
雪貂	迄今为止为最敏感的流感动物模型，病毒不经适应即能使雪貂致病，并易传播给雪貂和人 人甲、乙型流感病毒及禽流感病毒均可自然感染；雪貂感染流感病毒后的症状、发病机制和免疫反应与人类极为相似； 流感病毒受体分布情况与人类最为接近（上呼吸道上皮细胞表面存在 $\alpha_{2,6}$ 唾液酸受体，肺泡上皮细胞表面同时也存在着 $\alpha_{2,3}$ 唾液酸受体）	个体差异较大； 免疫学试剂缺乏； 价格相对昂贵
非人灵长类	在生理和解剖学上与人类最为相近	使用涉及伦理问题； 价格昂贵

（3）流感动物模型的比较医学特点：理想的流感动物模型，首先应该能够较全面地复制流感疾病的各项临床表现和病理变化，并且在病情进展与疾病转归上与临床病例相似，还要求从人工感染的实验动物体内能重新获得流感病毒。流感的小鼠和雪貂模型与临床患者比较情况如表 3-2 所示。

表 3-2　流感小鼠与雪貂模型的比较医学特点

物种	临床表现				病毒分布	病理表现	产生抗血清	血常规
	体温升高	体重下降	流涕或打喷嚏	死亡				
人	√	√	√	√	高致病性禽流感：肺为主要靶器官，多脏器感染，神经嗜性 季节性流感：上下呼吸道，偶见其他组织	气管、支气管炎及间质性肺炎，重症可出现肺泡炎或累及其他脏器损伤	√	一般白细胞不高或降低，重症患者会出现白细胞和淋巴细胞计数的减少

续　表

物种	临床表现				病毒分布	病理表现	产生抗血清	血常规
	体温升高	体重下降	流涕或打喷嚏	死亡				
小鼠	-	√	-	√	高致病性禽流感：肺为主要靶器官，多脏器感染，神经嗜性 季节性流感：上下呼吸道，偶见其他组织	中度至重度间质性肺炎，肺泡炎	√	白细胞计数减少、淋巴细胞计数减少，中性粒细胞计数增多
雪貂	√	√	√	√	高致病性禽流感：肺为主要靶器官，多脏器感染，神经嗜性 季节性流感：上下呼吸道，偶见其他组织	多病灶的间质性炎症性充血和渗出性病变	√	白细胞计数减少、淋巴细胞计数减少，中性粒细胞计数增多

综上可见，流感的小鼠和雪貂模型在临床表现、体重变化、死亡率、病理改变、病毒复制指标等方面都能达到疾病模型的造模要求，符合人类流感感染的基本特征，对研究流感病毒作用机制、评价药物治疗效果等方面具有重要的意义。

2. 原发细菌感染动物模型在医学研究中的应用　细菌性感染疾病是传染病中重要部分，细菌性感染动物模型与病毒性感染动物模型有相似之处，均属于生物因素作用（即病原感染）诱变的动物模型，但两者有区别，细菌性疾病的模型制备无需考虑宿主对病原的受体，但是实验动物对细菌的易感性存在差异。以结核为例，结核杆菌对多数实验动物普遍易感，研究者们已利用小鼠、大鼠、豚鼠、兔、猴、牛、鱼等动物制备了各种不同的结核病模型，为结核病的机制研究、抗结核新药、疫苗和诊断试剂的开发提供了应用基础。

（1）结核病的简介：结核病是由结核分枝杆菌（结核杆菌）引起的一种慢性传染性疾病，结核感染通常会累及肺、淋巴系统及其他多组织器官。结核杆菌进入机体后，被巨噬细胞吞噬，结核杆菌毒力与宿主免疫力的抗衡决定着结核发病、发展和转归。结核病的全身症状有全身乏力、午后低热、盗汗、食欲不振、消瘦等；呼吸道症状是咳嗽、咳痰、咯血、胸痛、呼吸困难等。其特征性病理改变是肉芽肿病变和结核性结节，其基本病理变化为渗出性病变、增生性病变和坏死性病变。肺的原发病灶、淋巴管炎和肺门淋巴结结核合称为原发综合征，X线影像学上的典型表现为哑铃状阴影。实验室痰培养为菌阳性，抗酸染色可见细长略弯曲的杆菌，血沉加快。感染3~8周后结核菌素皮试转阳，95%的健康感染者原发综合征自然消退，成为潜伏感染人群，约5%在日后因潜在感染复燃而发病，结核病起病缓慢，病程较长。

（2）理想的结核动物模型标准：理想的结核动物模型应该具备以下特点。

1）由于每种结核动物模型各具特点，目前认为，能够从某方面模拟结核病变和机制的都可认为是成功的结核动物模型。从比较医学的角度讲，结核菌感染动物后能从某方面或多方面模拟结核，包括模拟人结核病的临床表现、模拟结核病的多种病程（潜伏感染、潜伏感染的复发、急性活动性感染、慢性迁延病程、慢性感染急性加重、血性播散型粟粒状结核等）、基本病理变化（渗出性病变、增生性病变和坏死性病变）、有典型的结核肉芽肿病变、体内有持续复制的活结核菌。

2）结核模型可以复制，评价指标有较高的特异性和敏感性：模型的制备方法可以标准化，评价指标有较高的特异性和敏感性，特异性如出现典型的结核肉芽肿病变，并在病灶部位分离结核分枝杆菌。早期的血液学指标如血沉（ESR）和C反应蛋白（CRP）或影像学指标等能较早提示结核病变，具有检测的敏感性。

3）结核动物模型有人群临床研究不可替代的优势：比如就诊的结核病患者多为活动性结核病患者，人群中潜伏感染的全程研究以及复发机制无法进行，但可以在参数稳定的潜伏-复发感染动物模型上进行。

（3）各动物模型的特点和应用：由于动物的遗传学、结核菌株的遗传学和生物学的特点不同，或者动物模型制作方法不同，不同实验动物中结核病的表现不同。总结各种结核病动物模型可知：结核在小鼠、豚鼠、兔、树鼩、实验猴（恒河猴、食蟹猴）等不同动物中的发病特点和病程不同，能从不同方面模拟人结核病的特点，其中猴结核病动物模型最能模拟人结核病。几种常见的结核病动物模型总结见表3-3。

表3-3 常见结核病动物模型

动物模型	比较医学研究中的优势	比较医学研究中的劣势
小鼠模型	有清楚的遗传背景，相对成熟的免疫试剂、定向基因敲除技术可获得转基因小鼠的结核模型，因而成为结核疾病机制研究优先考虑的实验动物； 急性感染比较均一，可用于抗结核药物、疫苗评价	小鼠对结核感染有一定的抵抗力，临床表现不明显； 感染后结核肉芽肿结构与人类并不相同，无朗格汉斯细胞肉芽肿，外围无类上皮样细胞，不能形成坏死性病变（除 C_3HeB/FeJ 小鼠外）； 能抑制感染而不发展为活动播散性疾病

续　表

动物模型	比较医学研究中的优势	比较医学研究中的劣势
豚鼠模型	对结核非常易感； 结核肉芽肿结构和层次与人的结核肉芽肿非常相似； 对抗结核药物、疫苗反应好，豚鼠结核病模型将成为疫苗和新药开发、药物疗效评价的重要模型	缺乏特异性的免疫试剂，因此不能进行深入的机制研究； 缺乏结核的一般临床表现； 不能形成自发潜伏感染
兔子模型	肺部形成的肉芽肿能发生坏死和液化，容易形成空洞，用于空洞肺结核的研究； 可制备脊柱结核模型进行骨结核的治疗研究； 可形成皮肤溃疡性结核和脑膜炎	结核的临床症状不明显； 相关免疫试剂的缺乏； 不易形成自发潜伏感染
猴模型	可以模拟多种结核的临床表现； 可模拟人结核的潜伏、多种活动性结核病程； 肉芽肿结构与人结核肉芽肿类似； 可用于抗结核药物和疫苗评价	转基因动物比较难制备，免疫试剂不丰富，在一定程度上限制了特定基因与结核治疗机制研究； 成本昂贵，并且实验室空间占位大，限制了动物的使用数量
树鼩模型	病重时有体重减轻、体温身高、活动度降低等临床症状； 腹膜、肺、肾、脊柱旁肋间隙可产生肉眼可见的结核结节； 结核的皮肤病变和结核性胸腔积液常见； 可获得小脑结核病变； 可利用蛋白质组学、转录组学方法研究结核的机制	临床表现不明显； 结核的肉芽肿结构与人结核肉芽肿不同，未见朗格汉斯细胞，无干酪样坏死； 同一感染剂量可获得不同病变程度的感染模型； 树鼩的全基因目前已测序，但未对基因和蛋白进行功能分类，同时缺乏研究所需的免疫学试剂，无法进行深入的机制研究

（4）结核病动物模型的表现和病理变化：

1）结核病动物模型的表现：感染后的急性期，动物可出现体温升高、体重减轻、精神萎靡等临床症状；实验室检查发现早期有血沉加快、C 反应蛋白升高；影像学检查可见肺出现病变。

2）典型的病理变化：结核性胸膜炎或脑膜炎会有渗出性病变，表现为炎性积液；组织脏器中多有增生性病变，可伴有坏死性病变，比如，实验猴和兔结核出现结核肉芽肿，中心有干酪样坏死性病变。

3）组织病理切片抗酸染色阳性，组织的结核杆菌培养呈阳性。

其中，不同的结核病动物模型各具特点，总结见表 3-4。

表 3-4 结核病动物模型的比较医学特点

动物模型	临床表现	病理变化	实验室检查
小鼠模型	无明显的临床表现：包括体温、体重、活动度、呼吸系统症状都不明显	肺、脾有肉眼可见的肉芽肿；镜下看肉芽肿的中心缺乏干酪样坏死（除 C3HeB/FeJ 小鼠），无朗格汉斯细胞、肉芽肿外围无类上皮样细胞，与人结核肉芽肿结构不同	组织匀浆的结核分枝杆菌培养为阳性；结核菌素检查、血沉、C 反应蛋白、影像学检查未报道
豚鼠模型	无明显临床症状	结核肉芽肿结构和层次与人的结核肉芽肿非常相似，中心能发展成干酪样坏死，周围出现因巨噬细胞融合形成的朗格汉斯细胞	组织匀浆的结核分枝杆菌培养为阳性；结核菌素实验阳性；血沉、C 反应蛋白、影像学检查未见报道
兔子模型	无明显临床症状	肺部形成的肉芽肿能发生坏死和液化，容易形成空洞；可见脊柱结核和皮肤的结核性溃疡	组织匀浆的结核分枝杆菌培养为阳性；结核菌素实验阳性；血沉、C 反应蛋白未见报道；CT 可检测肺部有液化性空洞
猴模型	猴感染结核菌后，有低热、体重减轻、咳嗽等症状。潜伏感染、急性活动性感染、慢性感染急性加重、暴发性感染	猴多个组织脏器有肉眼可见的结核结节，显微镜下观察可见结核肉芽肿结构与人肺结核结构类似。即中心为干酪样坏死，有淋巴细胞浸润	组织匀浆的结核分枝杆菌培养为阳性；结核菌素实验阳性，血沉明显下降，CRP 明显高表达，感染 3～4 周后影像学检查（X 线或 CT）能检测到肺部有点状或片状实变
树鼩模型	病重时有体重减轻、体温身高、活动度降低等临床症状	腹膜、肺、肾、脊柱旁肋间隙可产生肉眼可见的结核结节；结核的皮肤病变和结核性胸腔积液常见，偶见小脑结核病变	组织匀浆的结核分枝杆菌培养为阳性；结核菌素实验未检，血沉、CRP、影像学检查（X 线或 CT）未见报道

3. 继发真菌感染动物模型在医学研究中的应用

（1）白色念珠菌感染病的简介：某些真菌为条件致病菌，以白色念珠菌为例，正常情况下对人体不致病，当机体抵抗力降低时可致病，称内源性感染。如艾滋病和糖尿病患者的机体抵抗力较低，最常继发感染白色念珠菌，另外，随着临床抗生素的滥用和抗癌药物的大量运用，白色念珠菌感染成为最常见的医院感染病原体之一。

白色念珠菌感染后，可导致口腔感染、肺炎、尿道炎和阴道炎等，多表现为皮肤念珠菌病和黏膜念珠菌病，呼吸道感染临床表现有两种类型。①支气管炎型：全身情况良好，症状轻微，主要表现为阵发性刺激性剧咳，咳多量白色泡沫状稀痰，随着病情的进展，呈黏痰或浓痰。口、咽部及支气管黏膜上被覆散在点状白膜；②肺炎型：大多见于免疫抑制或全身情况极度衰弱的患者，呈急性肺炎或败血症表现。

（2）白色念珠菌动物模型的特点和应用：在自然感染的情况下，白色念珠菌不致病，因此正常状态下感染无法获得动物疾病模型。只有使用免疫抑制剂或采用特定免疫缺陷小鼠，机体处于免疫抑制状态时，感染后才能获得白色念珠菌感染的动物模型。小鼠是首选实验动物之一，既可以使用免疫抑制剂，也可以使用特定基因敲除或免疫缺陷小鼠，可以进行感染免疫机制的研究及药物疫苗的评价，另外，使用免疫抑制剂后，兔感染形成的肺炎病变比较典型，可以作为首选模型，进行病理病变机制研究。

利用白色念珠菌模型，可以完成在人体中不能进行的动态病理研究，从组织中分离的细菌进行病原生物学性状研究，以及抗白色念珠菌药物的研发和评价。借助基因工程小鼠可以进行白色念珠菌的致病机制研究。

（3）白色念珠菌动物模型的病变：目前临床上念珠菌感染的动物模型种类较多，主要有口腔型、胃肠道型、阴道型和弥散型（表 3-5）。感染途径主要有口腔、阴道、腹腔和静脉。

表 3-5 常见白色念珠菌病动物模型

模型名称	制备方法	模型特点
白色念珠菌病动物模型	使用免疫抑制剂	小鼠白色念珠菌肺炎模型：可见肺组织水肿，多发性 1～5mm 脓肿灶。肺泡间隔增宽、水肿，肺泡内及支气管内大量中性粒细胞浸润，肺泡腔可见颜色发黑的菌丝、厚膜孢子团状物 兔肺部白色念珠菌感染模型：可观察到肺组织有不同程度的炎性改变，病变部位均见到孢子及菌丝。细支气管壁增厚，大量菌丝孢子浸润生长，管壁淋巴细胞增生。周围肺泡壁增厚，腔内少量蛋白渗出物。肺泡结构消失，呈均一坏死物质填充实变，见大量菌丝孢子
	利用特定基因敲除或免疫缺陷动物	小鼠的继发白色念珠菌感染模型：用表达 HIV 或 HIV 突变基因的转基因小鼠 CD4C/HIV（Nef）、CD4C/HIVMutA/G、CD47 敲除小鼠以及 NK 细胞和 T 细胞缺失的免疫缺陷小鼠制备继发白色念珠菌感染模型。感染从皮肤黏膜扩散到深部组织脏器，如皮肤黏膜在镜下可见菌丝孢子浸润生长，深部脏器如肾有肿大，肾组织病理可见小脓肿。细胞因子 TNF-α，IFN-γ IL-6 高表达，IL17 表达有争议

（许黎黎 姚艳丰 占玲俊）

二、动物实验在肿瘤学研究中的应用

肿瘤是一类危害人类健康的重大疾病，实验肿瘤学是利用实验动物对肿瘤进行整体水平研究的一门学科，特别是在肿瘤的病因学、发病学、肿瘤细胞的生物学特性、肿瘤和宿主的相互关系、肿瘤的诊断预防和治疗中发挥着重要作用。

1. 肿瘤研究常用实验动物　常用的肿瘤模型动物是小鼠和大鼠，其他模型包括仓鼠、兔、犬、猫、家畜和鱼。

小鼠是最为常用的肿瘤研究用动物模型。除了因为其体积小、遗传背景明确，主要原因是小鼠和人类遗传学的相似性。小鼠是继人类基因组序列后第一类被测序的哺乳动物，结果揭示了跨物种基因组的相似程度，这大大增加了小鼠作为动物模型研究癌症和许多其他人类疾病的价值。而且长期以来以小鼠为模型的研究，很好地建立了研究方法、策略、技术、数据以及试剂资源等。大鼠是医学研究中应用最广泛的生物之一。在过去的几年中，利用大鼠完整的遗传图谱、基因表达和计算分析，发现一批大鼠多基因性状的遗传基础。尤其是近来随着大鼠基因修饰技术成为可能，大鼠将成为引领实验室遗传学的哺乳动物。小鼠和大鼠将提供更多的证据，使得癌症研究跨物种比较医学的方法更为可行。其他动物模型的选择则与实验的目的及设计有关，比如，仓鼠是一个研究口腔癌的很好的模型，用致癌物处理它的脸颊袋，可以有效地模拟人类口腔鳞状细胞癌的发展。

2. 常用肿瘤动物模型　肿瘤动物模型根据成瘤方式主要可分为四类：自发性、诱发性、移植性肿瘤和遗传修饰肿瘤动物模型。

（1）自发性肿瘤动物模型：是指未经人为实验处置而在自然情况下发生肿瘤的动物模型。自发性肿瘤发生的类型和发病率可随实验动物的种属、品种及品系的不同而异。在实验肿瘤研究中，一般选用高发病率的动物作为研究对象。经典的自发性肿瘤动物模型为 C3H 小鼠乳腺癌模型和 AKR 小鼠白血病动物模型，它们的肿瘤自发率高达 90%。以 C3H 小鼠为例，该小鼠对致肝癌因子敏感，10 月龄乳腺癌发病率为 97%，14 月龄雄性小鼠肝癌发病率为 85%，因此，是乳腺癌以及肝癌的发病及治疗研究方面的理想模型。常见的大、小鼠自发肿瘤动物模型见表 3-6。自发性肿瘤动物模型作为肿瘤研究对象，有以下几个优点：①肿瘤发生学及细胞动力学与人体肿瘤接近，是病因学研究的理想模型；②便于进行慢性治疗试验，对药物敏感性较移植瘤低，疗程长，便于进行综合治疗；③肿瘤发生条件自然，有可能发现新的环境致癌因素或其他致癌因素。然而，动物自发性肿瘤的病因往往是由动物的遗传特性决定的，与人类肿瘤的病因有较大距离。而且，各个动物肿瘤生长速度差异较大，很难在限定时间内获得大量生长均匀的荷瘤动物，难以用来进行药物治疗效果的评价。

表 3-6　常见大、小鼠自发肿瘤模型

动物品系	模型特点
AKR 小鼠	高发白血病品系，淋巴性白血病发病率，雄性 76%~90%，雌性 68%~90%

续　表

动物品系	模型特点
C3H 小鼠	对致肝癌因子敏感，10 月龄小鼠乳腺癌发病率为 97%，14 月龄雄性小鼠肝癌发率为 85%，对狂犬病毒敏感，对炭疽杆菌有抵抗力，补体活性高，较易诱发免疫耐受，红细胞及白细胞数较少
CD2F1 小鼠	自发乳腺癌系，出生后 10 个月可见明显肿瘤，自发瘤可高达 70%，11 月龄左右死亡
SHN 小鼠	自发乳腺癌系，短时间内发病率高，在出生后 4 个月症状开始出现，生长至 12 个月时，乳腺肿瘤的发病率可达 100%
BALB/c 小鼠	肺癌发病率雌性 26%，雄性 29%
C58 小鼠	高发白血病，淋巴性白血病发病率 95%
129/ter Sv 小鼠	睾丸畸胎瘤发病率 30%，多发于怀孕第 12~13 天
ACI 大鼠	雄性自发性肿瘤自发率：睾丸肿瘤 46%，肾上腺肿瘤 16%，脑肿瘤 11%
LOU/C 大鼠	8 月龄以上，自发性浆细胞瘤，雄鼠 30%，雌鼠 16%
F344 大鼠	乳腺癌发生率雌鼠 41%，雄鼠 23%；脑下垂体肿瘤发生率雄鼠 36%，雌鼠 24%；睾丸间质细胞瘤 85%，甲状腺瘤 22%，单核细胞白血病 24%，雌鼠乳腺纤维瘤 9%，多发性子宫内膜肿瘤 21%
M520 大鼠	大于 18 日龄时，子宫癌 12%~50%，肾上腺髓质瘤 65%~85%，脑腺垂体瘤 20%~40%，未交配雄鼠，间质细胞瘤 35%
COP 大鼠	自发胸腺癌

（2）诱发性肿瘤动物模型：是指在实验条件下使用致癌物（化学致癌物、射线、病毒等）诱发动物发生肿瘤。其中最常用的诱导方法为化学药物诱导法，常用的实验动物为大鼠，其他应用动物有小鼠、豚鼠、兔、旱獭、犬、恒河猴等。常用的肿瘤化学诱导方法见表 3-7。自 20 世纪 40 年代以来，以多环芳烃为主要诱导剂的小鼠消化系统肿瘤已被广泛研究。乳腺癌的研究也大部分依赖于自发或者诱发肿瘤动物模型。有些近交系和转基因小鼠携带乳腺肿瘤病毒（MMTV）或者其他致癌病毒和突变，从而引发乳腺癌的模型；又或者是用其他化学物质和激素等可以引发乳腺癌模型。强化学致癌物二甲基苯蒽（DMBA）和甲基胆蒽可诱发乳腺癌，二苯苄茈诱发纤维肉瘤均已被美国 NCI 列为第二筛瘤株。现以 DMBA 诱发大鼠乳腺癌举例，有研究者采用 DMBA 以 10mg/100g 体重的剂量，给 Wistar 大鼠臀部皮下一次性注射，对其过程进行动态观察。大鼠乳腺上皮组织逐渐发生有规律的变化，乳腺导管上皮细胞首先发生上皮增生，不典型增生，并逐渐加重，在第 9 周时可见同一大鼠的多个乳腺出现不同程度的导管上皮增生和不典型增生。随着实验进程，第 13 周开始发现大于 3mm 的乳腺癌，至第 24 周时 70%的大鼠发生乳腺癌，有的大鼠同时发生多个乳腺癌。实验性肿瘤诱发研究，能使研究者们得以有计划、有步骤地观察癌变的整个过程。诱发性肿瘤动物模型有

如下特点：①接近于人类肿瘤的发病特点和过程，在肿瘤病因学研究中有重要意义；②诱导时间长，平均3~5个月，甚至是1~2年，成功率多数达不到100%；③肿瘤出现的时间、部位、病灶数等在个体之间表现不均一，个体变异较大。然而，人癌的发生原因十分复杂，往往并非由已知的动物致癌物所引起。另外，动物诱发性肿瘤的组织病理类型、发生发展过程也不一定与人癌完全一致。因此，诱导性动物模型不常用于药物筛选，但从病因学角度分析，它与人体肿瘤较为近似，故此模型常用于特定的深入研究。而且由于该类型肿瘤生长较慢，与人类肿瘤细胞动力学特征相近，常用于综合化疗或肿瘤预防方面的研究。

表3-7 常见大、小鼠诱导肿瘤模型

模型名称	模型特点
甲基苄基亚硝胺诱发食管癌模型	将原液配成0.005%~0.2%浓度的水溶液灌胃大鼠，剂量为每kg体重1mg，每日1次，至第27天左右出现第一个食管乳头状瘤，至第7个月诱发食管癌为53%。小鼠以每kg体重0.25mg/d，灌胃1次，3个月后全部小鼠出现前胃乳头状瘤，7~8个月后诱发前胃癌为85%~100%
甲基硝基亚硝基胍（MNNG）诱发鼠胃腺癌模型	用100g左右Wistar雄性大鼠，将100μg/ml MNNG水溶液供其自由饮用，隔日一次。投药后3~20周，黏膜糜烂和再生性增殖，20~30周，不典型性增生和瘤样增生，30周以后，开始出现腺癌。MNNG诱发胃癌的潜伏期为200~240天，在270天后胃癌的诱发率达80%左右。诱发的腺胃癌以高分化腺癌为主，偶有乳头状腺癌，可发生肝和局部淋巴结转移
甲基亚硝基胍诱发大鼠大肠癌模型	选用18周龄的Wistar大鼠，雌雄不限，将MNNG用33%乙醇配成0.67% MNNG乙醇溶液。用磨平的腰椎穿刺针头（长度16cm）由肛门插入大肠7~8cm深［相当于结肠左曲处，每次注入0.3ml（相当于MNNG 2mg）］，每周2次，共25次，大肠癌诱发率为93%，肿瘤密集于距肛门3~6cm的结直肠处
子宫颈癌诱发肿瘤模型	雌性小鼠，以附有0.1mg MC的棉纱线结在动物不麻醉状态下，借助于阴道扩张器及磨钝的弯针，将线穿入宫颈。经右宫角由背部穿出，使线结固定于宫颈口。线的另一端则固定于背部肌肉，缝合皮肤，挂线以后，同日开始连续注射青霉素2~3天，可诱发子宫颈癌

（3）移植性肿瘤动物模型：移植性肿瘤动物模型是指将一个动物的肿瘤移植到另一个或另一种动物体内连续传代而形成的肿瘤，该模型又分为同种动物移植性肿瘤和异种动物移植性肿瘤两大类。

1）同种动物移植性肿瘤模型：该实验法是抗肿瘤药物筛选最常用的体内方法，具有重要作用。目前临床上常用的抗肿瘤药大多是首先经该实验法而被发现的。它比前述的自发性和诱发性动物肿瘤更易实施，现有移植性肿瘤接种成功率可达100%，可在同一时间内获得大量（数十至百余只动物）、生长相当均匀的肿瘤。该动物模型主要为小鼠或大鼠，下面介绍几种经典药物筛选用同种移植性模型（表 3-8）。

表 3-8　经典药物筛选用同种移植小鼠模型

模型名称	模型特点
B16 黑色素瘤模型	细胞浓度 1×10^7/ml，取 0.1ml 行皮下或尾静脉接种，皮下接种后小鼠生活习性无改变，6 天后可见芝麻样或点线状黑色素瘤出现，随天数增加肿瘤逐渐增大，18 天后结节状肿块出现溃烂，肿瘤转移，小鼠乏力、活动减少、呆滞、厌食甚至死亡，致瘤率 100%。尾静脉接种 7 天后小鼠肺部未见黑色素瘤，14 天后肺部见有芝麻样黑色素瘤出现，28 天后小鼠乏力、活动减少、呆滞、厌食逐渐明显，32 天后渐次死亡
Lewis 肺癌模型	经 C57BL/6 小鼠的腋后线第 6 肋间胸腔（胸腔模型组）或小鼠腋部皮下（皮下模型组）分别移植鼠源性 Lewis 肺癌细胞 1×10^6个，接种后第 7 天即可于大部分小鼠左侧腋下触及米粒大小肿块。原位接种 3 天解剖 2 只小鼠中即有一只出现肺部肉眼可见的瘤结节，第 9 天后所有老鼠均成瘤，12 天后出现对侧肺的转移，2~3 周后小鼠严重消瘦，行动困难，恶病质状态
H22 肝癌模型	接种浓度为 6×10^7/ml 的 H 22 小鼠肝癌单细胞悬液 0.05ml（3×10^6个细胞）于每只小鼠右侧背部皮下，造模第 5 天，可见小鼠背部肿瘤生长，局部皮肤稍红，质地较韧，肿块活动度好 造模第 10 天，肿瘤明显增大，肿瘤成类圆形，质地硬，尚可活动。随后，肿瘤体积增长迅速，造模第 18 天，肿瘤表面质地坚硬，活动欠佳，55%（11/20 只）小鼠的背部肿瘤中心有坏死结痂；造模第 21 天瘤体质硬，不活动，表面坏死结痂。造模第 30 天时，80%（16/20 只）瘤体表面坏死结痂明显。肿瘤平均倍增时间约 3 天
4T1 小鼠乳腺癌模型	1×10^6个细胞乳腺原位接种 BALB/c 小鼠 7 天后，均有肿瘤生长，随着接种天数增加，肿瘤逐渐增大；接种 35 天后，肿瘤发生肺转移；接种 42 天后，发生肺、肝、淋巴结转移
H615 肝癌模型	H615 是来自 615 近交系小鼠自发性肝细胞性肝癌的一个可移植性肝癌瘤株，其分化程度较高；在同系小鼠上用瘤组织块埋藏或瘤细胞悬液法接种均可成功，其移植成功率约为 80%。右腋皮下常规接种后，肿瘤的生长曲线大致可分为 4 个阶段，即潜伏期（约 1 个月），缓慢生长期（约 2 周），快速生长期（约 1 个月），晚期（约 2 周），此时肿瘤持续增大，可坏死溃破，转移极少见，偶于晚期出现肺部转移

2）异种动物移植性肿瘤模型：前面所述同种移植动物模型复制简便，肿瘤和荷瘤动物较一致；

接种成活率高；但是生长特性与人体肿瘤差异较大，无法很好的模拟人类肿瘤的发生发展过程，不能很好地满足人类肿瘤疾病研究的需要。随着免疫缺陷动物培育成功，人肿瘤移植动物体内成为可能。裸小鼠（nude mice）先天性胸腺发育异常，几乎没有免疫排斥反应，可以进行异种动物组织移植，肿瘤移植后生长良好，并能保持肿瘤细胞的原有形态及细胞动力学和生物学特性，成为肿瘤研究中较为理想和常用的动物。自 1969 年 Rygaard 首次将人类结肠癌移植于裸小鼠体内，成功地建立了人类裸鼠皮下移植模型以来，已经建立了多种人肿瘤模型。但此类模型多以皮下移植为主，无转移发生或转移率很低。继裸小鼠之后，又有重度联合免疫缺陷（severe combined immunodeficiency，SCID）小鼠以及三联免疫缺陷小鼠培育成功，应用于肿瘤学研究。NOD-SCID 小鼠为 T、B 和 NK 三种细胞功能缺陷的动物，这种三联免疫缺陷动物和两种细胞或单一细胞功能缺陷的免疫缺陷动物比较，其免疫力更为低下，因而也更容易接受异种移植。有研究结果表明，NOD-SCID 小鼠较 SCID 小鼠在人类肿瘤移植上占有优势，也有研究者认为，使用 T、B、NK 细胞联合免疫缺陷动物所建立的人体肿瘤移植模型能够更好地模拟人癌侵袭和转移的自然过程。

然而，这种模型也是存在一定缺陷的，因为连续传代的肿瘤细胞适应了外界培养皿的环境，缺乏肿瘤微环境例如非肿瘤基质细胞、细胞外基质、肿瘤微环境因子等。在这种情况下，原位移植战略将肿瘤动物模型推入了一个新的阶段。原位移植战略是指将人类肿瘤接种到与肿瘤原发部位相对应的移植宿主器官组织内，使其获得与人体肿瘤相似的微环境。因此病人来源的肿瘤原位移植小鼠模型（PDX 模型）登上了肿瘤模型的舞台。近年来，关于病人来源的肿瘤移植于免疫缺陷小鼠的模型 PDX（patient derived xenograft）备受广大科研者青睐，这种模型的建立在肿瘤研究中被广泛应用和证实，将逐渐成为肿瘤小鼠模型的金标准。PDX 是指将患者的新鲜肿瘤组织简单处理后移植到免疫缺陷小鼠，依靠小鼠提供的环境生长，这种模型保留了原代肿瘤的微环境和基本特性，为研究肿瘤提供了一个很好的体内模型。PDX 根据移植部位主要分为皮下移植、肾包膜下移植和原位移植三大类。皮下移植是最为常用的方法，但是该方法建立的动物模型，其肿瘤一般局限于皮下，很少出现转移，并且皮下移植成功率较低，尤其是恶性程度低的肿瘤移植后不易成长。对此而言，肾包膜下移植人来源肿瘤的成功率则高达 95%以上。但是肾包膜下移植对实验操作人员的技术要求较高，对受体小鼠的手术损伤较大，操作容易失败。因此原位移植是人来源肿瘤异种移植最理想、最贴近肿瘤微环境的移植方式，在肝癌、胰腺癌、前列腺癌、乳腺癌等的研究中均有报道。但是该方法也有其局限性，例如该移植方式不适用与消化道肿瘤，并且该种模型的建立需要时间和一定的经济基础。

该模型在肿瘤研究中可为药物筛选、生物标志物的发展和个性化药物的临床前评价提供较为可靠的体内实验动物模型。同是 PDX 模型保留了原代病人肿瘤的生物学特性，因此可以作为肿瘤的保存和传代，为肿瘤研究提供宝贵的标本。

（4）遗传修饰小鼠肿瘤模型：遗传修饰小鼠肿瘤模型是指利用基因修饰技术（转基因、基因敲除、条件性基因打靶等）对肿瘤相关基因进行修饰从而建立的肿瘤动物模型。随着人们对于癌基因的激活和（或）抑癌基因失活在肿瘤发生发展中的作用认识的日益深入，以及近年来发展起来的精细调控突变技术的应用，肿瘤小鼠模型建立工作取得了突破性进展。人们建立了大量的与肿瘤相关的基因修饰动物模型，研究它们在肿瘤发生发展中的作用。常见小鼠转基因肿瘤动物模型如下（表 3-9）。

表 3-9 常见小鼠转基因肿瘤模型

小鼠品系	模型特点
P-cadherin Cdh3tm1Hyn 突变鼠模型	P-cadherin 属于钙黏蛋白家族成员，主要分布于胎盘、间皮组织和上皮细胞中。纯合突变的处女鼠 10 周就表现出乳腺早熟，年老鼠乳腺上皮出现增生和结构异常。另外，P-cadherin 敲除鼠的乳腺出现异常的淋巴细胞浸润。在肿瘤研究领域中此基因工程小鼠被用于细胞黏附因子缺陷及乳腺肿瘤发生率增高方面的研究
MMP8 敲除小鼠模型	MMP8 为基质金属蛋白酶家族的成员，它是一种胶原裂解酶，大多数的哺乳动物的结缔组织中有其存在。纯合突变的雄性小鼠对实验诱导的乳突状瘤和纤维肉瘤易感性增加，乳头状瘤形成的潜伏期缩短。纯合突变雌性小鼠在使用他莫西芬或卵巢切除后，皮肤癌的发生率升高。致癌物注射部位常发生中性粒细胞聚集引起的炎症反应。使用 LPS（脂多糖）进行免疫攻击，纯合突变雄性小鼠的肺部多形核细胞聚集可升高 2 倍。该模型小鼠可用于癌症的发生、转移及炎症研究
RIP-Tag 基因工程小鼠模型	该小鼠模型是一种胰岛细胞癌模型，在大鼠胰岛素启动子调控的 SV40 T 抗原（RIP-Tag）诱导下发生癌变，在胚胎期的第 8 天 SV40 Tag 致癌基因开始表达，3~4 周开始出现零散的增生胰岛，其中 50% 成为高度增生的胰岛，在组织学上，具备肿瘤细胞特性。其中 20% 有明显的血管生成，10% 可成为实体肿瘤。RIP-Tag 转基因小鼠模型可用作评价其他肿瘤血管生成抑制药物及肿瘤基因治疗的动物模型，验证新的含血管生成抑制剂的联合化疗方案，评价细胞周期调控、端粒酶、凋亡等在其中的作用
K14-HPV16 转基因小鼠模型	该小鼠模型是由人角蛋白 14 启动子驱动人乳头状瘤病毒 16 型癌基因在转基因小鼠上皮和皮肤组织的表达。K14-HPV16 转基因小鼠癌症发生为激素依赖性，慢性雌二醇处理可诱发该模型小鼠外阴，阴道和宫颈部位发生侵袭性的鳞状细胞癌，但并不发生转移。雌二醇处理 4 个月出现上皮异常增生和化生，处理 6 个月可出现高度异常的多病灶肿瘤。8~12 月龄的小鼠有 40% 在皮肤和耳部自发皮肤癌。1 月龄小鼠真皮层可见毛细血管密度略有增加，9~12 个月约有 20% 的转基因鼠可发生癌变。此类模型可作为针对激活血管形成治疗的动物模型，一旦形成肿瘤则可作为治疗上皮肿瘤及转移的动物模型

续 表

小鼠品系	模型特点
VEGF120 的转基因小鼠模型	该模型是由角蛋白 16 基因调控 VEGF120 表达建立的转基因小鼠模型，新生小鼠全身散发性发生红斑及肿胀的结节，致死率较高。对这些转基因鼠的皮肤进行组织学检查，证明血管量明显升高而且水肿导致皮肤架构的崩解。这种转基因小鼠为体内研究皮肤血管生成过程以及肿瘤发生过程中血管的生成提供了非常有价值的模型
TSP-2 缺陷小鼠模型	凝血酶敏感蛋白-2（TSP-2）是凝血酶敏感蛋白家族中的一员，是有效的内源性肿瘤微血管生成抑制剂。TSP-2 缺陷小鼠是通过胚胎干细胞基因打靶的方法获得，该模型小鼠对化学诱导皮肤癌的易感性明显增加，皮肤癌变加速且肿瘤数量增加。在 TSP-2 缺陷鼠体内肿瘤血管形成明显增强，TSP-2 缺陷并不影响肿瘤的分化和增殖，但肿瘤细胞凋亡被显著诱导，这表明 TSP-2 的表达作为体内一种抗肿瘤的防御机制
p53 敲除小鼠模型	该模型小鼠是利用胚胎干细胞基因打靶的方法获得，P53 敲除纯合小鼠在平均 4.5 月龄就发生肿瘤，6 月龄时各类型肿瘤发生率为 75%，包括 B 细胞淋巴瘤、软组织肉瘤、骨肉瘤、睾丸畸胎瘤等。10 月龄时小鼠均死于肿瘤胸腺 T 细胞淋巴瘤。$p53^{+/-}$杂合小鼠也对肿瘤易感，9 月龄时还很少发生肿瘤，18 月龄时约有 50%的小鼠发生肿瘤
Mad2 转基因小鼠模型	有丝分裂阻滞缺陷蛋白 2（Mad2）为一种纺锤体检验点蛋白，是监控卵子减数分裂纺锤体行为和染色体分离的最重要的关卡蛋白之一。Mad2 转基因小鼠是由四环素操纵基因（TetO）调控 Mad2 过表达，该转基因小鼠广泛地发生多种肿瘤（包括肺腺癌、肝癌、淋巴瘤和纤维肉瘤），出现染色体的断裂，整条染色体扩增或缺失，并加速 Myc 诱导的淋巴瘤的发生
MMTV-PyMT 转基因小鼠模型	该模型是由乳腺特异启动子小鼠乳腺瘤病毒（MMTV）驱动致癌基因多瘤病毒中 T 抗原（PyMT）的表达，雌性小鼠 5 周龄出现可触及的乳房肿瘤，雌性和雄性小鼠均有腺癌发生，80%~94%的雌性荷瘤小鼠发生肺转移，雄性小鼠还会发生精囊腺癌。从第 9 周出现浸润性导管癌，随着小鼠周龄的增加，肿瘤的数目和体积逐渐增多，约 13 周时 5 对乳房全部瘤变。11 周左右出现肺转移瘤，到 17 周全部小鼠死亡

续 表

小鼠品系	模型特点
c-Myc 转基因小鼠模型	c-Myc 转基因小鼠由免疫球蛋白 μ 或 κ 增强子驱动 c-Myc 表达建立的转基因小鼠，该模型小鼠出生几个月后就发生淋巴瘤而致死。可用于早期淋巴瘤发生、淋巴的早期发育以及调控免疫球蛋白表达机制的研究
Ras 转基因小鼠模型	该模型小鼠是利用 Cre-LoxP 重组酶系统，条件性调控突变癌基因 Ras 的表达。首先在 Ras 癌基因一侧连接了 LoxP 单元和一个终止信号，并将其导入小鼠基因组中。只要终止信号存在，Ras 基因就没有活性。当小鼠鼻内感染一种表达 Cre 基因的重组腺病毒之后，腺病毒感染肺细胞，Cre 基因与 LoxP 单元发生重组，LoxP 单元与终止信号从 Ras 基因侧翼被切下，失去终止信号的 Ras 基因在腺病毒感染的肺细胞中表达。通过控制吸入腺病毒的数量，来控制 Ras 基因在肺细胞中表达的数量。这种小鼠模型与人类癌症发生非常相似，首先是区域细胞增生，然后是非癌增生，接着发展成腺瘤
Cyclin D1 条件转基因鼠模型	致癌基因细胞周期蛋白 D1（Cyclin D1）是调控细胞周期 G1 期的关键蛋白，它在起源于头颈部及食管的上皮细胞癌中常高表达。Cyclin D1 转基因小鼠以 EBV ED-L2 启动子驱动 Cyclin D1 在舌、食管和贲门窦特异性过表达。该模型小鼠 5~6 月龄在舌、食管和贲门窦部位出现核异型，10~12 月龄出现轻度不典型增生，15~16 月龄出现重度不典型增生
CDK4 转基因小鼠模型	利用角蛋白 5 启动子驱动细胞周期依赖性蛋白激酶 4（CDK4）表达，过表达 CDK4 转基因小鼠表现为表皮增生、肥大、皮肤纤维化。该模型小鼠可使皮肤肿瘤恶性发展为鳞状细胞癌的概率大大提高，CDK4 比 Cyclin D1 有更高的致癌活性，CDK4 可能作为一个治疗靶点
WAP-TAg 转基因小鼠模型	该模型小鼠致癌基因的表达受 SV40 的 T 抗原驱动，在小鼠动情期或孕期激素水平的影响下，T 抗原在小鼠乳腺表达，几乎 100%的雌鼠在 8~9 月龄时发生了分化程度不同的乳腺癌，该小鼠模型的肿瘤发生过程，可见明显的细胞增殖、增生及肿瘤发生三个阶段。为研究乳腺形成癌变过程中细胞的增殖与凋亡、DNA 突变及修复机制提供了重要的依据

续　表

小鼠品系	模型特点
过度表达 Bcl-2 的转基因小鼠模型	在细胞凋亡过程中，Bcl-2 是负调因子，在细胞受到外界刺激时它能保护细胞免于凋亡。Bcl-2 转基因小鼠是在 SV40 启动子及 Emu 免疫球蛋白重链增强子驱动下使得人 Bcl-2 基因过表达构建的转基因小鼠。18 月龄的该小鼠可自发淋巴瘤和浆细胞瘤，发生率<10%，若将该小鼠与 Emu-Myc 转基因小鼠杂交，5 周龄即可出现初级淋巴瘤。该模型小鼠卵巢中，卵泡生长及排卵均增加，而在 20 例转基因小鼠中，4 例发生卵巢良性囊性畸胎瘤，提示卵巢体细胞中 Bc1-2 表达增加可使卵巢生殖细胞肿瘤的发生率增高

综上所述，众多新技术在肿瘤动物模型构建中的应用为肿瘤研究带来了革命性的变化。大量肿瘤模型的建立使我们可以深入研究肿瘤生物学行为，如癌基因依赖性、基因组不稳定性和肿瘤微环境等。一个好的肿瘤动物模型与其模拟的人类肿瘤在分子、组织学以及生物学特性方面有许多共性，但与人类肿瘤的差异也是不能忽视的。肿瘤动物模型一直以来都是作为医学研究体内实验的重要工具，尤其是在肿瘤的研究中。从同种移植到异种移植，从简单种植肿瘤到模拟人类肿瘤微环境，肿瘤动物模型的建立也是日新月异。相信随着科学技术的进步，动物肿瘤模型的发展也将会进入一个新的篇章。

（高　苒　严立波）

三、动物实验在心脑血管疾病研究中的应用

心脑血管疾病是心血管疾病和脑血管疾病的统称，是一系列涉及循环系统的疾病，包括高血压、冠心病、脑中风和心肌梗死等。心脑血管病具有“发病率高、死亡率高、致残率高、复发率高及并发症多”的“四高一多”的特点。2013 年中国心血管病报告显示，心血管病的危险因素包括高血压、血脂异常、吸烟、不合理膳食及体力活动不足等，我国有超过半数的心血管病发病与高血压相关。心血管疾病死亡占城乡居民总死亡原因的首位，每 5 个成人中有 1 人患心血管疾病，每 10 秒就有 1 人死于心脑血管疾病，而我国正处于老龄化加速的阶段，今后 10 年心脑血管疾病患病人数仍将快速增长，所以心脑血管疾病的防治之路任重而道远。

人类开始利用动物逐渐认识心血管系统的历史可以追溯到 17 世纪。1628 年英国医生哈维通过解剖不同动物，了解心脏跳动情况并阐明了血液循环。实验医学之父伯纳德的学生卡雷尔因成功在犬身上进行血管缝合和移植而获得 1912 年诺贝尔生理学或医学奖。1958 年，戈德伯格医生等人用犬施行了一次真正的原位心脏移植术，117 分钟的存活时间是心脏移植术的飞跃，在实验动物上进行的心脏移植实验对后来临床心脏病人心脏移植的成功提供了重要的基础。在人类医学发展历史中，利用动物实验进行心脑血管系统研究的例子举不胜举。人类疾病动物模型是生命科学领域医药研发及成果转化的重要环节及支撑，心脑血管疾病发病机制及药物研发更是需要大量的动物模型作

为研究基础。

近年来心血管疾病动物模型的建立方法主要包括基因工程修饰，环境、手术或药物诱导，还有先天、遗传性心血管疾病动物模型。目前，已用于建立心脑血管疾病动物模型的物种包括：小鼠、大鼠、豚鼠、仓鼠、家兔、鸽、猪、犬和非人灵长类等，而不同物种的心脑血管动物模型亦各具特色，心脑血管疾病研究主要是利用基因工程小鼠模型来进行的，然而大鼠的循环系统和解剖结构等方面更加接近人类，随着基因工程技术的飞速发展，其必将成为心脑血管疾病的主要模型。家兔脂蛋白特征与人类接近，其脂蛋白代谢更适合人类心脑血管疾病研究，在心脑血管疾病研究中家兔模型具有其特定优势。猪在器官大小、解剖结构及生理代谢等方面与人类具有高度的相似性，同时由于其在外科手术及影像诊断等方面可操作性强的优势，小型猪必将成为心脑血管疾病研究不可替代的优势模型动物。下面列举几种常见心血管疾病及相关动物模型种类（表 3-10）。

表 3-10　常见心血管疾病动物模型

疾病分类	发病机制	常用物种	模型种类
高血压	发病与遗传因素及后天环境均密切相关，是由多种因素导致的正常血压调节机制失代偿所造成，但具体机制仍不清楚	大鼠、犬、猫和兔等	包括遗传性、肾性、神经源性、饮食诱导性和应激性高血压模型
动脉粥样硬化	大、中动脉内膜出现含胆固醇、类脂肪等黄色物质，可引起动脉壁增厚、弹性下降等，多由脂肪代谢紊乱、神经血管失调引起，常导致血栓形成，供血障碍等	大鼠、小鼠、兔和猪等	模型复制方法包括饲喂高脂饲料、机械损伤、免疫损伤及基因修饰等。饲喂法是目前最常用方法
心肌病及心力衰竭	心肌病即原因不明的心肌疾病，包括原发性和继发性心肌病，可引起心脏扩大，最终发展为心力衰竭	小鼠、大鼠、仓鼠、犬和猪等	包括自发性、基因工程修饰、手术诱导、病毒感染、酒精、阿霉素或激素诱导致心肌病模型
心律失常	指心脏冲动的起源部位、心搏频率和节律以及冲动传导的任一异常，可由各器质性心血管病、药物中毒及电解质失调等引起	小鼠、大鼠、犬、猫和兔等	包括缓慢性、快速性、心房扑动和颤动性、心室心动过速和心室颤动性、房室传导阻滞和房室交接区传导异常性、窦房结心律失常模型。主要通过给予药物，电刺激或手术诱导等方法制备，还包括自发性及基因工程修饰

续 表

疾病分类	发病机制	常用物种	模型种类
心肌缺血	指心脏血液灌注减少，导致心脏供氧减少，心肌能量代谢异常，不能支持心脏正常工作的一种病理状态。动脉粥样硬化、炎症、痉挛、栓塞及结缔组织病等是心肌缺血的常见病因	小鼠、大鼠、犬、兔和猪等	包括急性、慢性、可控性和离体心肌缺血模型。主要通过手术、电刺激、给予药物、球囊或血栓堵塞等方法制备

下面简要介绍心肌病及其动物模型在心血管疾病发病机制研究及药物研发中的应用。

心肌病目前主要指原发性心肌病，而扩张型心肌病是其主要类型，其是除冠心病和高血压以外导致心力衰竭的主要病因之一。至今，除行心脏移植外，扩张型心肌病仍无特异有效的治疗方法，其主要是对症治疗，但随病情进一步发展，心衰加重最终导致死亡，其病症出现后 5 年存活率为 40%。

1. 心肌病简介　心肌病即原因不明的心肌疾病，分为原发性和继发性心肌病。原发性心肌病按病因和病理包括扩张型、肥厚型和限制型心肌病。继发性心肌病通常由感染、过敏、代谢性疾病、结缔组织疾病、心肌缺血等原因诱发。扩张型心肌病（dilated cardiomyopathy，DCM）以心腔扩张、心肌收缩功能受损为主要特征，其临床表现包括进行性心力衰竭、心律失常、气短及水肿。肥厚型心肌病（hypertrophic cardiomyopathy，HCM）以心肌肥厚、心肌纤维排列紊乱为特征，临床表现包括呼吸困难、心绞痛、晕厥及猝死。

2. 心肌病模型制备及应用

（1）DCM 模型制备方法、表型特点及应用：

1）基因工程修饰：至少 25%~30%的 DCM 患者与家族遗传性因素有关，致病基因包括心肌肌动蛋白，心肌肌钙蛋白 T、I 和 C，以及核纤层蛋白 A/C（LMNA）等，随着基因工程技术的飞速发展，通过致病基因突变制备 DCM 模型是目前常用方法，突变基因可稳定遗传且模型表型稳定。如 cTnT R141W 及 LMNA E82K 基因突变致扩张型心肌病转基因模型小鼠，心室内径增大，室壁变薄，短轴缩短率减小，心功能下降，心重比增加，心肌细胞排列不齐，并出现断裂溶解，动物死亡率也显著增加，表型呈进行性发展的特点，与人类临床家族性 DCM 患者具有相似的病理表型。

2）阿霉素诱导：长期小剂量给予阿霉素制备 DCM 模型成模率高，死亡率低，重复性好，与人类 DCM 病理改变相似，兔模型较鼠模型有死亡率低、成模率高的优点。但阿霉素可引起脱毛、腹泻、骨髓抑制及肾病等不良反应。

3）病毒感染：多种病毒感染可引起 DCM，其中柯萨奇病毒 B 组最常见。最初表现为心肌炎，随病情发展可致心律失常，心肌病，急性心衰及死亡，模型制备周期较长且模型发病周期选择较重要，应根据模型表型监测选取 DCM 典型期开展相关研究。

（2）HCM 模型制备方法、表型特点及应用：

1）基因工程修饰：基因缺陷约占 HCM 发病机制的 50%，致病基因包括肌小节蛋白，细胞骨架蛋白及 ATP 调节蛋白基因等，通过致病基因的突变制备 HCM 模型是目前的常用方法。如 cTnTR92Q 及 cTnIR145G 基因突变致肥厚型心肌病转基因模型小鼠，早期即出现猝死，心室室壁增厚，短轴缩短率增加，心功能所有增强，心肌细胞排列紊乱并呈不均匀肥大，心肌纤维化增高，随表型进一步加重，晚期心功能失代偿发展为心衰，与人类临床 HCM 患者具有相似的病理表型。

2）压力超负荷法：包括主动脉和肾动脉缩窄法，主动脉缩窄法具有成模率高、重复性好、周期短及死亡率低等特点，是目前应用最广泛的方法。

3）容量负荷法：主要包括动静脉短路致右心室肥厚和肾切除后高盐诱导心肌肥厚，主要机制与水钠潴留、中枢 RAS 系统激活和血管活性肽增多相关，所以应根据研究目的并结合本模型特点来选择。

4）激素诱导法：主要包括去甲肾上腺素、异丙肾上腺素及甲状腺素等，其主要通过多种神经内分泌和细胞信号传导途径发挥作用。但模型重复性不高，且表型为一过性，维持时间相对较短，但较上面几种方法简便经济，所以应根据实验目的及实验条件适当选择。

目前仍有大量与心脑血管疾病相关的基因，其生物学信息及功能依然存在大量的未知，而转基因过表达、表达敲低、基因敲除及基因敲入等基因工程修饰动物的制备，为这些基因的生物学功能研究提供了有价值的动物模型，为心脑血管疾病的治疗机制分析及介入提供了新的靶点。目前关于心脑血管系统疾病动物模型多集中于小动物，其实验成本低，前期研究结果可靠稳定，但由于啮齿类动物基因表达调控和生理代谢机制等方面与人类有较大差别，而非人灵长类动物受资源和伦理上的限制，所以应用都受到了较大限制。小型猪具有体型小，生物学背景较清楚，标准化程度高，饲养成本相对较低等优点，同时猪在饮食结构、心血管解剖结构、脂代谢机制等方面与人类相似，应用前景广阔。由于人类疾病的复杂性和特异性，动物模型不能模拟心血管系统疾病的所有特质，因此我们要深入研究分析动物模型的特点，并利用比较医学方法学，将研究结果应用于人类疾病的临床治疗中。

（吕　丹）

四、动物实验在神经退行性变疾病研究中的应用

神经退行性疾病是一组以原发性神经元变性为特征的慢性进行性神经系统疾病，主要影响患者的认知功能和运动功能。中枢神经系统疾病主要包括阿尔茨海默病、帕金森病、亨廷顿舞蹈症和肌萎缩侧索硬化等。其病理特点为具有特定功能的神经核团发生萎缩和神经元丢失。随着近年来全球老龄化和环境污染等因素的加剧，其发病率呈逐渐上升的趋势，严重影响人类健康和生活质量。衰老、遗传因素、环境因素、免疫炎症反应、氧化应激等均为阿尔茨海默病和帕金森病的危险因素；另外，血管性病变，如高胆固醇血症、高血压、冠心病、肥胖、糖尿病等在阿尔茨海默病的发病过程中有一定的促进作用。在我国，神经退行性疾病的发病率逐年上升，阿尔茨海默病患病人数已超过 800 万人，到 2040 年将达到 2250 万人，65 岁以上人群患病率为 6.6%；帕金森病总人数以超过 200 万，约占全球患此病人数的一半，65 岁以上人群患病率为 1.7%；肌萎缩侧索硬化与亨廷顿舞蹈症属于罕见病，其中肌萎缩侧索硬化发病率在 2~15/10 万人，欧美国家发病率较高；在西方国家人群中亨廷顿舞蹈症的患病率为 10.6~13.7/10 万人。主要疾病发病机制及常见模型种类见表 3-11。

表 3-11 常见神经退行性疾病动物模型

疾病	主要机制	模型种类
阿尔茨海默病	Aβ 毒性假说、胆碱能损伤学说、tau 蛋白异常修饰学说、自由基损伤学说、钙离子通道受损学说、炎症反应学说	衰老动物模型、转基因动物模型、外源性有害物质注入模型等
帕金森病	α-synuclein 蛋白表达异常、氧化应激、铁代谢异常、泛素-蛋白酶体系统异常、自噬	转基因动物模型、基因敲除模型、神经毒素诱导模型等
亨廷顿舞蹈症	遗传与基因调节因素、亨廷顿蛋白片段化可能是发病的首个关键因素	兴奋毒性模型、代谢模型等
肌萎缩侧索硬化	基因突变有关	转基因模型、基因敲除模型等

建立能模拟神经退行性疾病的动物模型对其发病机制和治疗策略的研究具有重要意义。目前对于中枢神经系统疾病的研究较为广泛和深入，用于研究中枢神经系统疾病的动物主要有小鼠、大鼠和恒河猴等。

小鼠寿命短，传代时间短，常用作老年病的研究，老年小鼠常发生各种老年性疾病，这些疾病的发病机制与人类的疾病相似，是老年学研究的好材料。也常用于药物学研究和毒性实验。大鼠的大脑比小鼠大，是神经系统疾病研究的重要模型动物，行为表现多样，情绪反应敏感，有一定的变化特征，常用于研究各种行为和高级神经活动的表现：可利用相关行为学检测大鼠的学习、记忆判断能力、回避惩罚能力，也可用于成瘾性药物的行为学研究及进行性神经功能症、抑郁性精神病、脑发育不全或迟缓等疾病的行为学研究。恒河猴属于非人灵长类动物，和人类亲缘关系近，具有很多与人类相似的特征，可用做老年病研究。恒河猴随着年龄增加，出现老年斑并可持续终生。老年斑的形态结构等特点与人类相似。散发性阿尔茨海默病（AD）的恒河猴可用于分析与 AD 相关的环境等因素，但恒河猴寿命一般在 35~40 岁，在 20 岁以上才可出现 AD 病例，实验周期长，并且来源紧张、稀少，经济成本高，一般较少采用。下面是几种常用的动物模型。

1. 阿尔茨海默病（Alzheimer's disease，AD）模型

（1）模型简介：阿尔茨海默病（AD）又称老年痴呆，是一种进行性发展的致死性神经退行性疾病，发病机制较为复杂，可由多种因素引起，见图 3-1。临床主要表现为认知和记忆功能不断恶化，日常生活能力进行性减退，可伴有各种神经精神症状和行为障碍。脑组织出现萎缩；病理改变包括：细胞外 β 淀粉样蛋白沉积形成老年斑、细胞内 tau 蛋白过度磷酸化形成神经原纤维缠结和相关脑区神经突触和椎体神经元消失等。

由于阿尔茨海默病的发病机制尚未阐明，至今还没有一个能够准确反映阿尔茨海默病特征的理想动物模型。以往常用的动物模型主要是模拟其病理机制损伤胆碱能神经功能，包括物理、化学损伤等模型。近些年来转基因动物模型越来越被广泛应用于阿尔茨海默病的基础研究和药物开发。现已证实阿尔茨海默病的发病与脑内多种调控基因失调密切相关，如 APP 基因、早老素-1（PS-1）基

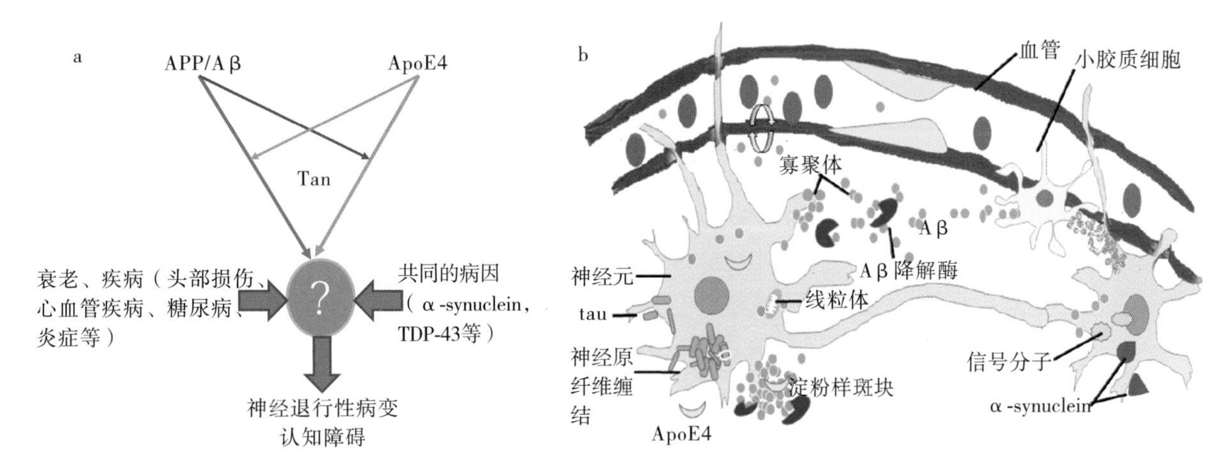

图 3-1 阿尔茨海默病多因素发病机制

因、早老素-2（PS-2）基因、tau 蛋白基因和载脂蛋白 E（ApoE）基因等。下面介绍几种阿尔茨海默病主要的动物模型（表 3-12）。

表 3-12 常用阿尔茨海默病啮齿类模型特点

模型	类型	表型及主要特点	局限性
衰老动物模型	自然衰老大鼠模型	模型动物脑内 Meynert 基底核中的神经元萎缩，并伴有学习、记忆减退，与人类阿尔茨海默病表现相似	脑内β淀粉样沉积和 Tau 形成神经原纤维缠结较少，病理变化与阿尔茨海默病存在不同。饲养周期长，延长实验周期，病死率高，较难获得，限制其应用
	快速老化模型（SAMP8）	3~4 月龄便出现学习记忆能力减退，8 月龄左右学习记忆能力明显下降。脑内出现β淀粉样沉积、脑内氧化应激相关酶活性及线粒体功能改变、脑内葡萄糖代谢的三羧酸循环异常、免疫功能障碍	SAMP8 小鼠寿命较短，其发病过程和机制与阿尔茨海默病是否一致有待进一步研究，并且制作模型成本较高，不适合做长期实验

续　表

模型	类型	表型及主要特点	局限性
转基因动物模型	单转基因动物模型		转基因模型一般存在其存在外源性基因表达不稳定，成模周期较长，繁殖能力低，造价昂贵的缺点，一定程度上制约了该模型的广泛应用
	APP 转基因模型		
	① APP751 转基因小鼠	①在海马内可见早期阿尔茨海默病样 Aβ 沉积，学习记忆能力减退	
	② Tg2576 转基因小鼠	②该小鼠在 10 月龄出现 β 淀粉样蛋白沉积，并且 β 淀粉样蛋白沉积可导致 tau 蛋白蓄积，空间学习和记忆能力减退	
	tau 转基因模型		
	①JNPL3 小鼠	①该小鼠在 10 月龄左右时，约 90% 小鼠出现行为学障碍，病理学检测在脑干和脊髓有神经原纤维缠结，但并没有 Aβ 产生	
	②R406W 突变的 tau 转基因小鼠	②该小鼠在 18 月龄时才能检测到脑内的 tau 蛋白磷酸化，并有行为学障碍	
	③tauP301L 小鼠	③在 4、5 月龄出现运动和行为障碍，并有神经元减少、脑萎缩等，缺乏 Aβ 沉积	
	PS1 转基因模型		
	PS1M146L 小鼠	该模型在 29 月龄时才出现大量 Aβ 沉积，并有线粒体活性改变等，行为学表现不明显，无 tau 蛋白过度磷酸化及神经原纤维缠结	
	双转基因动物模型		
	① APPswe/PS1ΔE9 小鼠	①双转基因小鼠在 3 月龄时出现学习和记忆障碍，4 月龄时开始有老年斑形成，12 月龄时出现大量老年斑，较早出现行为学和病理变化。是目前国际上较为认可的阿尔茨海默病动物模型	
	② Tg2576/tauP301 小鼠	②该小鼠出现行为学障碍时间与 JNPL3 小鼠相近，Aβ 淀粉样沉积与 Tg2576 小鼠相近	
	三转基因动物模型		
	APP/PS/tau 三转基因小鼠（3 × Tg — AD）	该模型 6 月龄出现神经元内 Aβ 淀粉样沉积，12 月龄时可见细胞外 Aβ 沉积，10 月龄出现 tau 蛋白相关的病理改变，模拟 AD 的主要病理变化及行为学改变特点	该模型存在繁殖率低，价格昂贵的缺点
外源性有害物质注入模型	Aβ 注入诱导动物模型	主要特点为动物出现记忆能力减退，脑内注射可造成 Aβ 沉积导致毒性反应，促进炎症反应发生，该模型建立成本低，可用于探讨 Aβ 在阿尔茨海默病中的发病机制和相关治疗的研究	实验动物脑内重要病理改变可能持续时间较短，不能长期模拟阿尔茨海默病的病理变化，并且胆碱能活性没有降低

续　表

模型	类型	表型及主要特点	局限性
	铝中毒诱导动物模型	该模型脑内出现老年斑和神经原纤维缠结，并有学习记忆能力减退等认知障碍等行为学表现	但该模型脑内神经原纤维缠结的病理变化与阿尔茨海默病有所不同，并且胆碱能活性没有降低

（2）阿尔茨海默病模型的主要评价方法：阿尔茨海默病模型的评价一般采用病理学、行为学等方法。随时间增加，阿尔茨海默病模型脑内可出现老年斑和神经原纤维缠结等病理改变。通常采用Morris水迷宫实验、新物体识别实验等行为学方法，观察动物在特定的环境下的行为表现，阿尔茨海默病模型动物可表现出学习能力、记忆力下降，反应迟钝，理解力、判断力降低等认知功能障碍，表3-13介绍几种不同动物模型的病理学和行为学变化。

表3-13　常见阿尔茨海默病动物模型的比较医学特点

模型	病理学改变	行为学改变
快速老化SAMP8小鼠模型	脑内有β淀粉样蛋白沉积，在11月龄时出现Tau蛋白过度磷酸化	在4~6个月后出现行动迟缓，被毛光泽减退、脱毛、弓背，皮肤溃疡、昼夜节律失常等症状。Morris水迷宫方法检测发现，SAMP8小鼠在4月龄时出现空间记忆的损伤，随时间增加逐渐加重，学习记忆能力减退，在8月龄时更为明显
Tg2576小鼠模型	6~8月龄时脑内Aβ开始增加，10月龄左右脑内可见β淀粉样蛋白沉积，并有炎性斑块形成，Aβ淀粉变性可诱导tau蛋白聚集	学习记忆能力明显减退
APPswe/PS1ΔE9小鼠模型	4月龄时开始在脑内海马、皮层、纹状体及脑干等脑区出现细胞外Aβ沉积，斑块数量随时间不断增加，至18月龄时海马和皮层Aβ沉积更多。7月龄时检测发现不同位点tau蛋白发生了明显的磷酸化	3月龄便有行为学改变，6月龄时较为明显，8月龄时小鼠已表现出严重的空间学习和记忆障碍。与单纯APP转基因小鼠相比，APPswe/PS1ΔE9小鼠老年斑出现时间明显缩短，并有神经胶质增生。但APPswe/PS1ΔE9小鼠随时间增加存活率较低

续 表

模型	病理学改变	行为学改变
APP/PS/Tau 三转基因小鼠模型	6月龄时脑内出现细胞内Aβ沉积、细胞外Aβ沉积形成的淀粉样斑块，12月龄左右出现tau过度磷酸化形成的神经原纤维缠结	早出即出现明显的神经元死亡，学习、记忆等行为改变

2. 帕金森病（Parkinson's disease，PD）

（1）模型简介：帕金森病临床表现为有静止性震颤、强直、运动徐缓、步态不稳等，以黑质纹状体多巴胺能神经元变性缺失及残存的细胞胞质中出现Lewy小体为病理特点。主要是因位于中脑部位黑质中的细胞发生病理性改变后，多巴胺的合成减少，抑制乙酰胆碱的功能降低，乙酰胆碱的兴奋作用相对增强，继而出现震颤麻痹等临床表现。帕金森病也同样为多因素引起，帕金森病的主要发病机制见图3-2。

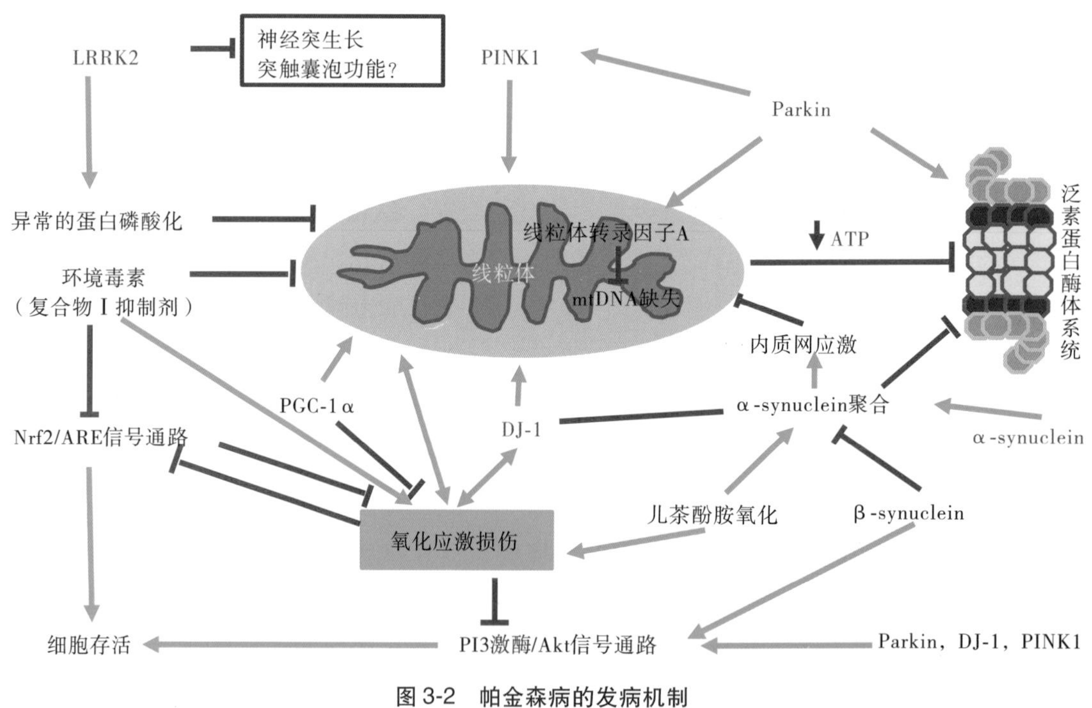

图3-2 帕金森病的发病机制

对于帕金森动物模型的建立很多，常用的方法有给动物使用不同的神经毒素，如6-羟基多巴胺、甲基苯丙胺和1-甲基-4-苯基-1，2，3，6-四氢吡啶（MPTP）等可模拟出该病的某些特征。常见的帕金森病动物模型有以下几种，见表3-14。

表 3-14 常用帕金森病动物模型

模型	类型	表型及主要特点	局限性
神经毒素诱导模型	6-羟基多巴胺（6-OHDA）模型	该模型可模拟帕金森病多巴胺水平降低、多巴胺能神经元丢失和行为学障碍等特点，另一突出的优点是药物诱发的旋转行为的量化，是评价抗帕金森病药物疗效稳定可靠的指标	但是该模型仍属于急性损伤模型，并且6-OHDA对大、小鼠及灵长类动物都存在神经毒性，由于不能通过血脑脊液屏障，因此能通过定向注射达到造模目的
	MPTP 模型	该模型能模拟帕金森病的慢性发病过程，MPTP 模型的动物一般为小鼠和猴，但小鼠在 MPTP 损伤后行为学持续时间短并可逆转，而灵长类猴则在 MPTP 损伤后，行为学障碍可存在较长时间	该模型制备费用高，管理不便，常需应用抗帕金森病药物才能保证其长期存活
转基因模型	α-synuclein 转基因模型 ①Tg（PDGF-β-αSN^{WT}）	 ①该模型脑内可检测到多巴胺能神经元减少和运动功能减退	转基因动物模型也存在局限性，并非所有的转基因鼠都能表现出黑质纹状体多巴胺能神经元退行性变等 PD 的特征性变化
	②（Thy1-Asn^{A53T}）和 Tg（Thy-1-Asn^{WT}）	②两种转基因鼠的神经系统内都出现了与帕金森病患者相似的 α-synulein 病理学改变	
	③ Tg（Thy-Asn^{A30P}）和 Tg（Thy1αSN^{WT}）	③两种模型的 α-synulein 分别在其转基因鼠的神经元和轴突中都有异常聚集	
	LRRK2 转基因模型	多数 LRRK2 转基因小鼠表现出黑质纹状体功能、多巴胺神经传递功能障碍，行为学减退	该模型没有表现出帕金森病明显的病理改变
基因敲除模型	α-Syn$^{-/-}$ 基因敲除模型小鼠	该模型小鼠病态特征表现不明显，组织学检查中发现 TH 阳性的胆碱能神经元与正常野生型的多巴胺神经元无明显的形态学不同	

（2）帕金森病模型的主要评价方法：帕金森病的病理学变化：在脑组织形态方面，帕金森病模型动物的海马内细胞疏松，神经元形态改变或死亡，细胞核收缩，胞质减少；黑质、纹状体内神经元数量明显减少。对于帕金森病模型的行为学检测主要通过转棒试验、APO 诱导试验、自主活动计数、滚轴试验、游泳试验、爬杆试验和悬挂试验等。帕金森病模型可表现为运动减少、肢体僵硬、步态不稳、反应迟缓等，与帕金森病患者的临床表现有一定的相似性，几种帕金森病动物模型的病

理学和行为学改变见表3-15。

表3-15 常见帕金森动物模型比较医学特点

模型	病理学改变	行为学改变
6-OHDA模型	其病理改变与临床病人相似，注射到黑质内的6-OHDA导致多巴胺神经元死亡；注射到纹状体内的6-OHDA被神经末梢摄取后，经轴突运输到黑质的细胞内，导致多巴胺神经元死亡。但急性损伤模型与临床帕金森病的慢性病程特点不同	行为学与临床帕金森病患者相似
MPTP模型	脑组织黑质多巴胺神经元减少，给老龄的灵长类脑内神经细胞有包涵体出现，部分类似于路易小体	模型小鼠与帕金森病患者的表现相似，表现为强直并有四肢运动不协调的步态和姿势障碍。运动学实验评分减低。灵长类模型行为学表现为肌张力增高，运动减少、迟缓，出现震颤等类似于帕金森病的症状
α-synuclein转基因模型	这些模型没有明显的黑质、纹状体神经元的退行性变，但TH蛋白的表达明显减少，没有神经元死亡	出现运动减少或迟缓等行为学特点，与临床上帕金森病患者症状相似
LRRK2转基因模型	多数该模型小鼠脑内出现黑质纹状体功能异常、多巴胺神经传递障碍。LRRK2突变可增加α-synuclein A53T转基因小鼠的脑组织内的病理改变	出现运动减少或迟缓等行为学减退的特点

（张 玲 徐艳峰）

五、动物实验在免疫疾病研究中的应用

免疫系统是由免疫组织、免疫器官、免疫细胞和免疫性因子组成，在抵御外源生物性侵袭，保护机体健康方面发挥巨大作用。免疫系统针对外来侵袭所产生的反应称为免疫应答。当免疫应答正常时，机体处于健康状态；而当免疫应答异常时，则导致机体出现病理状态，引起疾病。免疫应答的过程依次为抗原识别-免疫活化-免疫效应。根据免疫应答的效应和功能可分为体液免疫应答和细胞免疫应答。由于免疫应答异常导致的疾病称为免疫性疾病。

免疫性疾病主要分为以下几大类：①超敏反应性疾病，是由于免疫系统对于外界抗原物质过度

免疫应答而导致的疾病。主要分为Ⅰ型变态反应疾病，例如花粉症、哮喘、食物过敏等；Ⅱ型超敏反应性疾病，如新生儿溶血等；Ⅲ型超敏反应性疾病，如免疫复合物疾病等；Ⅳ型超敏反应性疾病，如肉芽肿等。②自身免疫性疾病，是由于免疫系统对自身成分发生异常免疫应答而导致的疾病。主要分为系统性自身免疫病，如系统性红斑狼疮、类风湿关节炎等；器官特异性自身免疫病，如重症肌无力、慢性淋巴细胞性甲状腺炎等。③免疫缺陷病，是由于免疫系统发育异常而导致的疾病。主要分为原发性免疫缺陷病，如严重联合免疫缺陷病、DiGeorge综合征等；获得性免疫缺陷病，如艾滋病等。

在探讨疾病的发生发展与机体免疫系统的关系过程中，实验动物扮演了重要角色。因为实验动物与人类一样，同样具有完整的免疫系统，同样依靠正常的免疫应答功能来维护其个体的健康。虽然在生物的进化过程中，人类和实验动物的免疫系统会产生对外源生物性物质识别上的差别，但是免疫应答的本质仍然相同。现代科学对人类免疫系统的知识大多来源于对实验动物免疫系统的研究。在18世纪末，英国Edward Jenner医生通过接种牛痘的实验来预防人类的天花，首次将对动物的观察研究与人类疾病的预防治疗结合起来。由于很多研究无法在人体上进行，实验动物对研究人类的免疫系统的组成和功能发挥着越来越重要的作用。人类与小鼠在基因水平上的相似度达到99%以上，因此，在免疫性疾病的研究中，小鼠作为主要的实验动物得到广泛的应用。同时大鼠、兔子、豚鼠和猪等实验动物也作为特定的疾病模型在为免疫学的研究发挥了很大的作用。

免疫性疾病动物模型的建立方法主要包括自发性筛选，基因工程修饰和药物诱导等。根据不同的免疫性疾病的分类，本文简要介绍相关动物模型在免疫性疾病中的应用。

表3-16　主要超敏反应性疾病动物模型

疾病名称	过敏原	致敏方式	动物	模型特征
呼吸道过敏	小分子量致敏原如TDI、PHA、TMA等	吸入或滴鼻	豚鼠、大鼠、小鼠	血清IgE抗体增高，Th2反应异常
哮喘	尘螨、花粉等	吸入	豚鼠、大鼠、小鼠	支气管平滑肌受限，呼吸节律不规则，血清IgE抗体升高，呼吸道炎性细胞浸润
食物过敏	卵清蛋白	腹腔注射或经口喂食	小鼠	IgE抗体升高，Th1反应增强
	卵清蛋白	腹腔注射	棕色挪威大鼠	IgE抗体升高，小肠黏膜绒毛上皮T细胞增多
	花生，牛奶	霍乱毒素佐剂诱导	C3H/HeJ小鼠	Th2反应增强，IL-4和IL-10增加

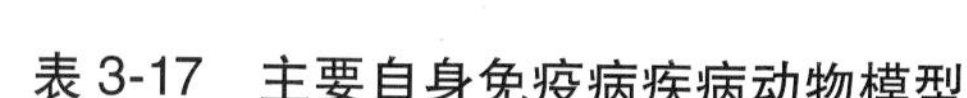

表 3-17 主要自身免疫病疾病动物模型

疾病名称	动物模型	动物种属	模型特征
红斑狼疮	NZB/NZW F1	小鼠	自发性模型，淋巴细胞异常，脾增大，抗核抗体增多，免疫复合物沉积并介导的狼疮肾炎，雌性发病
	MRL/lpr	小鼠	自发性模型，抗核抗体及类风湿因子增多，自发性 Fas 基因突变，循环免疫复合物增多，T 细胞异常，雌性发病
	BXSB	小鼠	自发性模型，抗核抗体增多，中度免疫复合物介导的狼疮肾炎，淋巴细胞异常，雄性发病
	B6×129	小鼠	自发性模型，抗核抗体增多，T 细胞异常，雌性发病
	降质烷诱导	小鼠	诱导型模型，自身抗体增多，中度免疫复合物介导的狼疮肾炎，关节炎症状
	cGVHD	小鼠	B 细胞多克隆活化，自身抗体增高，狼疮肾炎
	Apcs 基因敲除	小鼠	抗 dsDNA 抗体升高
类风湿关节炎	DR4	小鼠	转基因模型，需瓜氨酸化的蛋白诱导，关节肿胀，脾增大，抗瓜氨酸化抗体升高
	K/BxN	小鼠	TCR 转基因模型，关节肿胀，抗 GPI 抗体升高
	Ⅱ型胶原诱导	小鼠、大鼠	关节肿胀，类风湿因子增高
	佐剂诱导	小鼠、大鼠	关节肿胀，炎性细胞因子升高
多发性硬化病	EAE	小鼠、家兔	脑部结构改变，大脑灰质受损，运动能力缺失，炎性髓鞘脱失
	TMEV 感染	小鼠	炎性髓鞘脱失
干燥综合征	NOD	小鼠	唾液腺和泪腺异常淋巴细胞浸润
	MCMV 感染	小鼠	唾液腺和泪腺上皮细胞受损，免疫反应异常

1. 超敏性疾病——支气管哮喘动物模型介绍

（1）支气管哮喘研究简介：支气管哮喘（bronchial asthma，简称哮喘），是由于各种内、外因素作用引起的，由嗜酸性粒细胞、肥大细胞和 T 淋巴细胞等多种炎性细胞参与的呼吸道过敏反应，导致以支气管可逆性痉挛为特征，并伴有气道高反应性、可逆性气流受限及黏液高分泌，晚期还可出现气道重塑的支气管慢性炎性疾病。哮喘的变态反应类型属于Ⅰ型速发型变态反应：哮喘引起的呼吸困难是由于过敏反应引起小支气管黏膜血管扩张、组织水肿、管腔狭窄造成的，还能引起支气管平滑肌痉挛。临床上表现为反复发作性喘息，带有哮鸣音的呼气性呼吸困难、胸闷、咳嗽等症状。哮喘发病机制复杂，目前对哮喘发病机制、治疗等方面的研究需要通过动物模型来进行。因此，制备哮喘动物模型，选择标准化及与实验目的相适应的实验动物进行实验，是进行有关哮喘发病机制或药物治疗研究成功的关键所在。哮喘模型的常用实验动物包括大鼠、豚鼠、小鼠。

目前制作过敏性哮喘动物模型多选用雄性的大鼠、豚鼠与小鼠。哮喘动物模型各具特点，豚鼠易被致敏，接受致敏物质后反应程度与其他动物相比较强，能产生Ⅰ型变态反应且雾化激发后能产生速发相与迟发相哮喘反应，因而一直是国内外应用最多的过敏性哮喘实验动物之一。但豚鼠个体反应差异大，对于致敏原或不反应或因产生过敏性休克而死亡，造成实验资源的浪费；而且其变态反应更多由 IgG，而非 IgE 介导，这与人类的反应有所不同。近年大鼠模型使用逐渐增多，国内多使用 Wistar 大鼠，国外多用 Brown Norway（BN）大鼠，致敏方法基本相同，大鼠模型能诱发出与人类哮喘相似的迟发相反应，适用于特异性抗原抗体反应的研究，有速发和迟发双相反应，近年来成为使用逐渐增多的哮喘模型。此外，由于实验技术和检测手段的改进，小鼠如 BALB/c 小鼠、C57BL/6 小鼠也已经成为国外用来研究支气管哮喘的较为常用的动物，不同品系小鼠在气道反应性、T 细胞免疫等方面有不同的特点。BALB/c 小鼠易产生针对卵蛋白（OVA）和花粉的高滴度 IgE 和气道高反应性，而 C57BL/6 小鼠对尘螨和豚草抗原的反应性较强但不易产生气道高反应性，并且雌性小鼠比雄性小鼠能产生更明显的过敏性气道炎症。小鼠模型的局限性在于不出现人类哮喘特征性的黏膜炎症及上皮层嗜酸性粒细胞浸润；其次，不出现人类哮喘典型的慢性气道炎症，而且大多数模型出现过敏性肺泡炎和超敏性肺炎，掩盖了气道的炎症损害。大鼠和小鼠哮喘动物模型与人类发生哮喘的组织病理学差别的原因在于大鼠和小鼠气管腺体及支气管腺体不发达，小鼠气道结构远不如人类气道结构复杂，因此，不能完全模拟人类发生哮喘的表现，如血浆渗出不同，炎性细胞成分差异，嗜酸性粒细胞浸润不同等表现。哮喘动物模型还会存在性别差异，最初在支气管哮喘动物模型的研究中并未对动物性别予以区分，但有研究显示，在 OVA 诱发成熟雌/雄性 BALB/c 小鼠的迟发性气道炎症中，雄性 BALB/c 小鼠其嗜酸粒细胞和淋巴细胞浸润的支气管和细支气管的炎症反应较雌性 BALB/c 小鼠轻，而且支气管肺泡液中炎性细胞数也比雌性少。

（2）哮喘模型的表现及病理变化与模型选择：

1）模型动物表现：激发时动物出现呼吸急促，前肢缩抬，头面部瘙痒，点头或腹式呼吸，节律不规则，行动迟缓，呈哮喘样表现，并随着激发次数增加，症状逐步加重。

2）动物肺组织病理检测：支气管上皮组织水肿、增厚、结构紊乱，上皮细胞有不同程度坏死且有脱落；杯状细胞及黏液腺增加，黏液分泌增多，黏膜下层和平滑肌层增厚，管腔变形狭窄；气道壁及气道、血管周围有大量炎性细胞浸润，以嗜酸性粒细胞和淋巴细胞为主；肺泡隔明显增宽，可见血管增生和淤血。

3）肺功能检测：模型组呼吸明显加深、加快、呼吸速率及呼气流量均明显增加。

4）哮喘模型的选择举例：哮喘模型制作过程分为致敏与激发两个阶段，根据致敏原选择致敏和激发的时间、频率、方式以及抗原剂量等不同能复制出不同的哮喘模型反映人类哮喘的不同方面，但无论用哪种方法，一个成功的哮喘模型至少要具备气道炎症和气道高反应性两大特征。因此，应该根据研究需要选择适当的哮喘动物模型，如用氢氧化铝乳化的 OVA 腹腔注射致敏 C57BL/6J 小鼠，3 周后再激发 3 天可建立急性炎症模型，可以用来研究气道嗜酸性粒细胞性炎症，气道高反应性和急性炎症中各化学介质和细胞因子分泌的变化等，但缺少上皮下纤维化、平滑肌增生等慢

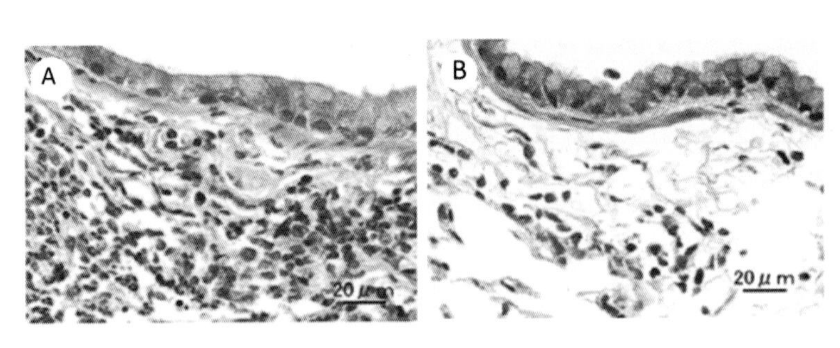

图 3-3　A. 气道黏膜下层可见嗜酸性粒细胞、中性粒细胞和淋巴细胞浸润；B. 气道水肿，炎细胞浸润

引自 Ren Y，et al. Environ Health，2014.

性炎症及气道重塑表现；建立气道重塑模型，需要进行抗原系统致敏及反复较长时间的同一抗原激发；BN 大鼠通常用来研究药物对气道嗜酸性粒细胞增多的影响，吸入抗原造成嗜酸性粒细胞向肺组织和气道管腔内流，BN 大鼠的嗜酸性粒细胞增多模型适用于研究抗原诱发的肺内改变以及嗜酸性粒细胞迁移的影响；致敏豚鼠的支气管过敏反应是常用的“速发型”变态性支气管收缩模型，这类模型的发病机制与人类的哮喘症相仿，同属于Ⅰ型变态反应。这些模型的发病机制与人类哮喘相似，每种模型都各有优缺点，应根据研究需要进行选择使用。

（3）在医学中的应用，意义及前景：现有的哮喘动物模型能模拟出人类哮喘的一些特征，一个理想的实验模型应具备重复性好，其病变发展过程应尽可能与人类支气管哮喘病因、病变过程相似等特点。哮喘动物模型仍是目前研究哮喘的重要工具，然而对其是否是反映人类哮喘疾病的理想模型仍存在争议，迄今为止没有一种实验动物模型能完全等同人类支气管哮喘的病理生理过程。现有的模型大都仅能重现支气管哮喘某些阶段的形态及病理生理改变，但这些实验模型的建立对阐明支气管哮喘的发生及发展仍具有重要作用。随着人类支气管哮喘病因、发病机制研究的不断完善，相信会探索出一种更适合支气管哮喘研究的实验模型。

2. 自身免疫性疾病——类风湿关节炎动物模型介绍　类风湿关节炎（RA）是一种机体异常针对自身组织发生免疫应答引起的系统性免疫功能障碍。主要侵犯全身各处关节，呈多发性和对称性慢性增生性滑膜炎，由此引起关节软骨和关节囊的破坏，最后导致关节强直畸形。本病病变主要累及结缔组织，属于胶原性疾病。而感染因素在疾病的起始阶段对组织抗原诱发自身免疫起到诱导作用。

目前选用的 RA 动物模型大多是大鼠或小鼠等啮齿类动物，人类 RA 由遗传、感染、环境、免疫等多种因素共同作用而致，而 RA 动物模型只是侧重于某一个或某几个因素。单一 RA 动物模型不能完全反映 RA 的所有特点。因此在进行医学研究时就需要考虑需要对动物模型加以选择。

假如我们想了解感染因素造成的何种自身免疫炎症反应，那应该选用什么动物模型呢？

佐剂诱导的关节炎模型（adjuvant arthritis，AA）。感染因素可以诱导机体对自身组织抗原产生免疫应答，是类风湿关节炎的诱发因素。弗氏佐剂含有灭活结核分枝杆菌或是卡介苗，可以诱发机体产生免疫应答，当以特殊途径介入机体时可以产生较强的炎症反应。将混有灭活结核分枝杆菌或是卡介苗的弗氏佐剂注入大鼠的足跖部，出现原发的炎症反应，随后导致滑膜增生的关节病变。此模型表现出类似人类类风湿关节炎的细胞免疫异常，是典型的炎性免疫反应。

而如果我们的研究更关心机体针对自身抗原的免疫应答，又该选择什么样的模型呢？

Ⅱ型胶原诱导的关节炎模型（collagen induced arthrit，CIA）。Ⅱ型胶原大量存在于关节软骨中，同时也存在于视网膜和玻璃体中，Ⅱ型胶原是一种与免疫系统隔绝的蛋白质，但在某些病理条件下可作为一种自身抗原呈现出来。将混有弗氏佐剂的Ⅱ型胶原分别在动物尾根皮下和腹腔注射，可诱导出多发性外周关节炎，关节红肿至关节畸变，病理表现为增生性滑膜炎、关节软骨破坏、骨侵蚀、关节腔炎性细胞浸润，并存在抗Ⅱ型胶原的抗体。究其临床表现和实验室指标，该类模型成为药物评价的理想模型。

不同品系的动物存在遗传易感性差异，BB 大鼠在其 MHC 等位基因上存在易感基因，对诱导 CIA 有易感性；表达 IFN-γ 膜受体缺陷性 DBA/1 系小鼠，比野生型小鼠更易诱导 CIA。

还有一些其他类风湿关节炎的动物模型，比如使用卵蛋白诱导关节炎模型。在诱导模型时需要对动物多次免疫，并对关节注入抗原。该类模型多以大动物为载体，有其特有的适用性，比如关节骨病的研究。

在对 RA 的研究过程中，有越来越多的基因工程动物得到应用。在人类的流行病调查中发现人的 HLA 分型与基因的易感性相关，因此有科学家试图将人类的 RA 易感基因转入小鼠体内制作嵌合体小鼠，当进行模型诱导时可发现转基因小鼠的发病过程异于其他小鼠。转基因和基因敲除动物在类风湿疾病研究中的应用，使得人们发现了一些 RA 治疗的靶点。最成功的例子当是针对 CD20 的单克隆抗体的发明。

随着基因工程动物在 RA 研究中越来越多的应用，对于 RA 发病机制和致病途径的理解也将越来越深入。在将来的研究中，很有可能会找到更为有效的 RA 治疗靶点。

（牛海涛 向志光 于 品）

六、动物实验在糖尿病研究中的应用

糖尿病是一个相对或者绝对缺乏胰岛素，继而导致高血糖的一种代谢性疾病，有两种主要类型：1 型糖尿病和 2 型糖尿病。糖尿病本身不一定造成危害，但是长期血糖增高所带来的血管受损，以及肾、眼、足等器官的并发症危及人们的生命健康。目前我国已成为世界第一糖尿病大国，因此建立糖尿病动物模型，对于全面认识糖尿病发生机制、并发症的预防以及新药创制都有着深远的意义。本节分别对 1 型和 2 型糖尿病的常用动物模型及应用进行描述。

1. 1 型糖尿病动物模型 1 型糖尿病的主要特征是由胰岛 β 细胞的自身免疫性破坏导致的胰岛素缺乏。在动物模型中，胰岛素的缺乏是通过多种不同的机制来实现，包括化学物对胰岛 β 细胞的破坏，啮齿动物自发地发展自身免疫性糖尿病。

（1）化学诱导的 1 型糖尿病：常采用链脲佐菌素（streptozotocin，STZ）腹腔注射诱发糖尿病（diabetes mellitus，DM）动物模型，常用动物有小鼠、大鼠、家兔和犬。链脲佐菌素的参考剂量为 50~150mg/kg，值得提出的是，链脲佐菌素性质不稳定，所以最理想的办法就是在注射前新鲜配制注射剂。链脲佐菌素是一种含亚硝基的化合物，进入体内可直接破坏胰岛 β 细胞或者通过诱导一氧化氮（NO）的合成以及激活自身免疫过程等方式，破坏胰岛β细胞。

（2）自发性1型糖尿病：绝大多数的该动物模型采取有自发性DM倾向的近交系纯种动物，如NOD（non-obesity diabetes）小鼠、BB（biobreeding）大鼠、秋田小鼠等动物造模。目前实验室以NOD小鼠为主要动物模型。

NOD小鼠为一种自发性非肥胖DM小鼠，其发病年龄和发病率有着较为明显的性别差异，雌鼠发病年龄较雄鼠明显提早，发病率亦远高于雄鼠，NOD小鼠3~5周龄时开始出现胰岛炎，浸润胰岛的淋巴细胞常为$CD4^+$或$CD8^+$淋巴细胞，于13~30周龄时发生明显DM。NOD小鼠一般不出现酮症酸中毒，无外周血淋巴细胞减少，但需要胰岛素治疗以维持生存。在NOD鼠胰岛炎初期，血浆和胰岛灌注液中胰岛素的基础值和对葡萄糖的反应值均减低，同时胰高血糖素和胰高血糖素样物质的免疫活性增加，NOD小鼠葡萄糖激酶、丙酮酸激酶等活性下降，葡萄糖-6-磷酸脱氢酶和丙酮酸激酶的活性增加，肝组织中转氨酶、乳酸脱氢酶、支链氨基酸以及肾脏组织中的β-N-乙酰氨基葡萄糖苷酶、α-葡萄糖苷酶和α-甘露糖苷酶等活性也均降低。NOD小鼠伴发DM是遗传、免疫和自由基损伤多因素综合作用的结果，NOD小鼠这些特点与1型糖尿病患者相似，是研究关于1型糖尿病遗传学、免疫学、病毒学特征及其预防和治疗等方面的良好动物模型。

BB大鼠是由加拿大渥太华Biobreeding实验室培育而成。有50%~80%BB鼠可发生DM，一般于2~4月龄时发生DM，发病前数天可见糖耐量异常及胰岛炎。发病的大鼠具有1型糖尿病的典型特征：体重减轻、多饮、多尿、糖尿、酮症酸中毒、高血糖、低胰岛素、胰岛炎、胰岛β细胞减少，需依赖于胰岛素治疗才能生存。BB大鼠另一个特点是其血液中淋巴细胞减少，易于感染。

秋田小鼠最开始是日本科学家从胰岛素基因2自发突变的C57BL/6 NSlc小鼠获得。该自发突变导致无法合成胰岛素前体——胰岛素原，从而引起错误折叠的蛋白质和随后的ER压力过大。这样导致的后果就是引起严重的胰岛素依赖糖尿病，3~4周开始发病，其特征是高血糖、低胰岛素、多尿和烦渴。虽然未经处理的纯合子存活时间很少超过12周，但是在该模型中，β细胞大量的缺乏使得它可用来替代链脲佐菌素诱导的小鼠糖尿病模型。

（3）手术1型糖尿病模型：主要是指胰腺切除术建立的糖尿病模型，主要针对于猪、狗或者非人灵长类动物。全部切除胰腺，除可引起高血糖外，还可致酮症酸中毒和死亡，故一般主张大部分切除（70%~90%）实验动物的胰腺，但保存胰十二指肠动脉吻合弓。如果连续两天血糖值超过11.1mmol/L或者葡萄糖耐量试验120min时的血糖值仍未恢复到注射前水平则认为DM造模成功。

2. 2型糖尿病动物模型　2型糖尿病的特点是胰岛素抵抗和胰岛β细胞不能充分的补偿。因此，2型糖尿病动物模型往往有胰岛素抵抗模型和（或）β细胞衰竭模型。

（1）肥胖型2型糖尿病：由于2型糖尿病与肥胖关系密切，大多数2型糖尿病动物模型有肥胖的特点。这种肥胖可自然发生，或者由突变、高脂饲料喂养引起。虽然肥胖的人很少是由单基因突变引起的，但是肥胖的单基因突变模型通常用于2型糖尿病的研究。最广泛使用的单基因肥胖模型往往都伴有瘦素（leptin）信号的缺失。众所周知，瘦素能诱导产生饱腹感，因此，一个缺乏功能性瘦素的动物模型会导致贪食并随后引起肥胖。这些模型包括$Lep^{ob/ob}$小鼠、$Lepr^{db/db}$小鼠、肥胖型Zucker大鼠和$Leptin^{-/-}$大鼠。

$Lep^{ob/ob}$小鼠自1月龄血糖高于野生小鼠，2~3月龄期间持续升高，4~7月龄之间血糖下降，7月龄时和野生组没有差异。因此，该小鼠可以作为一种糖尿病前期模型。$Lepr^{db/db}$小鼠是Jackson实验室来源的，最常用的背景是 C57BLKS/J，是由一个瘦素受体的常染色体隐性突变产生的。该小鼠自 2 周龄开始出现高胰岛素血症，3~4 周龄开始肥胖，4~8 周龄期间血糖升高，由于该小鼠在几月龄时会发生酮症酸中毒，因此寿命相对比较短。Zucker 大鼠由 Merck M-strain 和 sherman 大鼠杂交而来，染色体的 Lep^{fa}等位基因突变形成自发性的纯合子糖尿病大鼠。该模型自 4 周开始呈现出肥胖，10 周开始体重急速增加，多伴有多食。有高脂血症、高胰岛素血症、高瘦素血症等症状。$Leptin^{-/-}$大鼠为 Leptin 基因敲除的 SD 大鼠品系，空腹血糖自 1 月龄起高于野生大鼠，2~3 月龄期间血糖持续升高，4~8 月龄时血糖下降，但 8 月龄时仍然比野生大鼠高出 11%。因此 $Leptin^{-/-}$大鼠也可以作为一种前期糖尿病模型，而且高血糖维持时间更长，在作为糖尿病模型方面更具有优势。

（2）高脂饲养 2 型糖尿病：C57BL/6 小鼠高脂模型是在 1988 年第一次被提出，高脂饮食可导致肥胖、高胰岛血症和葡萄糖体内平衡的改变。对于小鼠的正常饮食而言，其热量通常来自大约 26%的蛋白质，63%的碳水化合物和 11%的脂肪，而高脂饲养的饮食结构中脂肪量大幅度增加（约 58%的热量来自脂肪）。实验已经证明，与正常饮食的小鼠相比，高脂肪喂养的小鼠 1 周之内就能表现出体重的增加，几周的高脂饮食诱导则能更显著增加体重。该模型中，小鼠体重增加与胰岛素抵抗和胰岛 β 细胞缺乏代偿导致的糖耐量受损有关。

（3）转基因型 2 型糖尿病：胰岛素信号转导是一个复杂的过程，将胰岛素信号通路中的某个基因敲除或用 Cre/LoxP 系统与基因打靶技术相结合，可以得到组织或细胞特异性靶基因被敲除的动物模型。

1）$IR^{+/-}$和 $IRS\text{-}1^{+/-}$单个基因剔除的杂合体小鼠无明显的临床症状，4~6 个月前血糖正常，2 个月时胰岛素水平升高，4~6 个月时发生明显的胰岛素抵抗，6 个月时 40%的杂合体双突变鼠表现糖尿病症状。

2）GK/IRS-1 双基因剔除小鼠：IRS-1 小鼠表现为胰岛素抵抗，但由于巨细胞代偿性增生，胰岛素分泌增多，糖耐量正常，巨细胞特异 GK 表达降低的小鼠，显示轻度糖耐量异常，两者杂交产生的 GK/IRS-1 双基因剔除小鼠，表现 2 型糖尿病症状，既有胰岛素抵抗又有糖耐量异常。

3）$IRS\text{-}2^{-/-}$小鼠：$IRS\text{-}2^{-/-}$小鼠表现为胰岛素抵抗和胰岛素分泌不足（不能引起巨细胞代偿性增生，无法对抗胰岛素抵抗），从而引发 2 型糖尿病，但单个巨细胞胰岛素分泌正常甚至升高。

（4）其他 2 型糖尿病动物模型：在 2 型糖尿病的研究中也有大型实验动物模型的使用。猫的 2 型糖尿病模型在人糖尿病的临床、生理和病理方面有许多相似之处。例如，猫的 2 型糖尿病发病于中年，与肥胖和胰岛素抵抗以及随后的 β 细胞损失相关。除此之外，非人灵长类能够很好地模拟人类的糖尿病的过程，因此是非常有用的模型。另外，猪的几个品系和人类 2 型糖尿病有着相似的过程。最新的研究表明，结合高脂肪的饮食和链脲佐菌素能够建立狗的肥胖和轻度 2 型糖尿病模型。

3. 选取合适的糖尿病动物模型　以上介绍了很多种 1 型和 2 型糖尿病的动物模型，每一种都有各自的特征。应用这些糖尿病动物模型可以服务于不同的研究内容，例如，药物检测、相关遗传学研究以及理解疾病的产生机制。选取动物模型应当基于研究目的进行。例如，在药物检测研究中，检测药物的假定机制可以作为选择合适动物模型的标准。

在 1 型糖尿病中，选择动物模型的主要决定因素是自身免疫是否需要。不同 1 型糖尿病模型的发病时间和可预见性都是不一样的。在 2 型糖尿病中，高血糖的潜在机制以及其是否与研究相关是需要主要考量的。这些潜在机制包括胰岛素抵抗性或细胞衰竭。事实上，在任何模型中，判断一种药物的干涉是否可以改善症状可能都取决于细胞是否衰竭。2 型糖尿病的动物模型可以被分为肥胖的和非肥胖的。不论是通过遗传的或者是饮食的方法，大部分 2 型糖尿病的模型都是肥胖的。然而，肥胖又与很多其他疾病相关，例如，脂代谢紊乱和动脉粥样硬化。尽管这些并发症在人的 2 型糖尿病患者身上很常见，但这只是代表了糖尿病患者的一部分。同样需要注意的是，不是所有的糖尿病动物模型和品种都有糖尿病的并发症，例如，C57BL/6 品种相对不易得肾病。因此在选择动物模型的时候，需要考虑研究的重点是不是糖尿病的并发症（如肾病、神经系统疾病等）。

品种和物种的区别应该在选取动物模型时仔细斟酌，因为不同品种和物种对于糖尿病及治疗方法有不同的敏感性。在理论上，多个品种和物种均应该被研究。以上介绍的很多模型中存在性别偏差（例如，NOD、Zucker 糖尿病大鼠等），但是人类糖尿病患者中不存在这种现象，因此性别因素也应该被考虑进来。另外，很多基因剔除和转基因的糖尿病动物模型也存在性别偏差。尽管性别偏差的确切机制还不清楚，但有学者提出有时候性激素在其中起主要作用。事实上，性激素在不同小鼠模型上可以起相反的作用。例如，雄性性腺切除在一些模型中可以预防糖尿病，而在其他的模型中无效，甚至是加重糖尿病。其实，性别偏差可能与线粒体和应激反应有关。当采用基因剔除和转基因小鼠模型时，必须保证可能的下丘脑表达没有影响表现型，同时对相关的对照组实验必须要加以考虑。

（高　苒）

第四章

实验动物选择和动物实验设计

随着现代科学尤其是生命科学与技术的迅猛发展，实验动物已被广泛用于替代人类去获取与生命健康息息相关的各种科学实验、产品质量检定、环境检测等数据的重要工具，几乎所有生命科学领域内的科研、生产、教学、检定、安全评价和成果评定都离不开实验动物。动物实验是医学研究的基本手段之一。食品安全、药物、疫苗、生物制品开发、人类疾病发病机制研究等与人类健康息息相关的领域都离不开实验动物。

本章重点介绍常规实验动物的选择依据，动物模型的分类及选择原则，动物实验设计的原则和方法，影响动物实验的因素，如何撰写实验记录和报告，动物实验统计学方法。

第一节　实验动物的选择

各种实验动物在基因型、表现型等方面各有不同。理想的实验动物应具有对受试物的生物转化与人体相近，对受试物敏感，已有大量研究对照数据等特点。实验动物的选择是动物实验研究工作中的一个重要环节，不同实验的研究目的和要求不同，不同种类的实验动物的各自生物学特点和解剖生理特征亦不同，每一项科学实验都有其最适宜的实验动物，实验动物的选择直接关系到科学研究的成败和质量。

一、选择实验动物应考虑的因素

（一）动物质量

实验动物的质量包括遗传学质量和微生物学质量。特别是啮齿类实验动物都需有清楚的遗传背景，根据实验的要求选择不同遗传学质量的近交系、封闭群或杂交群实验动物。同样，实验动物微生物学质量的选择也取决于实验的要求，病原体感染实验动物的形式是多种多样的，有的呈隐性感染，一般不导致死亡，但却影响动物机体的内环境稳定性和反应性，改变机体正常的免疫功能状态，或与其他病原体产生协同、激发或拮抗作用，使实验研究和结果受到干扰及严重影响。受病原微生物、寄生虫等自然感染的动物，如果用于实验，其结果会出现很大的偏差，也很难得到正确的结论，尤其是进行病原微生物的感染实验，应以使用未患任何感染性疾病的健康实验动物作为先决条件才可获得可靠的实验结果。

（二）动物种属

不同种属的动物，各自具有不同的解剖、生理特点，这些不同特点可以导致动物体内的药效学、药动学和毒性反应各异的差别。熟悉并掌握这些种属的差异，有助于获得理想的动物实验结果，如啮齿类动物对催吐药不产生呕吐反应，在非啮齿类动物（猫、犬和猴）则容易产生呕吐。根据实验要求选择正确种属的动物进行实验是获得理想实验结果的重要前提。

（三）动物品系

由于遗传变异和自然选择的作用，同一种属的实验动物也有不同的品系。通过不同的遗传育种方法，可使不同个体之间的基因型千差万别，表现型也同样参差不齐。同一种属不同品系的动物，对同一刺激具有不同反应，而且各个品系均有其独特的品系特征。如 BALB/c 小鼠对放射线极其敏感，而 C57BL/6 小鼠对放射线则具有一定的抵抗力。正确地选择适宜品系的实验动物才会获得理想的实验结果。

（四）动物年龄和体重

动物的解剖生理特点和反应性随年龄的增长而出现明显改变。幼年动物因抗体发育不健全、解毒排泄功能尚未完善而比成年动物更为敏感。老年动物又因组织衰退、代谢及功能低下而反应不灵敏。因此，动物实验最常选用的是已性成熟的青壮年动物。一些慢性实验，观察时间较长，可酌情选择年幼、体重较小的动物。按 LD_{50}（半数致死量）及麻醉浓度来看，动物的敏感性基本上显示为幼年动物>老年动物>成年动物。实验动物年龄与体重基本上呈正比关系，小鼠和大鼠常根据体重来推算其年龄。

（五）动物性别

同品种或同品系的不同性别动物，对同一实验的反应不完全一致。雄性动物反应较均匀，雌性动物在性周期不同阶段和怀孕、授乳时，机体对药物的反应也会有较大的变化。在科研工作中经常优先选用雄性动物或雌雄各半做实验，以减少性别对实验研究的影响。

（六）动物生理状况

雌性动物在怀孕、哺乳期和动物换毛季节，对外界刺激的反应会有所改变，要考虑对实验的影响，除特殊要求外，一般选择未受孕动物。

（七）动物健康状况

一般而言，健康动物常常对药效或药物的毒副作用有比较强的耐受性，而处于疾病状态的实验动物的耐受性要差得多。健康动物对各种刺激的耐受性也比不健康或有病的动物强，所得到的实验结果比较稳定，具有较好的一致性和重现性。选用患有疾病或处于衰竭、饥饿、寒冷、炎热等条件下的动物，均会影响实验结果。

（八）动物数量

动物的品种（或品系）确定后，需确定动物的使用数量。一般来说，动物实验中使用动物的数量越多，其实验结果的准确性也越高。但由于实验经费、人力和其他实验条件的限制及动物福利的要求，尽可能减少实验动物的使用数量。根据生物学实验统计的要求，确定合适的动物数量，可以保证实验结果的科学性和准确性。

（九）不同模型的相互验证

使用一种动物所获得的结果总是有限的，同时用两种或两种以上动物所得到的实验结果更有利于做出正确的判断。在新药的临床前安全性评价中，就规定必须使用两种实验动物，包括一种啮齿类动物（如大鼠）和一种非啮齿类动物（犬或猴）。

二、动物模型的分类

研究人体某些疾病的发生、发展过程及其病理、生理变化，尚有许多难以解决的问题和困难。实验动物模型可用以模拟某些疾病的病理状态，研究探讨有关疾病的发生、发展和转归，以及研究对疾病新的治疗方法的效果等。人类疾病研究中，常用的实验动物模型按产生原因分为以下四类。

（一）自发性动物模型（spontaneous animal model）

实验动物未经任何有意识的人工处理，在自然条件下或基因突变条件下所产生的疾病模型。自发性动物模型主要包括突变系的遗传疾病模型和近交系的肿瘤疾病模型。突变系的遗传疾病很多，如无胸腺裸鼠、肥胖症小鼠、高血压大鼠和青光眼兔等。自发性动物模型的疾病发生发展与人类相应的疾病很相似，实验结果更易于外推到人，对影响疾病发生、发展的原因更有可能被发现，可以观察遗传因素在疾病发生上的作用。但该类模型的疾病发生、发展的时间参差不齐，试验周期长，实验所需动物数量多，耗费大。该类模型主要应用于病因学研究。

（二）诱发性动物模型（induced animal model）

通过使用物理、化学或生物致病因素作用于动物，对动物组织、器官或全身造成一定的损害，出现某些类似人类疾病的功能变化、代谢障碍或形态结构的病变，即人为地诱发动物形成类似人类疾病的模型。如用高糖、高脂饮食诱发动物发生糖尿病等。

诱发性动物模型类似于人类疾病细胞动力学特征，可根据需要有目的的用诱导剂诱发疾病。具有制作方法简便、实验条件容易控制、重复性好等特点，常用于验证可疑致病因素的作用、药物筛选、毒理、传染病、肿瘤、病理机制的研究。但诱发性动物模型诱导时间较长，有的诱导剂有毒，诱导人员必须注意安全。手术动物模型和移植动物模型能在短时间内大量复制，是一类特殊的诱发性疾病动物模型，在医学科学研究中占有十分重要的地位。

1. 物理因素诱发　复制各种模型时必须严格考虑不同对象应采用的不同的刺激强度、频率和作用时间。如在机械力作用下产生各种外伤性脑损伤、骨折等模型，气压变动复制高空病、潜水病；温度改变产生各种烧伤和冻伤；放射线照射可复制各型放射病，引起免疫功能抑制或诱发 SD 大鼠乳腺癌；噪音刺激引起听源性高血压及改变行为记忆功能等。

2. 化学因素诱发　可直接或间接（通过代谢产物）对机体产生有害作用。如用各种化学致癌剂诱发各种肿瘤；用化学毒物或毒气诱发各种中毒性疾病；用强碱、强酸可致皮肤烧伤等。不同品种、不同年龄的动物也存在剂量、耐受性和副作用等差异。实验者需要通过广泛收集有关信息，在预实验中摸索稳定而有效的实验条件。研究者可根据研究目的需要，选择相应的实验方法，在健康的动物身上复制出所需要的疾病模型。

3. 生物因素诱发　包括细菌、病毒、寄生虫、细胞、生物毒素、激素等各种致病原，通过接种而使正常动物发生疾病。如接种细菌、病毒于敏感动物体内，使其产生各种传染病。从流行病学、病理学或并发症等不同角度研究，要充分了解动物与人在疾病易感性和临床表现等方面的异同。

（三）遗传工程动物模型（genetic engineering animal model）

遗传工程动物模型也称基因修饰动物模型，是利用遗传工程技术对动物基因组进行修饰，有目的的干预动物的遗传组成，建立携带（或缺失）有特定基因的动物，导致动物新的生物性状的出现，并可有效的遗传下去，形成新的可用于生命科学研究和其他目的的动物模型。该类模型在阐明药物的毒性作用机制时，其药物毒性反应的灵敏性高，能极大地缩短毒性评价时间。但该类动物繁殖困难，饲养成本高，主要用于研究基因功能或疾病发病机制的研究。

（四）生物医学动物模型（biomedical animal model）

利用健康动物的特定生物学特征，研究人类疾病相似表现的模型。有些种类的健康动物，具备一些特定的生物学特点，能够再现人类疾病的某些特征，这类动物可以用来研究人类疾病，如沙鼠缺乏完整的脑基底动脉环，左右大脑供血相对独立，是研究脑卒中的理想模型；兔的甲状旁腺分布比较分散，位置不固定，有的附着在主动脉弓附近，摘除甲状旁腺不影响甲状腺功能，是摘除甲状旁腺实验中较理想的动物模型。这类动物模型与人类疾病存在一定差异，研究者应加以分析比较，从中获得有关材料。

三、动物模型的意义

人类疾病的动物模型是生物医学科学研究中所建立的具有人类疾病模拟表现的动物实验对象和材料。使用动物模型是现代生物医学研究中的一个极为重要的实验方法和手段，有助于更方便、更有效地认识人类疾病的发生、发展规律和研究防治措施。长久以来人们发现，以人本身作为实验对象来推动医学的发展是困难的，临床所积累的经验不仅在时间和空间上存在着局限性，许多实验在伦理学和方法学上还受到种种限制。动物模型的优越性主要表现在以下几方面。

（一）可以获得在人体上无法获得的试验数据

临床上对外伤、中毒、肿瘤等病因研究是有一定困难的，甚至是不可能的，而动物作为人类的替难者，在实验条件下可以反复观察和研究。动物模型作为人类疾病的缩影，便于研究者按实验目的需要随时采取各种样品，应用动物模型，除了能克服在人类研究中经常会遇到的伦理和社会限制外，还容许采用某些不能应用于人类的方法学，甚至为了研究需要可以损伤动物组织、器官或处死动物。这在临床上是难以办到的。

（二）在短时间内最大限度再现人类疾病

遗传性、免疫性、代谢性和内分泌等疾病在临床上发病率很低，肿瘤、慢性气管炎、肺心病、高血压等疾病潜伏期长、发生发展缓慢，有些致病因素需要隔代或者几代才能显示出来，人类的寿命期相对来说是很长的，而许多动物由于生命的周期很短，在实验室观察几代是容易的。

（三）可以研究单一病因在疾病发生中的作用

临床上很多疾病十分复杂，各种因素均起作用，患有高血压的病人，可能同时又患有肺疾病或肾疾病等其他疾病，即使疾病完全相同的患者，因患者的年龄、性别、遗传等各不相同，对疾病的发生发展均有影响。采用动物来复制疾病模型，可以选择相同品种、品系、性别、年龄、体重、活动性、健康状态、甚至遗传和微生物等方面严加控制的各种等级的标准实验动物，用单一的病因作用复制成各种疾病。温度、湿度、光照、噪声、饲料等实验条件也可以严格控制。另外，无论营养学、肿瘤学和环境卫生学等方面，同一时期内很难在人类身上取得一定数量的定性疾病材料。动物模型不仅在群体的数量上容易得到满足，而且可以通过给予一定剂量的药物或移植一定数量的肿瘤等方式，限定可变性，取得条件一致的动物模型。通过对人畜共患病的比较研究，可以充分认识同一病原体（或病因）对不同机体带来的各种损害。更有利于解释在人体上所发生的一切病理变化。动物疾病模型的另一个重要用途，在于能够细致地观察环境或遗传因素对疾病发生发展的影响，这在临床上是办不到的，对于全面地认识疾病本质有重要意义。

（四）可以提供临床罕见病的疾病材料

临床上平时很难收集到放射性、毒气中毒、烈性传染病等病人，而实验室可以根据研究目的的要求采用实验性诱发的方法在动物身上复制出来。

（五）有助于更全面地认识疾病本质

临床研究未免带有一定的局限性。已知很多疾病除人类以外也能引起多种动物发病，其表现可能各有特点。

四、动物模型选择的基本原则

利用动物疾病模型来研究人类疾病，可以克服平时一些不易见到，而且不便于在患者身上进行实验的各种人类疾病的研究。同时还可克服人类疾病发生发展缓慢，潜伏期长，发病原因多样，经常伴有各种其他疾病等因素的干扰，可以用单一的病因，在短时间内复制出典型的动物疾病模型，对于研究人类各种疾病的发生、发展规律和防治疾病疗效的机制等是极为重要的手段和工具。

在选择实验动物时，首先应根据实验目的和要求来选择，其次再参考是否容易获得、是否容易饲养等情况。

（一）选择在解剖结构、功能、代谢以及发病机制与人类相似的实验动物

可以特异地、可靠地反映某种疾病或某种功能、代谢、结构变化，应具备该种疾病的主要症状和体征，经病原学、免疫学、病理切片等证实。医学科学研究的根本目的是解决人类疾病的预防和治疗问题。在动物身上复制人类疾病模型，目的在于从中找出可以外推应用于人类的有关规律。动物的进化程度在选择实验动物时应是优先考虑的问题。一般来说，实验动物的进化程度愈高，功能、代谢、结构愈复杂，愈接近人类，在实际应用中主要考虑与实验目的一致性。人们利用实验动物的某些与人类近似的特性，通过动物试验对人类疾病、病理生理进行推断和探索，非人灵长类动物与人同属灵长目，整体进化上与人类最接近。但不能认为进化程度越高等的动物其所有器官和功能越接近人类。在进行动物实验时，应根据所要进行实验的种类和特点，选择与人类某些器官结构、功能、代谢相似的实验动物。如猪的心血管系统与人类较为接近，在评价心脏支架的安全性和有效性试验中，猪是首选的实验动物。

（二）可以控制疾病的发展阶段

供医学实验研究用的动物模型，应考虑到今后临床应用和便于控制其疾病的发展，以利于研究的开展。如雌激素能终止大鼠和小鼠的早期妊娠，但不能终止人的妊娠。

（三）选择标准化的实验动物

理想的动物模型应该是可重复的和可标准化的。应选择遗传背景清楚、微生物学和寄生虫学质量得到控制、饲养环境及其饲料营养均得以控制、并符合国家标准的实验动物。排除因实验动物携带细菌、病毒、寄生虫和潜在疾病对实验结果的影响；排除因实验动物遗传不一致，导致的个体差异。为了增强动物模型复制时的重复性，应在实验动物、环境条件、实验方法、药品、仪器设备、实验者操作技术熟练程度等等方面保持一致，一致性是重现性的可靠保证。

五、动物模型的局限性

一个好的动物模型，应具备人类疾病再现性好、复制率高、专一性好的特点。但实验动物不是人，任何一种动物模型都不能全部复制出人类疾病的所有表现，只可能在一个局部或一个方面与人类疾病相似。为了更好地模拟人类疾病的发病特点，常选用几种动物模型同时进行试验。

六、实验动物选择举例

药物在进行临床试验前，应完成有效性评价试验和安全性评价试验（毒理学试验）。药物临床前药效学试验，判断药物对动物模型是否有治疗效果。药物毒理学是研究药物在一定条件下，可能对机体造成的损害、及其机制，并对药物毒性作用进行定性、定量评价以及对靶器官毒性作用机制进行研究的一门学科。毒理学试验包括以下内容。

（一）急性毒性试验

研究动物 1 次或 24 小时内多次给予受试物后，一定时间内所产生的毒性反应。不同种属的动物各有其特点，对同一药物的反应会有所不同。啮齿类动物和非啮齿类动物的急性毒性反应可能在质和量上会存在差别。从充分暴露受试物毒性的角度考虑，应从啮齿类动物和非啮齿类动物中获得较为充分的安全性信息，一般选用一种啮齿类动物（小鼠或大鼠）和一种非啮齿类动物（犬或猴），雌雄各半。

（二）长期毒性试验

长期毒性试验的目的是通过重复给药的动物试验表征受试物的毒性作用，预测其可能对人体产生的不良反应，降低临床试验受试者和药品上市后使用人群的用药风险。通常采用两种实验动物，一种为啮齿类（通常为大鼠），另一种为非啮齿类（犬或猴）。一般选择正常、健康和雌性未孕的动物，雌雄各半。来源、品系、遗传背景清楚，符合国家有关实验动物规定的等级要求，雌雄各半。

（三）遗传毒性试验

遗传毒性试验是研究机体遗传物质在受到外源性化学物质或其他环境因素作用时，对有机体产生的遗传毒性作用。通常采用体外和体内遗传毒性试验组合的方法，体内试验包括体内骨髓细胞染色体畸变试验，骨髓嗜多染红细胞微核试验，通常雄性小鼠比雌性小鼠对诱导微核更敏感，常选择雄性小鼠。

（四）安全药理试验

安全药理学主要是研究药物在治疗范围内或治疗范围以上的剂量时，潜在的不期望出现的对生理功能的不良影响，即观察药物对中枢神经系统、心血管系统和呼吸系统的影响。动物常用小鼠、大鼠、豚鼠、兔、犬、非人灵长类等。动物选择同时还应注意品系、性别及年龄等因素，动物一般要求雌雄各半。

（五）局部毒性试验

体内试验包括过敏性试验和刺激性试验。过敏性试验是观察动物接触受试物后是否产生全身或局部过敏反应，常选择豚鼠。刺激性试验是观察动物的血管、肌肉、皮肤、黏膜等部位接触受试物后是否引起红肿、充血、渗出、变性或坏死等局部反应。选择与人类皮肤、黏膜等反应比较相近的动物，如兔、豚鼠和小型猪等。动物一般要求雌雄各半。

（六）生殖毒性试验

生殖毒性研究的目的是通过动物试验反映受试物对哺乳动物生殖功能和发育过程的影响，预测其可能产生的对生殖细胞、受孕、妊娠、分娩、哺乳等亲代生殖功能的不良影响，以及对子代胚胎-胎仔发育、出生后发育的不良影响。通常采用与其他毒理学试验相同的动物种属和品系，可与其他毒理学试验结果进行比较，并可能避免进行过多的预试验。大鼠实用性好、与其他试验结果的可比性高并已积累了大量的背景资料，可作为生殖毒性试验首选的啮齿类动物。在胚胎-胎仔发育毒性研究中，还需要采用第二种哺乳动物，兔为优先选用的非啮齿类动物。通常选用年轻、性成熟的成年动物，雌性动物未经产。

（七）免疫毒性试验

免疫毒性试验主要是鉴定外源性化学物质对免疫功能的影响，其目的是探讨外源性化合物对机体（人和实验动物）免疫系统产生的不良影响及机制。免疫毒性试验包括主动皮肤过敏试验、主动全身过敏试验、被动皮肤过敏试验、Buehler 分析法（BT）、豚鼠最大值法（Guinea-Pig Maximization Test，GPMT）等。免疫毒性评价使用啮齿类动物（豚鼠等）为实验动物。动物一般要求雌雄各半。

（八）致癌试验

致癌试验的目的是考察药物在动物体内的潜在致癌作用，从而评价和预测其可能对人体造成的危害。一般选择大鼠，试验周期 2 年，使用一些转基因动物可以使试验周期缩短到 6 个月。动物一般要求雌雄各半。

（九）药物依赖性试验

药物依赖性是指药物长期与机体相互作用，使机体在生理机制、生化过程和（或）形态学发生特异性、代偿性和适应性改变的特性，停止用药可导致机体的不适和（或）心理上的渴求。常用实验动物包括小鼠、大鼠、猴等，一般情况下选用雄性动物，必要时增加雌性动物。通常选用大、小鼠，对于高度怀疑具有致依赖性潜能的药物，而啮齿类动物试验结果为阴性时，则再选择灵长类试验动物。

第二节 动物实验的设计

一个好的实验设计，应该具有足够多的重要数据，从而保证实验结果的可靠性。在实验设计中，尽可能避免忽略一些可能对生物医学研究非常重要的因素。

一、动物实验设计的基本原则

动物实验是指在实验室内，为了获得有关生物学、医学等方面的新知识或解决具体问题而使用动物进行的科学研究。药理学研究的目的是通过动物实验来认识药物作用的特点和规律，为开发新药和评价药物提供科学依据。由于生物学研究普遍存在的个体差异，要取得精确可靠的实验结论必须进行科学的实验设计，因此，在进行动物实验设计时必须遵循以下基本原则。

（一）科学性

实验是人为控制条件下研究事物的一种科学方法，是依据假设，在人为条件下对实验变量的变化和结果进行捕获、解释的科学方法。在实验设计中必须有充分的科学依据，要符合客观规律和逻辑性。生物学实验中，一种生命现象的发生往往有其复杂的前因后果，从不同角度全面地分析问题就是科学性的基本原则。

（二）可行性

可行性原则要求科研设计方案和技术路线从原理、实验实施到实验结果科学可行外，还必须具备一定的条件，如人员、仪器、动物、试剂等。

（三）简便性

实验设计时，要考虑实验材料是否容易获得，实验装置是否简单，实验药品是否容易获得，实验操作是否简便，实验步骤是否复杂，实验时间是否较短。

（四）随机性

随机是指每个实验对象在接受处理时，都有相等的机会。随机可减轻人为主观因素的干扰，减少或避免实验误差，是实验设计中的重要原则之一。进行动物实验时，统计学要求各实验组间除实验处理因素外，其他条件都完全相同。减少差异的办法除精选实验动物和实验材料外，就是实行严格的随机原则，使每只动物都有同等机会被分配到各个实验组中去，尽量避免人为因素对实验造成的影响。随机分组的方法常用的有单纯随机法，配对比较法，均衡随机法和均衡顺序随机法。现在，常采用随机数字表法或计算机软件（如 SPSS，SAS，Excel 等）进行动物分组。

（五）重复性

重复性原则包括两方面的内容，即良好的重复稳定性（或称重现性）和足够的重复数，两者含意不同又紧密联系。动物实验通常需要重复进行多次，不仅是在一种动物身上重复相同的实验，而且还要在几种不同品系动物身上重复相同的实验，这不仅可以比较不同动物的差别，而且可以在不同动物实验中发现新问题，提供新线索，同时也可以观察到该动物实验结果是否具有更高的可信度、更真实的正确性、更广泛的适应性。为了得到统计学所要求的重现性，必须选择适当的重复数。实验只能进行一次而无法重复，其实验结果是不可信的。

除了重复数的数量问题外，还应重视重复数的质量问题。要尽量采用精密、准确的实验方法，以减少实验误差。同时应保证每次重复都是在同等情况下进行，即实验时间、地点、条件、动物品系、批次、药品供应商、批号、实验动物等。质量不高的重复，不仅浪费人力和物力，有时还会导致错误的结论。

（六）对照性

对照是比较的基础，没有比较就没有鉴别。正确设置好实验对照可以达到事半功倍的效果。为消除外来变量或可能存在的未知变量的影响而设置对照动物。除了要研究的因素外，对照组的其他一切条件应与剂量组完全相同，这样才具有可比性。常用的对照包括阴性对照，假处理对照，阳性对照和自身对照。

随机、重复、对照是保证实验结果准确的三大要素。

二、动物试验设计方法

在实验设计时，可通过查阅参考文献或向实验动物专家进行咨询，选择合适的实验动物品种/品系。对一些新开展的研究项目，为避免不必要的浪费，可通过选择不同种类的实验动物先进行预试验，根据预试验的情况，最终来确定所使用的实验动物品种/品系。

（一）预试验

由于前期资料信息的缺乏或实验是否成功的不确定性，有些实验样本的大小是无法计算的。小规模预实验是为探索一个新的研究领域，确定不同的实验条件下对研究的变量。同时检查进行试验的必备条件。在正式实验前应充分重视预试验的重要性，它可大大提高实验的效率，避免盲目性。通过预试验建立并改进实验方法、选择最佳实验对象、条件及指标。通过预试验应对干扰实验的因素有明确的了解，尽可能提高实验的稳定性和灵敏性。

（二）剂量组设计

在进行动物实验时，除了要有阴性对照组和阳性对照组外，还要有剂量组。在药理学和毒理学的动物实验中，剂量设计是关键。剂量偏低难以显示药物疗效和毒性；剂量偏高易导致动物中毒。在剂量设计时，有以下几种方式。

1. 不同剂量法　可阐明剂量-效应关系，证明疗效确实由药物引起。还可避免因剂量选择不当而错误淘汰有价值的新药。一般采用 3~5 个剂量组，各剂量组可采用等差或等比级数。在进行重复给药毒性试验，至少应设 3 个给药剂量组，以及 1 个溶媒（或辅料）对照组，必要时设立空白对照组和（或）阳性对照组。在毒理学试验中，高剂量原则上使动物产生明显的毒性反应，低剂量原则上高于动物药效学试验的等效剂量并不使动物出现毒性反应，结合毒性作用机制和模式在高剂量和低剂量之间设立中剂量，以考察毒性反应剂量-反应关系。

2. 不同制剂法　将提取的各种有效组分、不同提取部分或不同方式提取的产物，同时进行药效对比，以了解哪种最为有效。

3. 不同组合法　用于分析药物间的相互作用，多采用正交设计法安排组合方式。有些药物或化合物千差万别，受试物各种各样，对具体药物进行认真而细心的预试，才是摸准剂量的关键。

（三）样本量设计

在实验设计中确定样本大小即每组动物数量是非常重要的，它既要满足科学研究有效性的要求，又要符合各国法律法规对使用动物数量的限制。在一些发达国家及我国的大部分科研单位，科研人员在申请项目时，必须给实验动物使用和管理委员会（IACUC）提供关于实验中动物使用数量的解释，以保证恰当的动物数量被应用。

近交系动物的绝大多数基因位点都应为纯合子，即同一近交系动物的基因型一致，遗传组成和遗传特性亦相同。由于近交系动物具有这样的特征，因此选用这种动物进行实验时，在相同的环境因素和实验条件下，可使用少量的近交系动物，获得具有统计意义的结果。

三、动物试验中观察指标的选择

实验指标是指在实验观察中用于反映研究对象中某些可被检测仪器或研究者感知的特征或现象标志。实验指标选择通常根据实验目的和内容选择指标。在确定实验观察指标时，要考虑选择指标的特异性、客观性、灵敏度、精确度、可行性和认可性。动物实验的一般观察指标包括：

（一）动物一般状态观察

包括动物外观体征、行为活动、摄食量、体重、眼科检查、腺体分泌、呼吸、粪便性状、体温、给药局部反应的观察和测量。

（二）血液学指标

血液学检查是最基本的血液检验项目。它检验的是血液的细胞部分。血液有三种不同功能的成分——红细胞，白细胞和血小板。通过观察数量变化及形态分布，判断疾病。主要项目包括红细胞计数、血红蛋白、红细胞比容、网织红细胞计数、白细胞计数及其分类、血小板计数、凝血酶原时间等。它的目的在于可以发现许多全身性疾病的早期迹象，诊断是否贫血、是否有病毒或细菌感染，是否有血液系统疾病，反应骨髓的造血功能等。

（三）血液生化指标

血液生物化学是研究血液进行的生物化学过程。血液生化检查的目的是了解机体各系统的生化代谢功能是否正常，以及疾病、药物对其的影响。主要包括：

1. 肝功能指标　谷丙转氨酶、谷草转氨酶、总胆红素、结合胆红素、非结合胆红素、碱性磷酸酶、总蛋白、白蛋白、白球比、γ-谷氨酰转移酶。
2. 肾功能指标　尿素氮、肌酐、尿酸、尿微量蛋白。
3. 血脂相关指标　总胆固醇、三酰甘油、高密度脂蛋白、低密度脂蛋白、载脂蛋白。
4. 电解质　钾离子浓度、氯离子浓度、钠离子浓度。
5. 血糖指标　空腹血糖、糖耐量、血清胰岛素水平、糖化血红蛋白。

（四）尿液分析指标

尿常规在动物临床上是不可忽视的一项初步检查，该项检查可协助诊断泌尿系统疾病和疗效观察。尿常规检查内容包括尿的颜色、透明度、酸碱度、红细胞、白细胞、上皮细胞、管型、蛋白质、比重及尿糖定性。不少肾脏病变早期就可以出现蛋白尿或者尿沉渣中有形成分。一旦发现尿异常，常是肾脏或尿路疾病的第一个指征。

（五）免疫学指标

免疫学检测是机体识别自体与异体抗原，对自身抗体形成天然免疫耐受，对异体抗原产生排斥作用的一种生理功能的检测。当进行动物试验时，很多药物均可影响动物的细胞免疫和体液免疫水平。

1. 细胞免疫　T 细胞是细胞免疫的主要细胞。细胞免疫检测的方法很多，可根据要达到的目的和条件适当选用。包括免疫细胞的数量检测和免疫细胞的功能检测。

2. 体液免疫　负责体液免疫的细胞是 B 细胞。病毒颗粒和细菌表面都带有不同的抗原，所以都能引起体液免疫。血清免疫球蛋白（Ig）的测定是检查体液免疫功能最常用的方法。

（六）行为学指标

药效学试验主要采用行为学试验研究对动物学习记忆功能的影响，学习、记忆试验方法的基础是条件反射，包括被动回避试验（跳台试验、避暗试验等）和主动回避试验（跑道回避、穿梭箱回避试验、辨识学习等）。

（七）影像学检测指标

1. 心电图　动物心电图与人体心电图在记录原理、方法、基本波形等方面无本质区别，但在具体记录方法、图形识别与判断及影响心电图波形的因素等许多方面与人体心电图有所不同，常用于心律失常、心肌缺血的诊断。

2. X 线成像（X-ray）　X 线具有穿透性，在动物各种不同组织结构时，它被吸收的程度不同，在荧屏或 X 线上就形成黑白对比不同的影像。动物实验时常使用 X 线进行动物骨骼、肺部的检查和血管造影。

3. 电脑断层扫描（CT）　其密度分辨率高，能更好地显示器官，可连续扫描若干层，可作冠状、矢状重建。CT 图像空间分辨力不如 X 线图像高，无法较强的分辨与正常组织密度相近的病变组织，对黏膜与肌肉，肠胃处病变容易出现漏诊的情况。

4. 超声成像　用于腹部器官、心脏和浅表器官等部位的检查。常使用 B 超检查。

（八）病理学检查

病理学为掌握疾病的本质、疾病的诊断、治疗和预防奠定科学的理论基础。病理学检查所提供的信息由于客观、直观、资料和结果可长期保存，对于评价动物模型的发病特点和药物的安全性是必不可少的。毒性靶器官的确定、病变性质的认识、病变程度和范围的大小以及病变是否可逆的判断等都离不开病理诊断。

1. 大体解剖　实验后对动物进行尸体解剖是动物实验中的重要方法。对死亡动物的外观、各组织器官的形状、大小、重量、质地、色泽、表面及切面的形态、与周围组织的关系等进行观察，以肉眼为主，必要时留取影像资料。在进行组织病理学检查前，一般要选择肝、肾、脑、肺、脾、心、睾丸等主要器官或者是毒性靶器官进行称重，计算器官系数。如果动物发生毒性反应，受损器官重量可以发生改变，器官系数也随之改变。

2. 显微镜下形态学观察　为探讨器官、组织或细胞所发生的疾病过程，采用某种病理形态学检查的方法，检查所发生的病变，探讨病变产生的原因、发病机制、病变的发生发展过程，用显微镜进一步检查病变。通过显微镜观察组织器官的形态改变，判断病理性改变，为疾病的诊断及预后提供依据。

3. 免疫组化　免疫组织化学技术是利用抗体与抗原的特异性结合来鉴定组织或细胞内某种物质，并利用酶作用于底物所产生的颜色反应或用发光物质来显示的一种技术。基本原理是抗原与抗体特异性结合，通过化学反应使标记抗体的显色剂显色来确定组织细胞内抗原，对其进行定位、定性及定量的研究。

第三节 影响动物实验的因素

动物实验是现代医学研究的常用方法，是进行教学、科研和医疗工作必不可少的重要手段和工具，也是医学研究者必须掌握的一项基本技能。在开始进行动物实验之前，应先了解有哪些因素能够干扰动物实验的结果。当我们充分了解了影响动物实验结果的各种干扰因素后，就可以采取有效的措施加以控制，以保证动物实验结果的准确性、可靠性和重复性。

一、动物方面的因素

（一）实验动物种属和品系对实验结果的影响

不同种属与品系的动物，不仅不同个体之间的基因型千差万别，表现型也同样参差不齐，因而各自具有不同的解剖、生理特点，这些不同的特点可以导致动物体内的药效学、药动学和毒性反应各不相同。熟悉并掌握这些种属与品系的差异，有助于获得理想的动物实验结果，否则可能导致整个实验的失败或谬误的结果。

（二）实验动物性别、年龄和体重等指标对实验结果的影响

不同性别动物对同一药物的反应差异较大，对各种刺激的反应也不完全相同。动物的解剖生理特点和反应性随年龄的增长而出现明显的改变，如胎儿、新生儿、幼儿、青年、壮年、老年等，其对致病因素、药物、毒物的反应也各不相同。实验动物年龄与体重基本上呈正比关系，但其体重的大小和饲养管理又有着密切的关系，进而对实验结果会产生影响。

（三）实验动物的健康状态对实验结果的影响

健康动物常常对药效或药物的毒副作用有比较强的耐受性，而处于疾病状态的实验动物的耐受性要差得多。健康动物对各种刺激的耐受性也比不健康或有疾病的动物强，所得到的实验结果比较稳定，具有较好的一致性和重现性。不同的实验动物常具有各自不同的易感病原体，在群体饲养的条件下极易造成疾病的暴发和流行，对实验研究产生严重的干扰和影响，甚至导致实验动物全部死亡的严重后果。

二、动物饲养环境和营养因素

（一）实验环境温度

实验常用的哺乳类实验动物大多属于恒温动物，机体自身具有体温调节功能，但这种温度调节的变动比较缓慢，在一定的温度范围和时间段内，动物机体有较好的适应环境温度变化的能力。但是，如果环境温度变化过于迅速和剧烈的话，动物机体难以快速适应，就会出现在新陈代谢、生殖机制、机体抵抗力、实验反应性等方面的改变，对实验动物体内的生理功能、生化反应过程等产生不良影响，进而影响动物实验的结果。

（二）实验环境的相对湿度

空气湿度的高低与动物的体温调节有着非常密切的关系，尤其是在高温情况下对其影响更为明显。在高温、高湿情况下，动物体表散热受到抑制，容易引起机体代谢紊乱；加之高温、高湿条件有利于病原微生物和寄生虫的生长与繁殖，极易引起垫料与饲料发生霉变，内外因素共同作用，导致动物机体的免疫功能下降，发病率增加。反之，在相对湿度低的情况下，动物散热量大，产热量增加，从而使摄食量和活动量增加而影响动物实验结果的准确性。湿度过低，还易导致室内灰尘飞扬，空气中变态反应原的含量随着湿度的下降而上升，对动物上呼吸道的刺激加强，同样可导致动物疾病的发生。一般动物饲养和实验环境的相对湿度应控制在40%~70%。

（三）实验环境的空气流速

实验动物大多饲养在窄小的笼具内，动物、垫料及动物排泄物混合于笼内，实验环境中空气流速的大小对实验动物的影响就比较大。空气流速过小，气体流通不良，动物缺氧，散热困难，室内有害气体浓度升高，污浊的空气还易造成呼吸道传染病的传播，使动物易于产生疾病。空气流速过大，可使动物体表散热量增加，同样影响实验结果的准确性。

（四）实验环境的空气洁净度

实验环境中空气清新是保证实验动物健康的必需条件之一，空气中氨的含量通常被作为衡量空气是否清洁的一个重要的质量指标。随着空气中氨含量的增多，动物可分别出现流泪、咳嗽、黏膜发炎、肺水肿、肺炎等，严重的甚至可导致动物死亡。污浊的空气不仅容易造成动物呼吸道传染病的传播，而且还容易使病原体和致病微生物大量滋生和繁殖，导致实验动物易于患病。

（五）实验环境的光照

光照包括光照亮度、波长和光照时间。光照亮度过强或过暗、光照时间过长或过短都会对动物产生不利的影响，光照亮度过强，还易引起某些雌性动物的吃仔现象和哺育不良。光照波长和灯光颜色也可影响动物的生理学特性。

（六）实验环境的噪声

舒缓、优美、动听的音乐可以使动物身心愉悦，有利于动物的繁殖和生长发育，而激烈、尖锐、嘈杂而持续性的噪声则会对动物的生理及心理状态产生不利甚至是有害的影响。人与动物听到的声音频率范围不同，受到噪声干扰的程度也会有较大的差异。噪声尤其是激烈、尖锐、持续性的噪声对动物的影响最大，不仅会妨碍动物的受孕、受精卵的着床，或者导致流产，甚至出现食仔现象，从而使动物的繁殖率下降，还会引起动物心跳、呼吸次数及血压增加，使动物产生烦躁不安，食欲减退或发生听源性痉挛，严重者可导致动物死亡。

（七）饲养密度

不同种属的实验动物所需笼具的面积和体积因饲养目的不同而有所差异。动物饲养笼具（或饲养室）内应有一定的活动面积，不能过分拥挤，否则会影响动物健康，对实验结果产生直接影响。实验动物年龄与体重基本上呈正比关系，但其体重的大小和饲养管理又有着密切的关系，密度增加可使群体生长和繁殖下降、对疾病和感染的抵抗力降低、动物的死亡率升高。

（八）动物饲料及营养

保证实验动物充足的营养供给是维持动物健康和提高动物实验结果准确性的重要因素。实验动物的生长、发育、繁殖、增强体质、抵抗外界有害刺激和防止疾病的发生以及一切生命活动无不依赖于饲料所提供的营养物质。实验动物对外界环境条件的变化极为敏感，动物的某些系统和器官，特别是消化系统的功能和形态是随着饲料的品种而变异的。此外，实验动物品种不同，对饲料中提供的各种营养物质的要求也不同，对其生长、发育和生理状况的影响也会有较大的差异。

（九）实验季节和昼夜

生存于自然环境中的生物体，与外界环境密切联系，环境的变化必然影响其生命活动，如明暗、温度等昼夜变化，寒暑交替及光周期的季节变化，生物机体的生命活动也会发生相应的周期性变化。药物的作用包括毒性反应及治疗作用也会受到这种节律性的影响而产生不同。因此，应选择人工控制温度、湿度、照明的动物设施内进行该类实验研究。

三、药物方面的因素

动物实验常作为药效学的重要实验项目，因此实验中给动物应用的药物不同、给药途径不同、给药剂量不同、给药次数不同等均可对动物实验的结果产生显著影响。中药制剂还因其所含成分复杂，在消化道被破坏或不吸收等因素的影响，可使实验结果出现较大差异。药物的化学结构与理化性质、用药剂量和药物剂型均可影响药物的吸收。

四、动物实验技术因素

（一）给药途径

药物经口服后，在胃特别是在小肠吸收，是预防、治疗胃肠疾病的最佳给药途径。药物还可通过皮下、肌内和静脉注射进入体内；直肠、阴道及乳管内注入，主要在用药局部发挥药物作用；皮肤用药主要发挥其局部作用；气体、挥发性药物的气体和气雾剂通过吸入进入体内。

（二）给药时间

许多药物在适当的时间应用，可以提高药效。例如，一般口服药物在空腹时给予吸收较快、也比较完全等。

（三）用药次数

用药次数完全取决于试验的需要，给药的间隔时间以能维持血液中有效的药物浓度为准。但过于频繁的口服给药，使动物胃排空时间延长，影响动物摄食，长期可导致动物营养不良。

（四）联合用药和药物的相互作用

两种作用相似的药物合用后药效增加称为协同作用；两种药物作用相反，合用后药效减弱或无效称为拮抗作用。如磺胺药与抗菌增效剂甲氧嘧啶配合使用，可增强其抗菌效果数倍。

（五）麻醉药、麻醉浓度或麻醉方法

动物实验中往往需要将动物麻醉后才能进行各种手术和实验。不同的手术要求、不同的实验目的、不同的动物种属或品系对麻醉药的要求是不同的。选择好适宜的麻醉药后，应用正确的麻醉浓度和麻醉方法就是顺利完成实验获得正确实验结果的良好保证。

（六）手术操作

动物实验中手术技巧即操作技术的熟练程度和手术方法是否得当，对能否获得正确可靠的实验结果具有至关重要的影响。

（七）注意事项

1. 给药剂量　为观察某种药物对动物的作用，给药剂量的准确与否非常重要。剂量太小，作用不明显，剂量太大，又可能导致动物中毒死亡。

2. 动物给药量　对于同一种动物，不同给药途径所给予的药量不同；对于同一种药物，不同种类的实验动物，一次给药的耐受量也不同。灌胃给予太多时易导致胃扩张，影响动物摄食。静脉给药剂量过多时易导致心力衰竭和肺水肿。

3. 动物取血量　动物一次性取血量过多，或取血间隔过密可导致短期内失血过多，均会对动物的健康产生不利影响，轻者会导致动物体重下降、贫血，重者可危及动物生命，影响实验数据的完整性。

第四节　动物实验数据的收集和整理

一、实验记录的撰写

将实验中涉及的各种数据尽可能详细地记录，不仅仅是动物实验的数据，还应包括所用试剂、实验环境条件等原始实验数据。记录的数据应有较高的精确度和准确度，同时为了便于以后的识别、归类和分析，可编制出用于记录原始实验数据的表格。每一阶段结束时，都要及时进行分析结果、整理数据，并画出必要的统计图表，做出结论，写出报告。实验记录一般包括以下内容。

1. 实验标本的条件　如动物的种类、来源、体重、性别、编号等。
2. 实验药物的情况　如药物的来源、批号、剂型、浓度、剂量及给药途径等。
3. 实验的环境条件　如实验日期、时间、温度、湿度等。
4. 实验进度、步骤及方法的详细记录。
5. 观察指标的变化情况　包括原始记录和相关描记图纸或照片。
6. 资料整理、数据统计分析及其结果。
7. 实验中存在的问题、改进措施、需要进一步探讨的问题。

二、实验记录的核对与处理

原始实验数据需要录入计算机进行备份保存，然后对录入的数据进行核查，以确保录入数据的准确性和真实性。在进行实验数据分析之前，需要将实验数据进行分类，方能选择正确的统计方法进行分析。最后根据数据分类情况确定使用对应的统计方法进行实验结果分析。

三、实验结果的统计分析

生物统计分析方法是通过对数据的科学分析从而排除误差，找出研究对象的内在联系以求获得正确的结论，在生物医学研究中具有不可替代的地位。统计方法的确定对实验结果的分析具有举足轻重的作用。

（一）t 检验

在计量资料的假设检验中，t 检验是最为简单、常用的方法。当样本量 n 较小时（如 $n<60$），理论上要求 t 检验的样本随机地取自正态分布的总体，两小样本均数比较时还要求两样本所对应的两总体方差相等，即方差齐性。

（二）F 检验

在进行科学研究时，有时要按照实验设计将所研究的对象分为多个处理组施加不同的干预，施加干预至少有两个水平。多个样本均数比较的方差分析其应用条件为：①各样本是相互独立的随机样本，均来自正态分布总体；②相互比较的各样本的总体方差相等，即具有方差齐性（homogeneity of variance）。

（三）χ^2 检验

此方法以 χ^2 分布为理论依据，可用于两个或多个率（构成比）间的比较、计数资料的关联度分析、拟合优度检验等。χ^2 分布是一种连续型分布，按分布的密度函数可给出不同自由度的一簇分布曲线。

四、实验报告的撰写

动物实验报告是对实验目的、内容、方法及实验结果的描述，是对实验的总结、评价材料。详实规范的报告是评估研究结果可靠性的必备条件。但在生命科学领域，特别是动物实验方面仍普遍存在严重的设计、执行和结果分析方面的缺陷，有大量研究报告难以被理解或者不能被重复，部分研究设计存在明显缺陷。

好的实验报告应包括以下内容：研究专题的名称及研究目的，研究机构和委托单位的名称，研究起止日期，供试品和对照品的名称、缩写名、代号、批号、稳定性、含量、浓度、纯度、组分及其他特性，实验动物的种、系、数量、年龄、性别、体重范围、来源、动物合格证号及发证单位、接收日期和饲养条件，动物饲料、饮水和垫料的种类、来源、批号和质量情况，供试品和对照品的给药途径、剂量、方法、频率和给药期限，供试品和对照品的剂量设计依据，影响研究可靠性和造成研究工作偏离试验方案的异常情况，各种指标检测的频率和方法，研究负责人和参加试验的人员姓名和承担的工作，分析数据所用的统计方法，实验结果分析和结论，原始资料和标本的保存地点。

五、实验报告的审核

动物实验报告是动物评定受试物有效性或安全性的主要依据，关系到药物能否进行临床实验的重要判断指标，因此实验报告要准确、清晰、明确、客观。实验报告的审查要点包括：

1. 实验操作是否符合有关 SOP 的要求。
2. 实验报告的内容是否与原始记录一致　包括实验动物、实验人员、受试物信息等。

3. 实验报告的数据和图表是否与原始数据一致　对原始数据中涉及数据处理的各个环节，包括纸质记录转换成电子数据，电子数据转换成可以进行统计处理的数据，数据转化成二次数据、三次数据等，数据经过统计处理产生的统计结果数据，数据最终转换为实验报告中的表格或图形数据。数据处理前后一致性进行的核查，以便评价最后的总结报告结果与原始记录的一致性。

4. 报告要做到内容完整，字迹清晰，数据准确。结论做到客观公正，准确简练。

（高　虹）

第五章

动物实验技术

伴随着其他科学的发展，实验动物的研究已经不仅限于生命科学方面，而是广泛地与许多领域科学实验研究紧紧地联系在一起，成为保证现代科学实验研究的一个必不可少的条件。熟练的动物实验操作技术和技巧，是顺利完成动物实验并取得准确、可靠结果的保证。围绕实验动物开展的相关领域技术研究，也成为全球范围内生物工程领域竞争的热点。本章详细介绍了实验动物的操作方法、行为学实验技术、外科手术操作等实验技术方法，同时对近年来在实验动物相关的基因工程技术、影像学技术以及疾病动物模型等研究领域的最新进展进行了综述和总结，旨在为从事动物实验相关人员提供系统的操作规范和理论知识。

第一节　实验动物操作方法

一、实验动物的抓取与固定

开展动物实验前需要事先了解实验动物习性，严格遵守实验动物标准操作规程，根据实验内容穿戴好防护用具，穿好工作服、避免惊吓动物，密切观注动物反应。

实验动物的抓取与固定是指使动物保持安静状态，体位相对固定，充分暴露操作部位，顺利地进行各项实验。正确地抓取固定动物是为了不损害动物健康，不影响观察指标，并防止被动物咬伤，保证试验顺利进行。抓取固定动物的方法依实验内容和动物种类而定。在抓取动物之前应了解各种动物的一般习性，实验过程中，宜小心仔细、大胆敏捷、忌粗暴。视频资料将详细介绍常用的实验动物抓取与固定的方法。

1. 小鼠抓取与保定　用手抓住鼠尾，从笼中提出，另一只手拇指和食指抓住小鼠双耳，小指固定鼠尾。如图 5-1 所示抓取小鼠。这类捉拿方法多用于灌胃或腹腔、皮下注射等。如果进行心脏采血、解剖、外科手术等实验时，就必须要固定小鼠。使小鼠呈仰卧位（必要时先进行麻醉），将小鼠固定在小鼠实验板上。如若不麻醉，则将小鼠放入保定架里，固定好保定架的封口。

2. 大鼠抓取与保定　如果进行灌胃、腹腔注射、肌肉和皮下注射时，可采用与小鼠相同的手法进行操作。或用示指和拇指固定大鼠下颚，中指、无名指和小指固定大鼠后肢和尾巴，见图 5-2。

大鼠尾静脉采血方法与小鼠相同，但应注意选择合适的大鼠保定架。麻醉后大鼠置于大鼠实验板上（仰卧位），固定好四肢，为防止苏醒时咬伤人和便于颈部实验操作，应用棉线将大鼠两上门齿固定于实验板上。

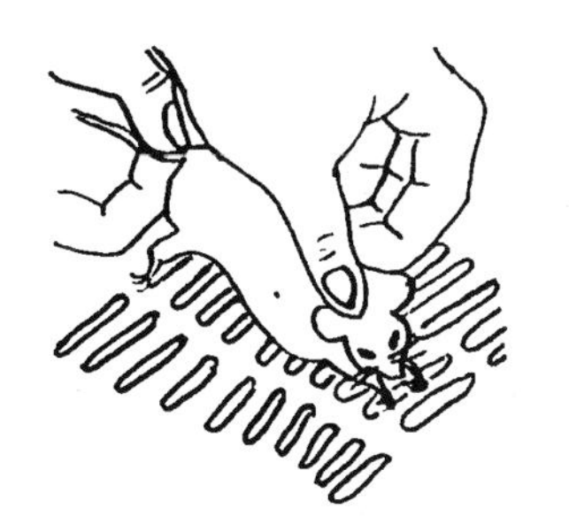

图 5-1 小鼠抓取方法

图 5-2 大鼠抓取方法

3. 兔的捉拿与保定 一只手抓住兔耳部、颈背部毛皮提起，用另一只手托住兔臀部使其体重主要落在这只手上，见图 5-3。避免兔挣扎时抓伤操作人员，同时注意不能只提兔双耳或双后腿，也不能仅抓腰、提背部皮毛，以避免造成耳、肾、颈椎的损伤或皮下出血。麻醉后的兔的保定一般采用盒式保定架或台式保定架，这类保定方法适用于采血、注射、外科手术等。

图 5-3 兔抓取方法

4. 犬的捉拿与保定 犬的捉拿与保定方法较多。未经训练和调教的犬性情凶恶，为防止在保定时被其咬伤，应对其头部进行保定。捉拿犬时可用铁钳固定犬的颈部，用绷带打一个猪蹄扣，套在鼻面部，使绷带两端位于下颌处并向后引至颈部打结固定，见图 5-4。将麻醉犬固定在手术台，四肢绑上绳。前肢的两条绳在犬背后交叉，然后将对侧前肢压在绳下面，再将绳拉紧，缚在手术台边缘楔子上。头部用背夹或绳扎其颌骨固定之。

图 5-4 犬口的布带固定

二、动物标记

实验动物常需要标记以示区别。标记方法目前常用的标记编号方法有染色法、耳孔法、挂牌法等。此外，还有文身法、剪趾编号法、剪尾编号法、被毛剪号法、笼具编号法等，根据动物的种类数量和观察时间长短等因素来选择合适的标记方法。

表 5-1 实验动物标记方法

标记名称	常用标记物	标记部位	适用范围	不适用或缺点
染色法	染料：中性红、品红、甲紫等，动物记号笔	被毛、四肢、尾部、头部等处，避开口周	适用于实验周期短实验	不适用于实验周期长的实验；对于哺乳期的子畜也不适合
耳孔法	打孔机或剪刀	动物耳部直接打孔或剪出缺口	啮齿类、兔等多用此方法进行标记	需要适应期
剪趾编号法	剪断脚趾	动物前肢和后肢脚趾	多用于啮齿类尤其是转基因小鼠或大鼠，多在出生 14 日内进行	不适用于成年啮齿类动物
挂牌法	编好号码的金属牌（不生锈、刺激小的材料）	固定在实验动物的耳部或通过项圈固定在动物颈部	适用于猫、犬、猴等体形较大动物的编号	缺点是使动物感到不适

续 表

标记名称	常用标记物	标记部位	适用范围	不适用或缺点
芯片法	预先编好号码的微型集成电路片，用特种读取数据的装置进行鉴别，方便读取	动物的颈背部皮下埋入	这种材料可用在小鼠、大鼠、豚鼠、家兔、雪貂等多种实验动物身上，一旦动物植入过电子芯片，芯片可以一直被识别，不会丢失和改变	动物需要提前麻醉，植入后需要稳定期
文身法	电动加墨器	实验动物耳内侧无血管的部位或前胸被毛较少的部位印上墨汁	适用范围广，优点是可终身标记	标记前动物应进行麻醉

三、动物给药

在动物实验中，为了观察药物对机体功能、代谢及形态引起的变化，常需将药物注入动物体内。应根据实验目的、实验动物种类和药物剂型等情况确定动物的给药途径和方法。

实验动物的给药途径很多，大体分为注射给药、消化道给药、呼吸道给药和局部给药。注射给药方法又包括静脉注射、腹腔注射、肌内注射、皮下注射、皮内注射等方法；消化道给药方法包括经口、经肠给药；局部给药部位包括眼、耳、鼻、阴道、皮肤等。例如，受试药物为口服药物，在实验动物评价其有效性会选择相同的给药方式，以灌胃方式给药。小鼠、大鼠（或豚鼠）灌胃时固定动物头部，用特殊灌胃针灌入药物。狗、兔、猫、猴等灌胃时，先固定动物头部借助扩口器完成灌胃。

在实验动物操作中需要特别注意，同一种动物给药途径不同，给药量不同；同一种药物，不同实验动物一次给药的耐受量也不同。灌胃给药量太大易导致胃扩张，静脉给药剂量过多易导致心力衰竭和肺水肿。小鼠、犬等实验动物灌胃和静脉给药最大耐受量有显著差异，具体参见《实验动物与动物实验》。

四、麻醉方法

在实验操作或手术过程中，为减轻实验动物的疼痛和方便实验操作，需要给予止痛或麻醉。疼痛严重影响实验结果，所以正确使用麻醉剂或止痛剂对实验动物来说，既是动物福利的要求，也是科学研究的需要。麻醉根据麻醉范围可分为局部麻醉和全身麻醉，按麻醉方式可分为注射麻醉和呼吸麻醉。需根据动物的种类和实验手术的要求加以选择。

进行动物实验多采用全身麻醉，例如，小鼠、猫、兔、狗等，大动物手术常采用局部麻醉，例如，牛，马，羊等。局部麻醉常用的药物是普鲁卡因或利多卡因。普鲁卡因常用于局部浸润麻醉。利多卡因，此药见效快，组织穿透性好，常作为大动物神经干阻滞麻醉，也可作为局部浸润麻醉。

全身注射麻醉常用的方式有腹腔内注射、肌内注射、静脉注射、吸入麻醉。啮齿类动物、猫、犬、猴等，都可采用吸入麻醉，起效较快，易于控制动物苏醒，不易发生麻醉意外。兔耳缘静脉明显，且温顺，不需绑定即可进行静脉注射麻醉。对于猴、猫、犬、猪等体型稍大不易操控的动物，可先通过肌内注射速眠新或兽用氯胺酮等，待其动物肌肉松弛、不具有反抗力时，再视麻醉程度和实验需要，对其进行静脉麻醉，犬、猫一般通过后肢的小隐静脉注射，猪一般通过耳缘静脉注射。

在注射麻醉药物时，先用麻醉药总量的2/3，密切观察动物生命体征的变化，如已达到所需麻醉的程度，余下的麻醉药则不需再用，避免麻醉过深，抑制延髓呼吸中枢，导致动物死亡。

（鲍琳琳）

第二节　基因工程技术

近代生物医药研究的进步离不开人类疾病动物模型的支撑作用。建立人类疾病动物模型的方法包括自发疾病动物模型，诱发动物疾病动物模型和基因工程动物模型。基因工程动物模型操作性强，能够较特异性的实现基因的高表达、低表达以及不表达，较诱发动物疾病模型具有更好的研究可重复性，并能够在动物整体水平上观察基因的生物学功能。因此，基因工程动物模型比其余两种建立人类疾病模型的方法更具有优点。

从1974年Jaenisch等通过显微注射的方式将猿猴病毒40（SV40）注入小鼠囊胚腔，成功获得部分组织含有SV40 DNA的嵌合体小鼠。到目前，越来越多的基因工程技术发展并应用于建立基因工程动物模型，使得越来越丰富的基因工程动物模型资源可供选择。

建立基因工程动物模型的技术包括传统的转基因、基因打靶、基因沉默以及一些新发展并流行起来的基因组编辑技术，如锌指核酶（zinc finger ucleases，ZFNs）技术，转录激活样因子核酶（transcription activator-like effector nucleases，TALENs）技术以及CRISPR/Cas9［clustered regularly interspaced short palindromic repeats/CRISPR-associated（Cas）protein 9］技术等。这些基因修饰技术的不断发展，使得我们能够更加精细的调控基因的表达，并使得操作基因组DNA建立疾病动物模型的时间和成本不断缩短。

本节将对这些用于建立动物疾病模型的基因工程技术以及应用范围和特点等进行简要介绍。

一、显微操作技术

显微操作技术（micromanipulation technique）是指在高倍显微镜下，利用显微操作器进行细胞或早期胚胎操作的一种方法。显微操作包括显微注射、细胞核移植、嵌合体技术、胚胎移植以及显微切割等。在显微镜下，利用玻璃毛细管拉成的细针，把细胞器、细胞核、异种精子、微量外源物质等注射到靶细胞中的显微操作技术。

将外源或者人工修饰的遗传物质导入植物基因组并稳定表达，可以实现特定基因片段的高表达，可以使重组生物增加人们所期望的新性状，培育出新品种。在医学领域中有价值的生物活性蛋白基因导入家畜或家禽的受精卵，在发育成的转基因动物体液或血液、乳、尿、腹腔积液中收获基因产物，便可获得大量有价值的生物活性蛋白。如 1994 年芬兰培育出植入了人促红细胞生成素基因的转基因牛，人促红细胞生成素能刺激红细胞生成，是治疗贫血的良药。利用核移植技术可以克隆、繁殖、保护濒危动物，例如，克隆羊就是运用细胞核移植技术而成功的。利用囊胚注射可以制备基因敲除、敲入、人源化动物模型。利用单精子注射技术常用于保护、维持生育繁殖有问题的特殊实验动物品系。

（一）原核注射（pronuclear microinjection）

利用显微注射针，将人工修饰的外源遗传物质直接注射到受精卵中，借助宿主细胞内可能发生的重组、缺失、复制或易位等现象而使外源 DNA 嵌入宿主染色体内，产生重组的转基因细胞（胚胎）。

显微注射技术是建立基因工程和胚胎工程等研究必备的显微操作技术。微量注射针的性状是显微注射成败的关键之一。显微注射所用的玻璃微量注射针，分为固定于显微操作仪的持针管和注射针尖两部分。注射针尖极细，直径一般在 0.1~5.0 μm，便于插入活体细胞内或是细胞核内。这种显微注射技术，需有精密的显微操作设备，制造长管尖时，需用微量吸管拉长器，注射时需有固定管尖位置的微量操作器。已成功应用于包括小鼠、大鼠、猪、牛、羊、兔、鱼、猴等转基因动物的制作。显微注射仪系统及相关仪器设备，见图 5-5。

（二）核移植（nuclear transfer）

核移植技术是遗传学和胚胎学研究的重要实验技术。核移植技术包括卵母细胞核移植和体细胞核移植。是把一个供体细胞核移入一个去核的受体卵母细胞内，并使之发育的过程。供体的细胞核不是来自卵母细胞，而是同种（或异种）动物的体细胞，当它的细胞核被成功移植入一个去核卵母细胞并重组之后，可以继续生长、繁殖称为体细胞克隆。经克隆胚胎移植生产的后代称为克隆动物。如 1996 年 7 月，英国科学家伊恩·维尔穆特博士用一个成年羊的体细胞成功的克隆出了一只小羊。核移植技术主要是研究供体核在异种动物胞质内的重塑和再程序化过程以及种间核移植胚胎的发育潜力，进而阐明核质相互作用规律、细胞结构变化、细胞核发育程序重编和细胞核基因表达等，探索细胞核在异种动物卵母细胞分化的潜能性。目前，科学家们已经先后在绵羊、小鼠、牛、猪、山羊等动物上获得胚胎细胞核移植后代，体细胞克隆也在牛、山羊、小鼠等物种上均获得了成功。

（三）囊胚注射（blastocyst inject）

利用显微注射技术，把一些外源胚胎干细胞（ESCs）注入一个发育到囊胚阶段胚胎的囊胚腔内，这些外源干细胞和内源内细胞团嵌合发育，形成一个完整的嵌合体胚胎，这个嵌合胚胎继续发育，并被移植到代孕母体，可生产出具有两个亲本性状的嵌合体动物，含有两个亲本来源的基因组，为四倍体。嵌合体动物的制作是判定胚胎干细胞系是否具有种系分化能力的重要方法，其在建立胚胎干细胞系、iPS 细胞的多潜能分化研究中发挥重要作用。囊胚注射也是传统的基因打靶、获

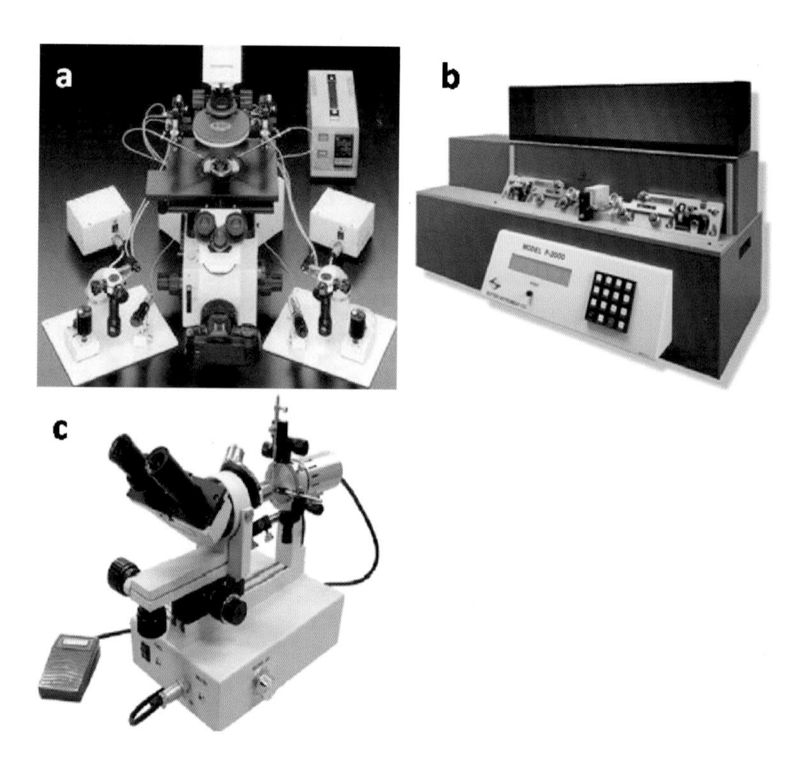

图 5-5 显微注射仪系统及相关仪器设备

注：a. 显微注射仪；b. 拉针仪；c. 磨针器

得基因、基因敲入、基因敲除等基因修饰动物模型的关键环节，在建立基因打靶小鼠模型过程中发挥过重要作用。iPS 细胞的全能性产生嵌合体小鼠，见图 5-6。

图 5-6 iPS 细胞的全能性产生嵌合体小鼠

（四）单精注射（intra-cytoplasmic sperm injection，ICSI）

单精注射是指利用显微注射技术把一个单独的精子注射到受体成熟卵母细胞（MⅡ期）细胞质内的技术。用于显微注射的精子是断尾精子；也可以是取自睾丸未发育成熟的，但拥有全套染色体的圆形精母细胞；或者是经过冷冻保存后解冻的精子。单精注射可以用于挽救一些濒临灭亡或没法进行体外受精的基因工程动物模型品系。

二、胚胎移植

胚胎移植（embryo implantation）又称受精卵移植，体外受精或其他方式获得的受精卵，通过人工方法，移植到另一个同种的生理状态相同的雌性动物输卵管或子宫内的技术。接受胚胎移植的受体应该是适于生育年龄、健康的雌性同种动物，并且处于与供体相同的生理状态。

胚胎移植是现代化人工辅助生殖技术的重要部分。用于移植的胚胎，可以是从供体动物输卵管直接采集得到的新鲜胚胎，或是采集来自供体动物卵巢的成熟或未成熟卵母细胞，体外培养发育成熟，并通过体外受精（in vitro fertilization，IVF）获得的胚胎，也可以是冷冻复苏的用于动物保种的胚胎。

在医学领域，体外受精和胚胎移植是所谓“试管婴儿”技术的一个极其重要组成部分。胚胎移植可以解决多种不孕不育问题，如妇女因输卵管堵塞而引起的不育。在农业领域，采用激素催情和胚胎移植可加速优良家畜的繁殖，一定时间内产生更多的后代。在科学研究领域中，胚胎移植作为基因改造动物的一个重要环节，在实现转基因动物、基因敲除动物、克隆动物的制备中发挥着重要作用。

英国人 Walthen Heape 于 1890 年首先完成了第一例兔的胚胎移植，并成功产子。20 世纪 30 年代以后，兔、大鼠和小鼠的胚胎移植技术逐渐成熟。20 世纪 60 年代以后，伴随着胚胎体外培养、冷冻-复苏、显微外科操作和移植技术的发展以及超数排卵技术的进步，使得胚胎移植技术进入了实用阶段。

20 世纪 60 年代初至 20 世纪 80 年代中期，人们以家兔、小鼠和大鼠等作为实验对象，进行了大量研究，在精子获能机制和方法方面取得了重大进展，并推动了体外受精技术的前进。1968 年小鼠 IVF 成功，1974 年大鼠 IVF 成功，1978 年医学家 Patrick Steptoe 和生理学家 Robert Edwards 的合作下，人类的第一个试管婴儿 Louise Brown 诞生。随后，牛、山羊、绵羊和猪等大动物也相继出生。Robert Edwards 由于在试管婴儿方面的杰出贡献，于 2010 年获得诺贝尔生理学或医学奖。

胚胎移植可以在胚胎发育的不同阶段进行，根据胚胎发育阶段来选择移植的部位，可分为输卵管子宫移植。包括卵管移植、子宫内胚胎移植等。除了人为因素之外，各种动物的种类、实验动物的不同品种以及胚胎移植输入的时间、部位、输入胚胎的数量等，均是手术成功的重要因素，如小鼠 2-细胞期的胚胎，应在超排后 14~16 个小时采集胚胎，然后立即移入发情生理期同步的代孕母体输卵管内，输入部位于喇叭口或近壶腹部切口处。8-细胞期胚胎、桑葚胚或早期囊胚则应在受体小鼠假孕 38~40 个小时后，植入输卵管和子宫角连接的部位，桑葚胚移植成功率较高。大动物多采取子宫部位移植。例如，牛则采用发情期第 7 天，由子宫直接冲洗出未着床的桑葚胚，然后立即输入到同步发情的受体子宫内。对人类的试管婴儿而言，常用的移植时间是在胚胎受精后 3 天，子宫体内输入 8-细胞期胚胎；而达到桑葚胚期，需要 5~6 天后移植。胚胎移植的数量也因动物种类不同而异。例如，某些一胎多仔的动物，一次可输入20~25枚胚胎。而单胎生动物为提高成功率，一次可收输入3~5枚胚胎。

三、转基因动物制作

遗传物质的本质是DNA，而位于染色体上有遗传效应的DNA片段称为基因，对于储存全部遗传信息全部个体的DNA，称为基因组。如果一段遗传物质不是来源于生物体本身，那么这段有功能的DNA序列就称为外源基因，当把外源基因整合进入基因组DNA，并能随生物体基因组DNA复制，这个生物体称为转基因动物（transgenic animal）。

转基因动物是基于显微注射技术和胚胎移植技术的发展而产生的。1974年，Rudolf Jaenisch通过将SV40病毒的DNA注射到小鼠的囊胚中，创造了第一只携带外源基因的小鼠。随后研究人员把Murine leukemia病毒注射到小鼠胚胎得到了能通过生殖系统稳定遗传的小鼠，并且外源基因能在后代中稳定表达。

除了经典的以显微注射技术为基础的转基因技术之外，反转录病毒介导的转基因技术和细胞核移植技术与动物克隆技术结合，并形成了多种鱼类、鸟类和哺乳类转基因动物。转基因动物制作包括显微注射介导的转基因动物制作、反转录病毒介导的转基因动物制作、细胞核移植技术与动物克隆技术结合的转基因动物制作等内容。

（一）显微注射技术介导的转基因动物制作

利用显微注射的方式将外源基因导入动物的受精卵中，产生能够表达外源基因并能够稳定传代的动物。这种方式产生的转基因动物具有方法稳定、遗传稳定等特点。利用显微注射方式建立转基因动物，包括以下几个方面。

1. 转基因载体构建　构建一个包括启动子、完整的靶基因序列、3′非编码区和RNA加尾信号在内的完整表达框的质粒或包括各种调节元件的完整基因片段。

2. 受精卵的获取　利用孕马血清促性腺激素（Gn）和人绒毛膜促性腺激素（HCG）对性成熟的动物进行超数排卵处理，获得更多受精卵。

3. 显微注射　将建立的转基因载体利用限制性内切酶进行线性化，纯化后的DNA通过显微注射方式注射进入受精卵中。显微注射的最佳时机是受精卵中来源于卵子的雌原核与来源于精子的雄原核融合之前，利用显微注射仪，将纯化和定量后的转基因载体DNA注射到雄原核内，转基因载体DNA会随机地插入到基因组中，成为基因组的一部分。

4. 胚胎移植　雌性动物通过与输精管结扎过的雄性动物交配，或经过激素处理，使雌性动物处于可怀孕状态，但是没有自然排出的受精卵在子宫着床，称之为假孕，将显微注射过的受精卵移植到假孕动物的输卵管或子宫内，即可怀孕并产生可能携带外源基因的转基因动物。图5-7是建立转基因小鼠制备流程示意图。

（二）反转录病毒介导的转基因动物制作

反转录病毒的一个特点是感染细胞后，病毒RNA在细胞中反转录成DNA，再转运到细胞核内整合到细胞的基因组中，成为基因组的一部分，通过基因工程将逆转录病毒进行改造，去除病毒致病的危险部分，保留整合到细胞基因组的能力，并可以携带一定长度的外源基因片段，即可形成转

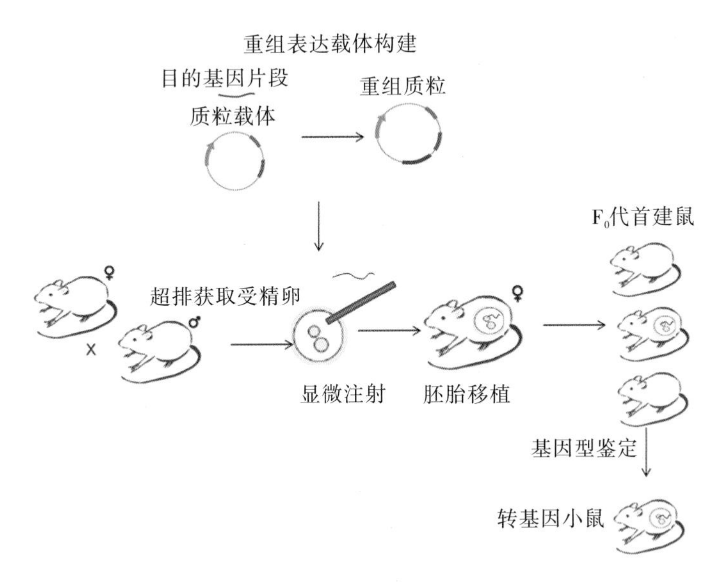

图 5-7 转基因小鼠制备流程示意图

基因载体。经过包装形成有感染能力的病毒颗粒，感染着床前的囊胚，通过胚胎移植技术，将感染过的囊胚移植到假孕动物的子宫内，即可怀孕并产生一部分转基因动物。在反转录病毒介导的转基因动物中，不是100%的细胞都有转入的基因，只有整合到生殖细胞的个体才可以遗传给下一代。

（三）精子载体介导的转基因动物制作

精子和外源的 DNA 在一定条件下混合培养，外源的 DNA 可以直接进入精子的头部，再通过受精将此 DNA 导入胚胎和动物体内。外源 DNA 导入精子的方法有精子和外源的 DNA 共育、电穿孔法转化、脂质体转染法等可以实现载体介导的转基因动物制备。

（四）细胞核移植与动物克隆技术结合的转基因动物制作

不同发育阶段的胚胎细胞、一些体细胞、甚至细胞系的细胞核具备发育成有生殖能力成体动物的能力。将这些细胞的细胞核移植到去核的卵细胞内，这种核移植技术能够发展为转基因动物的制备方法。外源基因可以通过转染的方式整合到细胞的基因组中，形成稳定表达外源基因的稳定细胞系。将转基因的细胞核移植到去核的卵细胞内，培养、繁殖到一定细胞，可以移植到假孕动物的输卵管或子宫内，即可怀孕并产生转基因动物。

四、基因打靶动物模型制作

基因敲除动物指利用基因工程技术将外源基因导入细胞，利用外源基因和生物体基因组的同源序列，结合生物体的同源重组（homologous recombination）修复途径，能够实现特定位点的外源基因的插入或替换，造成基因表达的缺失或改变，称为基因打靶动物（gene knockout animal）。

基因敲除技术的发展，主要得益于胚胎干细胞培养技术和基因打靶（gene targeting）技术的成熟。胚胎干细胞（embryonic stem cell，ES 细胞）是多潜能干细胞，20 世纪 80 年代初，由 Martin J.

Evans 等首先从小鼠囊胚获得并建系。小鼠 ES 细胞系的建成，使基因打靶技术在建立基因敲除小鼠模型应用于实验室研究提供了基础。由于 ES 细胞培养技术和基因敲除技术对生命科学研究的巨大贡献，由美国科学家 Mario R. Capecchi、Oliver Smithies 和英国科学家 Martin J. Evans 等三位科学家分享了 2007 年的诺贝尔生理学或医学奖。

（一）ES 细胞介导的基因打靶

ES 细胞成功建系后，可以利用电转、磷酸钙或核转移等方式对 ES 细胞基因组导入外源载体，结合同源重组技术，能够实现 ES 细胞水平特定基因的修饰。随后基因修饰过的 ES 细胞能够有效地通过囊胚注射的方式获得嵌合体动物，进而获得基因修饰过的动物模型。ES 细胞介导的基因修饰，涉及以下几个方面的内容。

（1）构建基因打靶载体。

（2）将基因打靶载体通过一定的方式（常用电穿孔法）导入同源的胚胎干细胞中，使外源 DNA 与胚胎干细胞基因组中相应部分发生同源重组，将打靶载体中的 DNA 序列整合到内源基因组中，从而造成该基因表达的缺失或关闭，同时表达筛选标志基因。

（3）筛选发生同源重组的 ES 细胞阳性克隆，通过显微注射或者胚胎凝集的方法将经过遗传修饰的 ES 细胞引入受体胚胎内制作嵌合体小鼠（chimeric mouse），来源于两种以上动物的 ES 细胞，混合后发育形成一个动物个体，而来源于不同动物的干细胞在形成个体的不同组织中保持各自的性状，称之为嵌合体动物（chimeric animal）。如果经过基因打靶的 ES 细胞在引入受体胚胎后，参与嵌合体动物的生殖细胞形成，在繁育子代中就会有部分基因打靶过的动物产生。利用打靶技术可以用新基因或突变基因替换基因组中已有的基因，形成在已有基因的启动子下表达新基因或突变基因的变异物种，称之为基因敲入动物。

（二）条件性基因打靶（conditional gene target）

许多基因是成体器官发育过程中的重要功能基因，如肿瘤抑制基因 Brca1、Brca2、Dpc4/Smad4 等，基因敲除后往往导致小鼠胚胎早期死亡，通过基因打靶的方式获得的基因敲除动物难以研究其在不同组织中的功能。在特定的时间和空间，能够在特定的发育阶段和特定的组织细胞中开启或关闭这些基因的表达，称为条件性基因打靶。

条件性基因打靶是指将某个基因的修饰限制于小鼠某些特定类型的细胞或发育的某一特定阶段的一种特殊的基因修饰方法。来自噬菌体的 Cre/loxP 系统和来自酵母的 Flp/Frt 系统，是用于建立条件性敲除动物模型的最常用手段。利用 Cre/loxP 和 Flp/Frt 系统，可以研究特定组织器官或特定细胞基因功能。利用同源重组的方式可以实现特定基因进行 loxP 标记，这种被 loxP 标记的小鼠称为“floxed”小鼠。通过将基因“floxed”小鼠与组织或细胞特异性表达 Cre 鼠工具杂交，能够在特定的细胞或组织敲除特定的基因，建立条件敲除小鼠。

这种条件性敲除小鼠能够使小鼠的基因敲除或修饰控制在一定的时间和空间范围状态，可研究具有致死效应的基因在特定组织细胞或个体发育特定阶段的功能。其次，通过条件性基因激活，可实现转基因的可控制性表达。第三，通过 Cre 切除条件性基因修复进行基因的可修复性敲除，可研究一个基因的多种功能。

为了达到在时空上调节基因打靶的目的，研究者将 Cre 基因置于配体或药物可诱导的启动子控制下，控制 Cre 表达。根据所用诱导剂的种类，诱导性基因打靶可分为四环素诱导型、干扰素诱导型（二者所用诱导剂为控制 Cre 基因表达的启动子活性的活化物）和激素诱导型（所用诱导剂为 Cre 酶活性的激活物）等几种类型。而对由病毒或配体/DNA 等载体介导的 Cre 定位表达系统来说，如果其 Cre 基因的表达或其目的产物 Cre 酶活性并不需要诱导剂的存在，那么严格说来它并不属于诱导性基因打靶的范畴。反之，则不失为一种不错的诱导性基因打靶策略。以 Cre/loxP 系统介导的位点特异性重组为基础的诱导性基因打靶术的确有其优势：①诱导基因突变的时间可人为控制；②可避免因基因突变造成的致死问题；③在两个 loxP 位点之间的重组率较高；④如用病毒或配体/DNA 复合物等基因转移系统来介导 Cre 的表达，则可省去建立携带 Cre 的转基因动物的过程。如果在 Cre-ERT 和 Ad-Cre 表达系统中采用组织细胞特异的启动子来控制 Cre 的表达，其诱导的基因重组的组织细胞特异性还可进一步提高。

利用 Cre/loxP 系统，研究者可以在不同时空阶段调控基因的表达，按预期设计研究基因的组织特异性功能。然而，由于目前组织特异性表达 Cre 重组酶的转基因小鼠还十分有限，难以满足人们对基因功能更加精细研究的需求。对 Cre 转基因表达的精确控制还依赖于更多组织特异性标志基因的发现以及人工调控基因表达系统的进一步研究。

（三）新型基因组编辑技术

小鼠的 ES 细胞培养技术相对成熟，在过去想在模式生物中进行复杂的基因组修饰，几乎只能选择小鼠。首先，这就需要复杂和打靶载体，ES 细胞克隆的筛选过程，以及 ES 细胞囊胚注射，建立嵌合体小鼠，接着还要设计嵌合体的种系传代问题、纯合子筛选过程。在许多情况下可能由于基因原因，也可能由于 ES 的培养和操作问题，会造成 ES 细胞不能有效的整合到生殖细胞内，不能有效传代。

最近出现的新工具让研究人员能够在几乎任何物种中实现精确的修饰，这些新功能多利用一些能够识别特异性 DNA 序列的核酸酶，造成 DNA 双链断裂，在细胞自身修复的过程中产生突变来产生基因打靶动物，这些技术称为基因组编辑技术，主要包括锌指核糖核酸酶（ZFNs）技术，转录激活因子样效应物核酸酶（TALEN）技术和成簇规律间隔短回文重复及相关蛋白（CRISPR/Cas）技术。这些技术已经成功应用于小鼠、大鼠、猪、牛、羊、猴等多种动物的基因修饰。与传统的基因打靶技术相比，具有如下优点。

（1）不需要胚胎干细胞，适用的物种十分广泛，从原核生物到高等动物以及人都能够有效进行基因组修饰。

（2）可用于体细胞基因敲除（体内、外体细胞基因敲除或敲入）。

（3）时间更短（不需要经过 ES 细胞筛选、嵌合体形成过程，通过原核注射或核移植技术能够有效实现基因组编辑过程）。

1. 锌指核糖核酸酶（ZFNs）技术　锌指核糖核酸酶（ZFNs），由一个 DNA 识别域和一个非特异性核酸内切酶 Fok I 构成。DNA 识别域是由一系列 Cys2-His2 锌指蛋白（zinc-fingers）串联组成（一般 3~4 个），每个锌指蛋白特异识别一个三联体碱基。锌指结构来源于转录调控因子家族（transcription factor family），这类调控因子广泛存在于从酵母到人类的真核生物中，形成 alpha-beta-beta 二级结构，其中 alpha 螺旋的 16 氨基酸残基决定锌指的 DNA 结合特异性。

现已公布的具有高特异性的锌指蛋白可以识别所有的 GNN 和 ANN 以及部分 CNN 和 TNN 三联体。多个锌指蛋白可以串联起来形成一个锌指蛋白组识别一段特异的碱基序列，具有很强的特异性和可塑性，适合于设计 ZFNs。与锌指蛋白组相连的 Fok I 是一种非特异性核酸内切酶，能够通过形成二聚体的方式非特异性切割 DNA。ZFNs 的 DNA 识别和结构示意图，见图 5-8 所示。

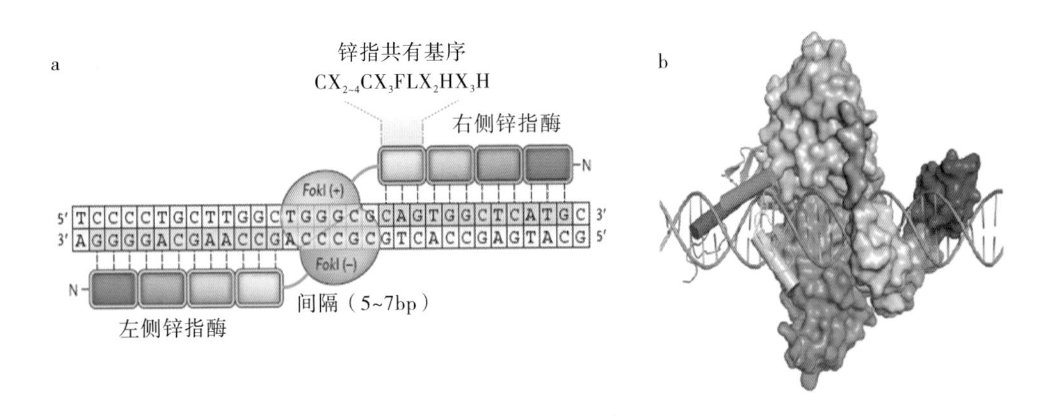

图 5-8　ZFNs 结构示意图

注：a. ZFNs 识别 DNA 的结构示意图；b. ZFNs 识别 DNA 的计算机模拟计算图

2. 转录激活因子样效应物核酸酶（TALENs）技术　与 ZFNs 类似，转录激活因子样效应物核酸酶（transcription activator-like effector nucleases，TALENs）是来源于黄单孢菌属（xanthomonas）的转录激活样效应因子融合 Fok I 内切酶形成。利用 TALEs 的 DNA 结合特性和 Fork I 内切酶活性，形成既具有特定 DNA 序列结合又有用于内切酶的 DNA 剪切活性。TALEs 由 33~35 个氨基酸重复组成，这种重复的第 12 和第 13 是可变氨基酸能够特异性的识别一个碱基，这个称为重复的可变碱基（repeat variable diresidues，RVDs）。四个不同的 RVDs，称为 Asn-Asn，Asn-Ile，His-Asp 和 Asn-Gly 分别识别 G，A，C 和 T 四个碱基。理论上，TALENs 能够识别任何靶点，用于基因组编辑。TALENs 的 DNA 识别和结构示意图，见图 5-9。

3. CRISPR/Cas 技术　成簇规律间隔回文短重复序列（CRISPR）是细菌和古细菌的一种适应性免疫系统，为防御外源的病毒或质粒入侵提供一种保护机制。CRISPR 邻近位置通常会存在一些 Cas 基因（CRISPR- associated genes）。CRISPR 和 Cas 共同组成 CRISPR/Cas 系统，功能包括外源核酸物质剪切、核酸复制子的分隔、DNA 修复以及染色体重排等，基于此，CRISPR/Cas 系统逐渐发展为一种基因工程工具，开始应用于细菌、斑马鱼、小鼠以及各种哺乳动物细胞等的基因组 DNA 编辑研究。

CRISPR/Cas 系统组要分为 Ⅰ、Ⅱ、Ⅲ 型。通常 CRISPR 排列是由重复（repeat）序列和间隔（spacer）序列交叉排列，重复序列的大小为 24~47 bp，间隔序列大小为 26~72 bp，重复序列的数量也从 2 个到 249 个不等。CRISPR/Cas 系统的另一重要组成部分 Cas 蛋白，通常包含外切核酸酶、内切核酸酶、螺旋酶、聚合酶以及 DNA 结合结构域在内的多种功能结构域，这些结构域多在 CRISPR/Cas 系统介导的遗传物质修饰的不同阶段中发挥作用。

CRISPR/Cas 系统在防御噬菌体入侵和质粒等外源核酸物质的进入提供免疫反应时，需要存在靶点 DNA，以及与 spacer 来源的 crRNA 互补的原间隔序列和一个位于原间隔下游的保守序列-原间隔邻近基序（protospacer adjacent motif，PAM）。CRISPR/Cas 系统的适应性免疫机制适应性阶段、

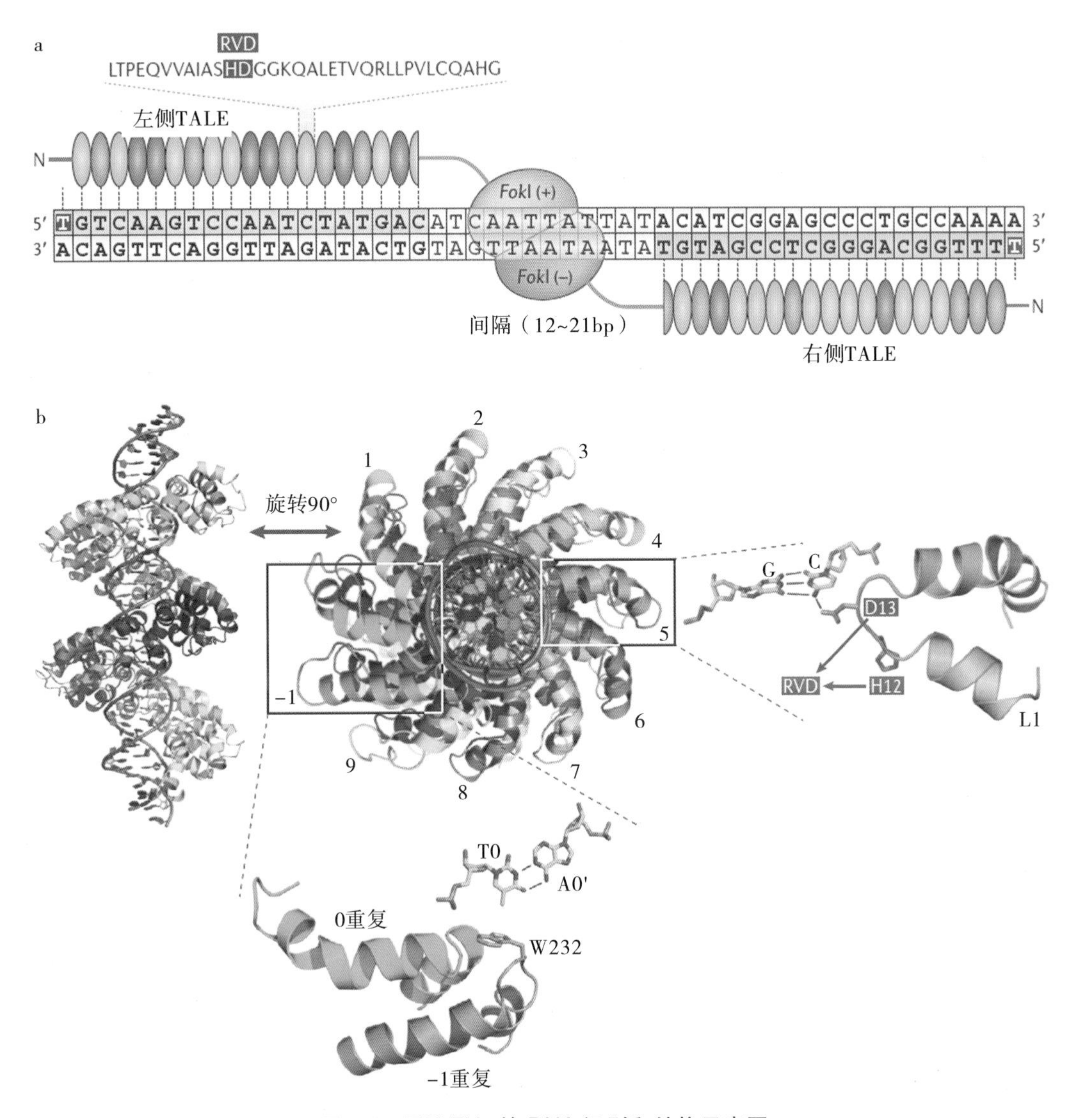

图 5-9　TALENs 的 DNA 识别和结构示意图

注：a. DNA 识别示意图；b. TALENs 的识别 DNA 的计算机模拟计算图

表达阶段和作用阶段。

在Ⅱ型 CRISPR/Cas 系统中，Cas9 可以作为一个单一蛋白在 crRNA 的介导下作用于外源 DNA，实现 DNA 的降解或断裂。crRNA 介导的 Cas9 作用于双链 DNA 断裂还需要一段与 crRNA 重复序列碱基互补配对的反式激活作用的 cRNA（tracrRNA），以及一段与 RNA 碱基存在同源性的外源靶点 DNA，而且要求这个靶点的下游 3′端紧邻一个短的基序，称为原间隔邻近基序（PAM）。随后的研究也表明 crRNA 和 tracrRNA 可以进行人工的融合形成一个单一的小 RNA（a small single RNA，sgRNA），用于介导 Cas9 作用于双链 DNA 介导 DNA 的双链断裂（DSB）。

（1）由两个 RNA 介导的 DNA 内切酶——Cas9：Cas9 是Ⅱ型 CRISPR/Cas 系统的标志性蛋白，在 crRNA 的成熟和 crRNA 介导的 DNA 干扰过程中发挥作用。Jinek 等通过纯化的 Cas9 蛋白和成熟的 crRNA 在体外作用于一段含有靶点和 PAM 的 DNA 序列，发现并不能完成 DNA 双链断裂。当提供一个 tracrRNA 时，便能够实现 DNA 靶点的双链断裂，tracrRNA 作为一个小的非编码 RNA 拥有两个关键的功能：引起 RNase Ⅲ介导的 crRNA 成熟并随后激活 crRNA 介导的 Cas9 作用于 DNA 双链断裂。因此，Cas9 作用于双链 DNA 的断裂，需要 crRNA 和 tracrRNA 同时存在才能行使功能。

Cas9 含有 1 个 HNH 基序和 3 个 RuvC 基序分别与 HNH 内切核酸酶和 RuvC 内切核酸酶具有同源性。通过对 Cas9 的两个 HNH 和 RuvC 样结构域分别进行点突变，Cas9 的 HNH 结构域裂解 crRNA 的 DNA 的互补链，而 RuvC 样结构域裂解非互补链。

（2）Cas9 能够被单一的嵌合体 RNA 识别：Cas9 对于 DNA 的识别需要 tracrRNA 和 crRNA 同时存在才能完成。为了便于应用，Jinek 等通过将 tracrRNA 和 crRNA 进行融合，并模拟二者可能形成的二级结构，形成了一个小的导向性 RNA（a single guide RNA），并能够有效地介导 Cas9 完成靶点 DNA 裂解。

（3）CRISPR/Cas9 的序列特异性切割：通过将 tracrRNA 和 crRNA 融合形成的单链嵌合体 RNA，可以在 Cas9-RNA 复合体中有效的替代这两种 RNA，形成单链导向性 RNA：Cas9 核酸酶复合体，对 DNA 进行双链切割。Cho 等通过利用 CRISPR/Cas9 对质粒的切割，然后通过对切割位点进行分析，发现该系统切割 DNA 双链位点位于 PAM 上游 3 bp 处，并形成平末端 DNA 双链断裂。

（4）CRISPR/Cas9 介导的基因敲除：对特定基因的失活、替代或插入通常是通过同源重组的方法，然而利用这种方法对哺乳动物细胞和模式动物进行基因修饰的效率非常低下，严重阻碍了基因功能研究的效率。近几年发展起来的锌指核酶（ZFNs）技术和转录激活样因子核酶（TALENs）技术被证明能够有效地用于大小鼠以及斑马鱼基因敲除模型的制备，这两种方式不经过 ES 细胞筛选，直接将作用于靶点的 mRNA 通过原核注射的方式作用于大鼠基因组，造成靶点的双链 DNA 断裂，然后借助于宿主自身的非同源末端重组方式（NHEJ）修复断裂。由于修复产生错误将造成基因的移码突变或缺失，使得转录提前终止，从而建立基因敲除动物模型的方式。但这两种技术也有自身的不足，即不能对基因组进行精确的修饰，并需要针对特定的靶点设计合成两种特定的蛋白对，操作过程较繁琐。而 CRISPR/Cas9 系统，被证明是一种相对于 ZFNs 和 TALENs 更为简便的基因修饰方式，并能够在哺乳动物、斑马鱼以及小鼠细胞进行基因修饰。研究人员通过对同一 hPSC 细胞系基因组的同一位点利用 CRISPR/Cas 和 TALENs 技术进行打靶效率比较，结果表明 CRISPRs 方法的效率更高，并且后者更容易生成纯合子突变克隆（总克隆的 7%～25%）。近期的研究表明 CRISPR/Cas9 不仅能够在原核细菌中发挥作用，而且在哺乳动物细胞、斑马鱼以及小鼠细胞中具有活性，并具有非常高的效率。常用的一些基因组编辑技术的设计软件和网站，如 WTSI Genome Editing（http://www.sanger.ac.uk/htgt/wge/），E-CRISP（http://www.e-crisp.org/E-CRISP），Genome engineering resources（www.genome-engineering.org/crispr/），RGEN tools（http://www.rgenome.net/），ZiFiT TARGETER software（http://zifit.partners.org/ZiFiT/），GT-SCAN（http://gt-scan.braembl.org.au/gt-scan/），以及 CHOPCHOP（https://chopchop.rc.fas.harvard.edu）等。CRISPR/Cas9 介导的基因组编辑和结构示意图，见图 5-10 所示。

（四）其他基因工程技术

1. 转座子　自 Barbara 于 1950 年玉米基因组内发现的可移动 DNA 序列——跳跃基因以来，越来越多的跳跃基因被发现。跳跃基因也称转座子，指基因组内一个位置移动到另一个位置的一段

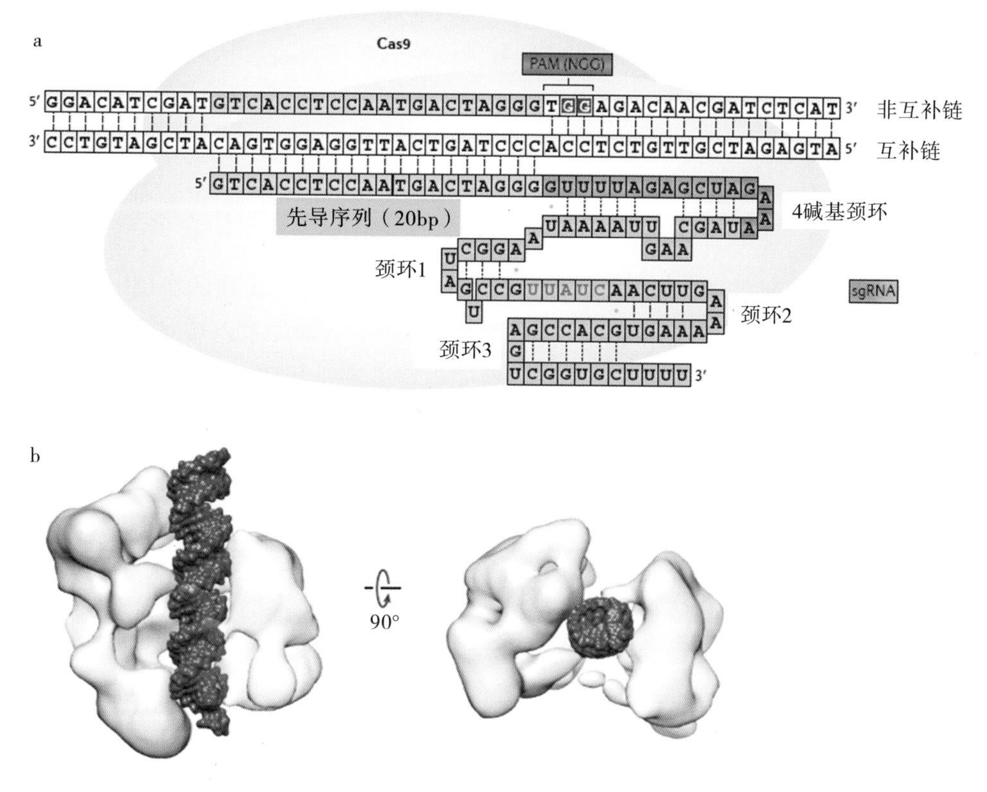

图 5-10 CRISPR/Cas9 介导的基因组编辑和结构示意图

注：a. DNA 识别示意图；b. CRISPR、Cas9 的识别 DNA 的计算机模拟计算图

DNA 序列。这种 DNA 序列的移动可造成基因的插入失活，作为一种强有力的基因组编辑工具应用于黑腹果蝇（drosophila melanogaster）、线虫（caenorhabditis elegans）等多种生物基因功能的遗传学分析。目前发现的能够在哺乳动物中发生转座反应的转座元件有：①分离于日本一种鱼类（medaka fish）基因组的 hAT 样 Tol2 转座子。②Tc1 样转座子，包括 Sleeping Beauty（SB）和 Frog Prince（FP）两种。SB 是通过与 Tc1 家族转座子序列比对，并从鲑鱼（salmanoid）基因组分离重建出的一种 Tc1/mariner 样转座子，这种转座子可能不需要宿主所分泌的特定因子而能够在单细胞生物到哺乳动物的多种物种内发挥作用。FP 是从蛙基因组中分离重构获得 Tc1 家族转座子。③Piggy Bac（PB）转座子是从甘蓝蠖度尺蛾（cabbage looper moth trichoplusia ni）基因组中分离，通过序列比对重建和密码子优化，能够在小鼠等胚系细胞中表现出较强的转座活性。

2. 基因捕获（gene trap） 是一种高通量的将突变引入小鼠干细胞基因组的方法。基因捕获原理非常简单，是将带有报告基因和（或）选择性标记基因的不完整的基因表达载体，通过电转染、脂质体转染等方式导入 ES 细胞，载体随机插入 ES 细胞的基因组中，与内源基因随机发生整合，产生融合转录或融合蛋白，通过报告基因的检测来退职插入位点的基因记忆功能。这种方法酷似以报告基因为诱饵来捕获基因，故得名基因捕获。因为每种 ES 细胞克隆中包含有不同的由于捕获载体随机插入造成的基因突变，在短期内可以建造大量的含不同基因突变的 ES 细胞库。突变基因的序列可用PCR鉴定，同时还能发现一些新的基因。根据报告基因在载体中的位置及报告记忆的激活表达方式，基因捕获分为几种类型：增强子捕获、基因捕获、启动子捕获和PolyA捕获。

基因捕获的优势在于可以在表达水平上定位基因，细胞基因本身表达和调控不受影响，可以检测基因工程上多余的基因，也可检测在基因表达水平上游作用的基因。但是基因捕获也存在一些不足，如表达基因的确定困难，且费时耗力；ES细胞的筛选主要通过插入筛选，表达水平较低的基因难以通过抗生素筛选获得克隆，因此会漏掉这些表达水平较低的基因；由于基因捕获是将外源的DNA直接整合到基因组，是一种比较剧烈的方法，可能会对细胞损伤比较大，甚至会有致死效应。

此外，一些化学诱变剂在建立基因工程动物模型过程中也发挥过重要的作用，如ENU（乙基亚硝基脲），能够将乙烷基转移到DNA碱基的氧原子或氮原子上，增加了乙烷基的碱基，在复制中会被细胞复制系统错误的鉴定进而导致错配，最终形成点突变和小片段DNA缺失，用于产生基因突变动物模型。

（张连峰　马元武）

第三节　行为学实验技术

动物行为学实验指在自然界或实验室内，以观察和实验方式对产生行为的动物进行各种行为信息的检测、采集、分析和处理，研究其行为信息的生理和病理意义。动物行为学实验技术是动物行为学的主要研究手段，特别是近年来，人类神经精神类疾病成为研究焦点，这些疾病往往涉及认知、判断、思维、学习和记忆等神经系统功能异常。构建神经精神疾病的动物模型，应用行为学实验技术，对其行为进行精确判定，是深入研究这些疾病的基础。随着现代科学技术的发展，计算机、成像、信息和电子工程与动物行为学实验相结合，动物行为学实验技术飞速发展，一些能同时捕获多种行为信息的设备不断问世，它们能同时检测和分析多种行为学和生理现象，同时使得行为学的客观和定量评价成为可能。本章重点介绍动物运动、学习记忆以及焦虑、抑郁等行为学实验评价技术。

一、动物自主活动性、体能、协调性和肌力检测方法

动物的各式各样运动是动物行为学研究的重要组成部分。动物的每一种行为学检测方法都需要动物进行运动。如果动物的运动功能被削弱，就不能承担复杂的实验任务，比如，迷宫的训练、社交行为的检测甚至觅食等活动都会受限，从而影响实验结果。同时，运动功能障碍也是帕金森病、脑缺血等中枢神经系统疾病的主要临床表现。因此，运动功能检测是动物行为学检测的重要内容。

（一）自主活动检测

旷场实验（open field test）由Hall于1934年设计，用于检测一定时间内实验动物在未知设定区域中的自发活动情况，是研究小型动物活动能力及情绪状态的主要行为学测试方法之一。动物在空场环境中总体活动的增加或减少可以反映模型或药物对动物中枢神经系统的兴奋或抑制作用。另外，动物在空场环境中不同区域的活动改变可以反应动物的焦虑状态。这种焦虑状态的评价主要基

于动物对新环境既产生恐惧又产生探究的矛盾心理冲突。动物由于对陌生环境的恐惧，主要在周边区域活动，在中央区域活动较少，显示其焦虑行为。同时，动物对陌生环境好奇，又促使其产生在中央区域活动的动机，显示其探究特性，从而形成心理冲突。实验时将测试箱底部分为中央区和边缘区，动物从饲养笼移至测试箱，记录动物在一定时间内的自发活动。利用视频技术，可以实时检测动物在不同区域的水平运动参数，如运动路程、运动时间、不动时间、出现频次、速度等，还可以检测垂直运动参数，如直立次数。8 种近交系小鼠在旷场实验中的运动轨迹，见图 5-11。

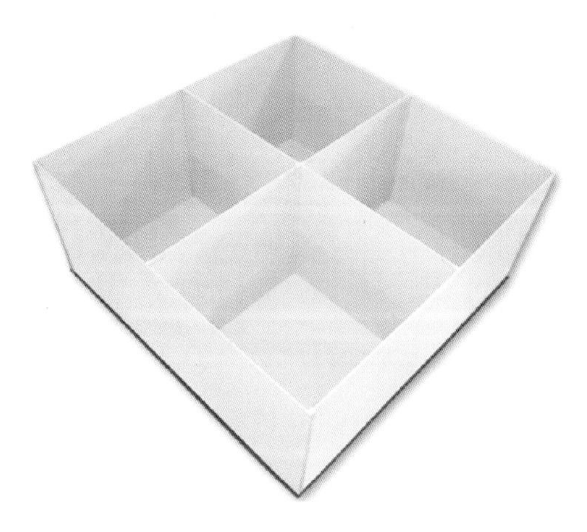

图 5-11　方形旷场（引自 Panlab 公司）

（二）协调运动、体能和肌力的检测

1. 滚轴实验　滚轴实验（rotarod test）需要动物在滚轴上保持平衡并连续运动，用于检测动物的协调性或药物抗疲劳特性研究。一般可同时检测 5 只动物，根据具体实验要求设定匀速、加速、反转和往复等运转模式。其中，加速的自动旋转滚轴较为常用。首先将动物放于滚轴上适应 5min。滚轴的速度在 5 min 的实验过程中从 5r/min 逐渐增加到 40r/min。记录小鼠从滚轴上滑落下来的潜伏期或最大持续时间，实验重复 3~4 次，所得平均值作为评判指标。运动协调和平衡能力缺陷的小鼠滑落的潜伏期和最大持续时间明显减少。用于测试运动协调和平衡能力的滚轴实验，见图 5-12。

2. 平衡木测试　平衡功能是机体正常运动的重要保障，平衡功能异常可能与小脑、前庭系统、本体感觉、大脑平衡反射调节及骨骼系统、肌张力等有关。平衡木测试（balance beam test）是观察受试动物能否跨越一系列的窄木到达一个封闭安全的平台，主要用于测定动物的平衡能力。实验所用的横梁水平放置，并高于桌面 50 cm。在横梁末端放置一个封闭的体积为 20 cm^3 的逃生盒子。动物跨越直径递减的横梁（横梁横截面面积从 28 mm^2 减少至 12 mm^2、5 mm^2），困难也逐渐增加（图 5-13）。动物在每个横梁上进行连续两次实验。记录动物跨越每个横梁的时间和后脚从横梁上滑落的次数。

3. 直杆实验　直杆实验（vertical pole test）是用来测试动物运动协调和平衡能力的较简单的实验装置。一个金属或塑料杆，直径大约 2 cm，长度为 40 cm。动物放在杆的中央，实验开始时，直杆水平放置，然后抬到一个接近竖直的位置。记录动物在杆上持续的时间，正常的小鼠能在杆上向

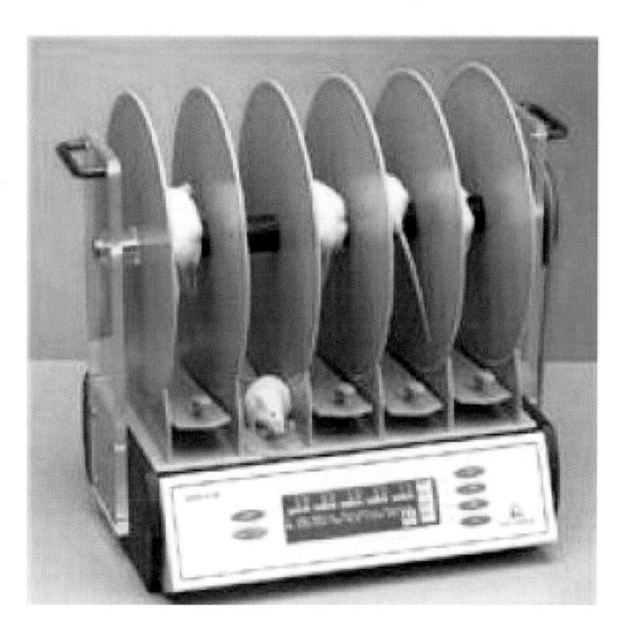

图 5-12　用于测试运动协调和平衡能力的滚轴实验（引自 ugo basile 公司）

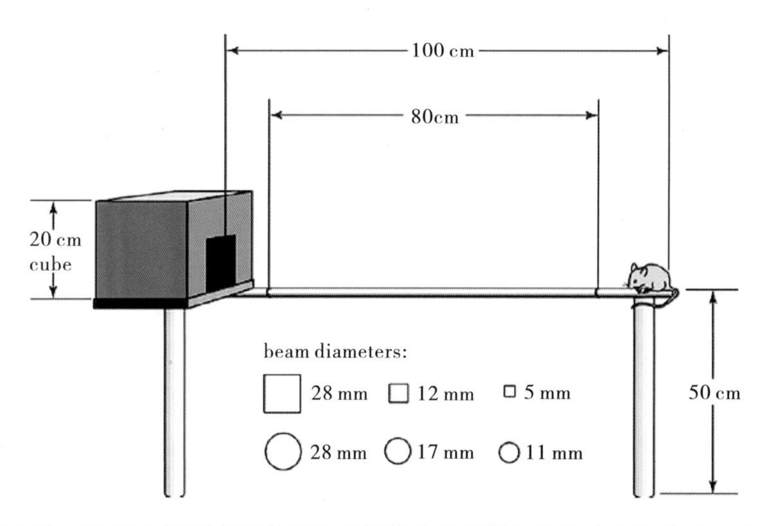

图 5-13　测试受试动物运动协调和平衡能力的平衡木装置（引自 Carter et al. 2003，Current Protocols in Neuroscience，p. 8. 12. 4.）

上或向下运动，而运动协调和平衡能力有缺陷的小鼠通常在杆到达 45°之前掉落（图 5-14）。

4. 钢丝悬挂实验　钢丝悬挂实验（hanging wire）是检测小鼠神经肌肉是否异常和运动力量的方法。实验使用一个标准的钢丝笼盖，为防止小鼠从周边逃出，需用布等遮盖盖子周围。轻轻摇晃笼盖，使小鼠抓紧钢丝，然后把盖子翻过来，记录小鼠从笼盖上跌落的潜伏期（图 5-15）。

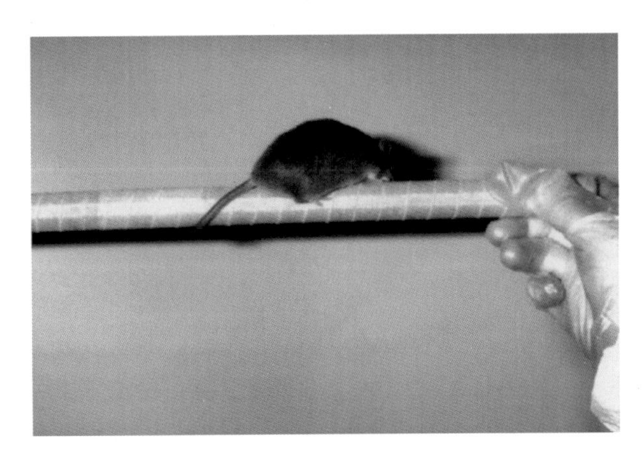

图 5-14　直杆实验（引自 what's wrong with my mouse，p 73）

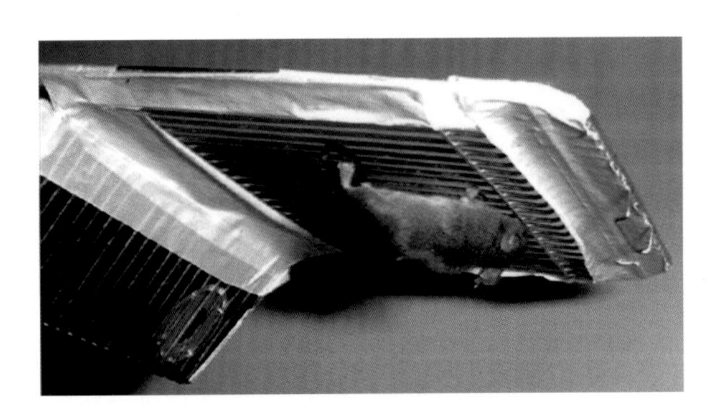

图 5-15　钢丝悬挂实验（引自 what's wrong with my mouse，p 74）

5. 握力实验　握力实验（grip strength）是根据小鼠善于攀爬，喜用爪抓持物体的习性而设计，主要用于检测啮齿类动物肌肉力量和神经肌肉接头功能，可评价药物、毒物、肌肉松弛剂等对动物肢体力量的影响程度，也可对动物的衰老、神经损伤、骨骼损伤、肌肉损伤以及其恢复程度进行鉴定。握力测试仪可客观、定量检测动物的爪力。

6. 足迹分析法　足迹分析法（footprint analysis）用于定量评估啮齿类动物的步态。步态的控制十分复杂，包括中枢命令，身体平衡和协调控制，涉及足、踝、膝、髋、躯干、颈、肩、臂的肌肉和关节协同运动，任何环节的失调都可能影响步态的稳定性。对动物的步态进行定量分析，可用于评估神经外伤、帕金森病、脑缺血、疼痛等中枢神经系统损伤及骨关节病损。早期的动物步态分析使用手工方法，典型的方法如将墨汁涂于动物足底，然后令其在白纸上行走，再用直尺测量白纸上的墨迹，得出步态的基本参数。目前经常使用的是动物步态分析系统（图 5-16）。该系统采用自动化的视频分析技术，利用光线在玻璃介质内的全反射现象，在黑暗环境下将照明光线从玻璃板边缘侧面射入，此时动物在玻璃板上行走，从底面观察则可清晰地看到动物的足迹。实验过程中，将动物放入步行通道，当动物沿通道直行到一定位置，安装在框架底部垂直向上的高速摄像机可实时进行视频采集，并将视频数据保存到计算机硬盘中，再用分析软件系统分析动物步态指标。

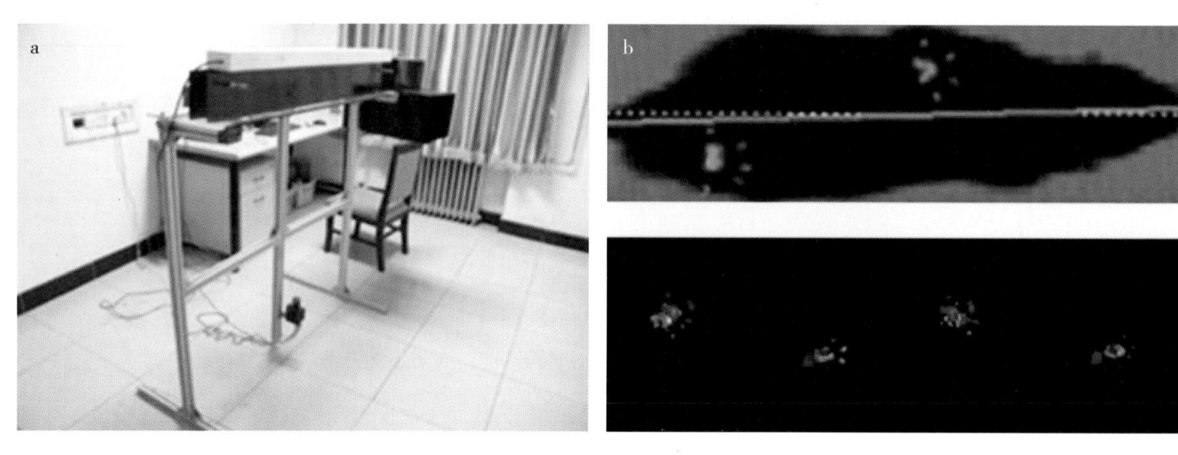

图 5-16 动物步态分析系统（引自中国医学科学院药用植物研究所、中国航天员科研训练中心）

注：a. 动物步态分析装置；b. 动物步态分析软件界面

二、动物学习记忆行为学检测方法

学习记忆行为是动物和人类生存与进化中的一种高级神经活动行为，也是脑的基本功能之一。学习记忆涉及信号的识别和辨认、信息的获得、贮存、巩固、提取和再现等多个环节，而且与注意、兴趣等其他因素相关。学习是神经系统接受外界环境变化获得新行为、经验的过程，记忆是通过学习而获得的经验或行为的保持。包括识记、巩固和再现。识记是指感知的内容在大脑皮层留下记忆痕迹的过程，又称记忆获得；巩固是指记忆痕迹由短时不稳定状态逐渐转化为长时稳定而牢固状态；而记忆再现，则为记忆痕迹通过回忆或再认方式给予重现的过程。下面重点介绍动物学习记忆研究的常用方法。

（一）迷宫

迷宫在实验动物心理学形成及发展中的作用至关重要。19 世纪末，Lubbock 首先在昆虫的开创性实验研究中发明迷宫的方法。自此，研究者发明了大量迷宫模式，用于各类研究，而且主要用于动物的学习和记忆过程研究，特别是动物空间能力的研究。

1. Morris 水迷宫　Morris 于 1981 年发明水迷宫用于动物的学习记忆研究，该方法是一种厌恶驱动实验，利用啮齿类动物（主要为大鼠、小鼠）对水的厌恶，检测动物通过多次训练，学会在水中寻找隐蔽逃生平台，从而形成稳定的空间位置认知能力。这种空间认知是加工空间信息（外部线索）形成的，是一种以异我为参照点的参考认知，其储存的机制主要涉及边缘系统（如海马）以及大脑皮层有关脑区，依赖于对信息的获得和记忆的意识表达，依赖于评价、比较和推理等认知过程，包含对片段信息的加工，因此，可有效反映实验动物空间学习记忆能力的获得、保持、再现等过程。近 30 年来，现代科学技术和多学科的交叉融合，进一步促进了 Morris 水迷宫系统的改进完善、方法学的发展以及指标评价体系的规范。目前，该系统已成为评估啮齿类动物空间学习和记忆能力的经典测试方法之一，Morris 水迷宫见图 5-17。

实验分为定位航行和空间探索阶段。根据实验需求，还可增加工作记忆过程。定位航行阶段又可分为可视平台和隐藏平台实验。可视平台实验（第一天）：站台露出水面 1 厘米，可在站台插一小旗，增加其可视性。动物须在测试房间适应 2～3 天后，再进行实验。每只动物从三个象限（实台象限除外），面壁放入水中。动物找到平台并停留 5s，或测试时间到，实验自动停止，游泳时间设定为 1～1.5 分钟。隐藏平台实验（第 2～5 天）：站台位于水面以下约 1 厘米。每只动物从三个象限（实台象限除外），面壁放入水中。动物找到平台并停留 5s，或测试时间到，实验自动停止。动物从三个象限入水，共游泳 3 次。不论动物是否找到平台，一次游泳结束，均将动物引至平台，停留 10～20 秒。空间探索实验：隐蔽站台试验结束 24h 后，撤除站台。将动物从对角象限（与实验台象限相对应的象限）放入水中，观察 1 分钟内动物在实台象限的停留时间、穿台次数、游泳路程等。工作记忆实验：工作记忆实验共 3 天，每天改变平台位置，每只动物检测 4 次，检测前不予适应，测试后适应 10 秒。其余方法同定位航行实验，记录逃避潜伏期，评价动物的短时记忆能力。

注意事项：必须保持水池水面上没有光影，以避免软件采集系统将光影和动物混淆。在水池周围安置台灯等非直射性光源或在水池四周安装帘子可以避免光影，同时保持一定光度。

不同品系小鼠，游泳成绩有所不同，应根据实验所应用的品系，进行实验时间（游泳天数及游泳时间等）等的设置。应根据不同的实验设计，变动游泳次数、实验时间及动物在平台适应的时间。实验人员应每天抚触动物，与受试动物建立良好的感情。捕捉动物的动作要温柔，不要刺激动物。

图 5-17　Morris 水迷宫（引自 Panlab 公司）

2. T 型迷宫　T 型迷宫（图 5-18）是基于动物探索的天性，检测啮齿类动物空间工作记忆（spatial working memory）的一种经典行为学方法。迷宫由两个目标臂（goal arms）和一个与之垂直的主干臂（stem）或起始臂（approach alley）组成。主干臂内置一个起始箱，并有一闸门与主干臂的另一部分相联。目前主要是奖励性T迷宫测试，包括食物限制、适应训练、空间交替变换训练和延时实验。T型迷宫未提供奖惩条件，完全是利用动物探索的天性，因此能最大可能地减少影响实验结果的混杂因素。缺点是啮齿类动物有单向偏爱的特性，这种单向偏爱可影响对动物学习记忆的评价。

图5-18 T型迷宫（引自BIOSEB公司）

3. 放射状或辐射状迷宫 放射性迷宫最先由Olton和Samuelson于1976年应用于动物的空间记忆研究，后被许多学者采用，主要用于工作记忆和空间参考记忆。实验装置由一个中央平台和多条放射臂组成，目前常用的放射性迷宫多为八条臂（图5-19），在每条臂的末端放置一个食物盒。为防止动物不经过中央平台从一条臂直接进入相邻的另一条臂或者从迷宫中逃离，迷宫一般距离地面

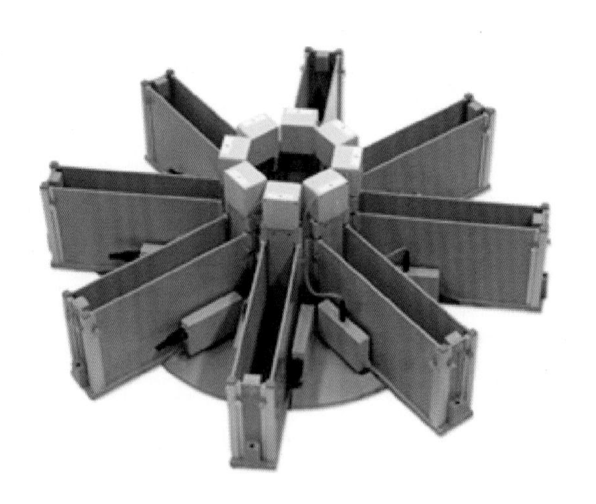

图5-19 八臂迷宫（引自TSE公司）

50 cm 以上。最常用的实验方案有两种，一种是在所有臂的食物盒中都放上食物，把实验动物放置在中央平台上，记录动物进入放射臂的正确次数（未探索过的臂）及错误次数（已探索过的臂）；第二种是只在某几个臂内食物盒中放置食物，记录动物进入放射臂的正确次数（进入有食物的臂）和错误次数（进入没有食物的臂）。该实验具有较好的稳定性（因以食欲为动机），因此影响食欲的药物或其他影响食欲的干预方式不适宜该种测试方法。

4. Barnes 迷宫　Barnes 迷宫（图 5-20）是动物利用提供的视觉参考物，有效确定躲避场所，考察动物对目标的空间记忆能力。一般采用强光、噪声以及风吹等刺激作为实验动物进入躲避洞口的动机。迷宫由一个圆形平台构成，在平台的周边，布满了很多穿透平台的小洞。在其中一个洞的底部放置一个盒子，作为实验动物的躲避场所，其他洞的底部是空的，实验动物无法进入其中。与水迷宫实验相似，要求能给实验动物提供视觉参考物。实验时把实验动物放置在高台的中央，记录实验动物找到正确洞口的时间，以及进入错误洞口的次数以反应动物的空间参考记忆能力。也可以通过记录动物重复进入错误洞口数来测量动物的工作记忆。在不能进行水迷宫的实验环境中，可选用 Barnes 迷宫。该实验方法不需要食物剥夺和足底电击，因此对动物的应激较小。实验对于动物的体力要求很小，能最低限度的减少因年龄因素所致的体力下降对实验结果的影响。

图 5-20　Barnes 迷宫（引自 TSE 公司）

（二）回避实验

回避实验（avoidance test）是利用动物的喜暗避光（明暗、穿梭）、对厌恶刺激（如足电击）的恐惧和记忆而建立起来的。回避实验所用的刺激为温和的足电击，发生的反应是动物逃避曾经受到电击刺激的地方。

1. 穿梭箱实验　穿梭箱（shuttle box）（图 5-21）是以光（或声）、电击为联合刺激，使实验动物由被动回避建立主动的条件反射。动物通过学习能回避有害的刺激，这种在穿梭箱测试中的学习记忆过程反应的是一种联想性的非海马依赖性的学习记忆能力。穿梭箱底部为不锈钢栅，使用电流作为非条件刺激，电击动物足底。顶部配置有噪声发生器或光源，用来产生条件刺激。条件刺激数秒后电击。若在铃声刺激安全间隔期内大鼠逃向安全区则为主动回避反应；如果在条件刺激安全间隔期内大鼠未逃向安全区，通交流电击后逃向安全区的为被动回避反应，此时为一个循环周期。经过反复训练后，只给条件刺激，大鼠即逃到对侧安全区以逃避电击，此时即形成了条件反射或称主动回避反应。计算机自动控制系统可记录相关的指标参数，如被动和主动回避次数、主动回避时间、错误区时间等。主动回避时间越短，说明动物主动回避反应越迅速，学习记忆能力越强。

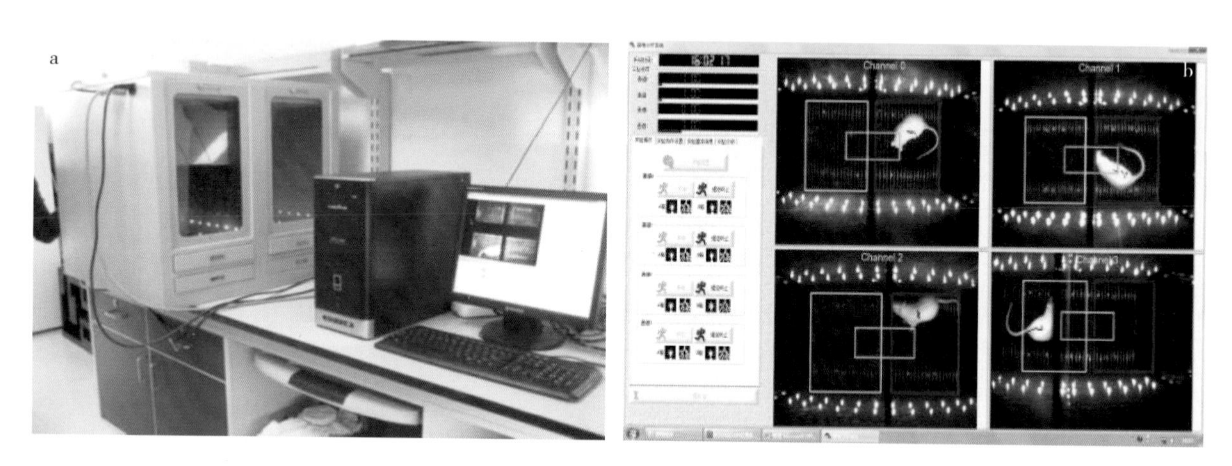

图 5-21　穿梭箱系统

注：a. 穿梭设备；b. 穿梭分析软件（中国医学科学院药用植物研究所、中国航天员科研训练中心提供）

2. 避暗实验　避暗实验（step-through test）利用动物嗜暗避明的特性而设计的。避暗测试箱（图 5-22）由明暗室两部分组成，实验开始时将动物面部背对洞口放入明室，动物嗜暗习性而寻找暗箱洞口，进入暗室则受到电击。动物为避免伤害而寻找安全区（明室），经几次反复后，最终记住安全区域。实验分为适应期、记忆获得期和记忆巩固期。正式实验前，对小鼠进行适应性训练。

图 5-22　避暗测试箱（引自 what's wrong with my mouse，p132）

记忆获得期时，将动物自明室放入，动物进入暗室开始实验（暗室通电），同时，电动门关闭，给予电刺激，再待动物恢复 10 s 后，将其取出归笼；24 h 后进行记忆巩固实验，将动物自明室放入，即开始实验，软件记录 5min 内动物进入暗室的次数（即错误次数）、入暗潜伏期、暗室时间等指标评价小鼠记忆巩固能力。

3. 跳台实验　跳台（Step-Down）是检测动物被动性条件反射能力的一种，主要测试动物对空间位置辨知的学习记忆能力（图 5-23）。测试箱由电网和中央绝缘跳台组成，将动物置于电网上，给予一定程度的电刺激，动物为避免伤害而寻找安全区（绝缘跳台），经几次反复后，最终记住安全区域。测试分为记忆获得和记忆巩固两个阶段。记忆获得阶段，首先将动物轻放入测试箱中适应环境，测试开始时，将动物置于铜网上通电，记录动物的逃避潜伏期、安全区时间、错误区时间及错误次数，以此作为学习成绩。24 h 后进行记忆巩固测试，将动物置于安全平台上，即刻通电，记录动物第一次跳下平台的时间（潜伏期）、安全区时间、错误区时间及错误次数，以此作为记忆成绩。

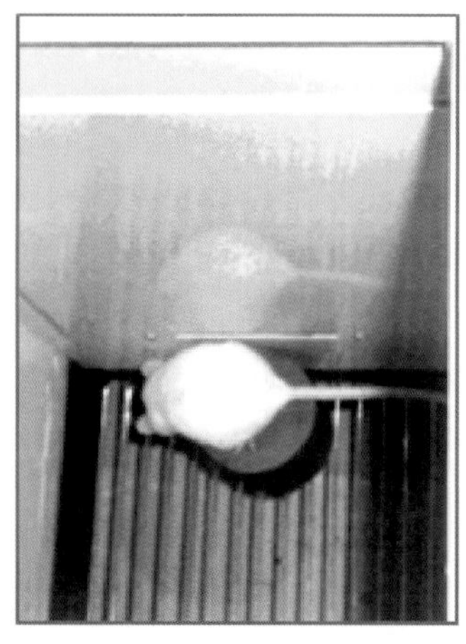

图 5-23　跳台装置（中国医学科学院药用植物研究所、中国航天员科研训练中心提供）

（三）物体识别实验

啮齿类动物天生对新奇物体具有更强的探索特性。与熟悉物体相比较，动物对新奇物体表现出更多的兴趣，即表明动物对熟悉物体产生了学习记忆过程。物体认知实验（object recognition test）即利用动物的上述特性而设计，用于评价动物自发状态下的学习记忆功能，根据新奇物体的含义，物体识别实验可分为新物体识别实验、物体位置识别实验、情景记忆实验和时序记忆实验 4 种模式，用于啮齿类动物不同类别的学习记忆能力评价，实现了学习记忆能力评价的精细化，可应用于各种原因引起的认知功能障碍及其防护措施的研究。

三、动物焦虑行为评价

焦虑是由预先知道但又不可避免的、即将发生的应激性事件引起的一种预期反应，以恐惧、担心、紧张等精神症状为主要表现，同时多伴有心悸、多汗、手脚发冷等自主神经功能紊乱。从进化的角度讲，动物所表现的防御反应是人类恐惧和焦虑反应的原始成分。例如，当动物面临一种不熟悉的环境时，动物就会表现出一系列的行为和生理反应，包括探究行为的抑制，如呆滞、逃走；恐惧反应的增加，如排尿、排便增多，频繁修饰；同时，社交行为减少，倾向于逃避其他动物，互追、互嗅次数减少。这些反应可看作动物面临危险情景时防御反应系统的激活，是焦虑反应的表现。目前，通常利用动物对应激性或新异性事件的行为或生理反应来测量动物的焦虑反应。

（一）高架十字迷宫

高架十字迷宫（elevated plus maze）是利用动物对新异环境的探究特性和对高悬敞开臂的恐惧形成矛盾冲突行为来考察动物的焦虑状态。高架十字迷宫具有一对开臂和一对闭臂，距离地面较高，相当于人站在峭壁上，使实验对象产生恐惧和不安心理。啮齿类动物由于嗜暗性会倾向于在闭臂中活动，但出于好奇心和探究性又会在开臂中活动，在面对新奇刺激时，动物同时产生探究的冲动与恐惧，这就造成了探究与回避的冲突行为，从而产生焦虑心理。实验开始时将小鼠从中央格面向闭合臂放入迷宫，记录5分钟内的活动情况。观察指标包括：开放臂进入次数（必须有两只前爪进入臂内），开放臂停留时间，闭合臂进入次数，闭合臂停留时间。计算开放臂停留时间比例，开放臂进入次数比例。

（二）明暗箱实验

明暗箱（light-dark test）是应用动物趋暗避明的特性，将动物放入明室，动物对新奇环境的探究特性和趋暗避明的心理造成冲突，产生焦虑行为。动物表现为进入暗室的时间、次数等增多。而抗焦虑的药物能明显增加动物在明室中的时间。

（三）旷场实验

旷场实验（open field test）动物在空场环境中不同区域的活动改变可以反映动物的情绪状态。动物由于对陌生环境的恐惧，主要在周边区域活动，在中央区域活动较少，显示其焦虑行为。同时，动物对陌生环境的新奇，又促使其产生在中央区域活动的动机，显示其探究特性，从而造成探究与回避的冲突行为，产生焦虑行为。

（四）新奇环境诱导的食欲抑制评价

该实验是动物禁食后，在新奇环境中会产生摄食和对新环境恐惧的矛盾冲突。动物的焦虑行为表现为摄食潜伏期延长。实验采用方形敞箱，中心放一食丸。动物在禁食（不禁水）24～48小时后，放入敞箱中，每次从同一方向、同一位置放入，记录5 min内第一次摄食潜伏期（以开始咬食食丸为标准），即动物自放入笼中至首次摄取食物的时间。

四、动物抑郁行为评价

抑郁是一种包括多种精神和躯体症状的情感性精神障碍，主要表现为兴趣丧失、思维迟缓、情绪低落、睡眠障碍等。动物抑郁模型包括化学（药物模拟）、物理（电击等应激方式）、生物（基因）等多种制模方法，实验动物常采用大小鼠和非人灵长类动物，一般是供人类进行抑郁症病理机制和抗抑郁药物研究所用。目前，抑郁症动物模型的行为学评价技术包括以下几个方面。

（一）绝望性行为评价

1. 强迫游泳实验　强迫游泳实验（forced swim test）作为第一代抗抑郁药物活性筛选的行为学检测方法（图 5-24），因其快速、方便、价廉，自 1977 年提出至今，被广为接受和应用。该实验是动物被迫在一个局限的空间游泳，它们首先试图挣扎逃跑，随后处于一种间歇性不动状态，这种状态被称为“行为绝望”。通过观察动物不动时间的变化可反映药物的抗抑郁效应，多数抗抑郁药物都可以减少动物强迫游泳不动时间。采用视频技术，实时采集强迫游泳实验的行为学指标，可节省人力，并提高结果的客观性和准确性。

图 5-24　强迫游泳实验（引自 Noldus 公司）

2. 悬尾实验　悬尾实验（tail suspension test）自 1985 年提出至今，被广为接受和应用（图 5-25）。该实验是将动物头部向下悬挂，动物为克服不正常体位，首先产生以逃避为导向的剧烈挣扎

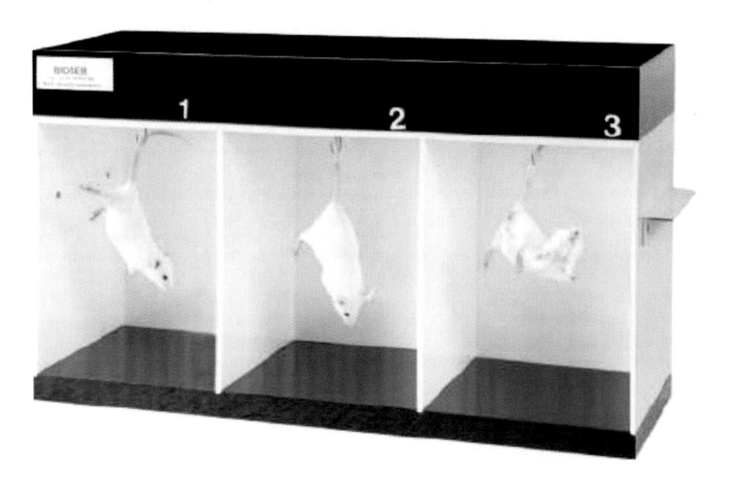

图 5-25　小鼠悬尾实验（引自 bioseb 公司）

运动，在经过努力仍不能摆脱困境后，出现间断性不动，显示“行为绝望”状态。悬尾实验对象一般是小鼠。以传感器为原理的悬尾实验仪器，灵敏性高，客观性强，被广为应用。

（二）获得性无助行为评价

获得性无助实验（learned helplessness test）是动物在接受无法控制或预知的厌恶性刺激后所表现的长期逃避能力缺乏的行为，与人类抑郁症的症状相似。其方法分为获得性无助诱导期和条件性回避反应学习期。首先将动物放入电击诱导实验箱，使其遭受不可逃避的足底电击，诱导获得性无助行为。然后，将其放入可以逃避的环境（穿梭箱）中，观察其逃避反应。经获得性无助诱导期后，动物一般表现为逃避失败次数增加，即逃避能力缺乏。三环类抗抑郁药、单胺氧化酶抑制剂、非典型抗抑郁剂及电惊厥都可以逆转或减轻这种行为缺失。

（三）快感缺失评价

快感缺失是动物抑郁行为中最为核心的症状之一，啮齿类动物快感缺失的定量评价方法主要为糖水偏爱实验（sucrose preference test）。该行为学评价方法基于啮齿类动物（主要为大小鼠）喜好糖水的天性。大鼠糖水偏爱实验，首先训练动物适应含糖饮水，每笼同时放置 2 个水瓶，第一个 24 小时，两瓶均装有 1 %蔗糖水，随后的 24 小时，一瓶装 1%蔗糖水，一个瓶装纯水。23 小时的禁食禁水后，同时给予每只大鼠事先定量好的两瓶水：一瓶 1%蔗糖水，一瓶纯水。60 分钟后，取走两瓶并称重。计算动物的糖水偏爱指数（糖水偏爱指数= 糖水消耗/总液体消耗×100 %）。小鼠糖水偏爱实验一般不禁食禁水，测试期一般为 15~14 小时不等，为避免位置偏爱影响因素，测试中间，将两瓶位置互换。

（孙秀萍）

第四节　外科手术操作

动物外科手术是目前被广泛应用于实验动物领域的实验操作技术，是制备动物模型，治疗动物疾病的常用手段之一。实验动物外科技术和常规人类及动物外科学区别在于，很大程度上实验动物外科目的在于“致病”而非普通外科学的“治病”，因此实验动物外科通常是在充分考虑实验动物伦理以及福利的基础上对正常动物组织器官结构功能进行一定程度的“破坏”，以达到创建实验动物疾病模型的目的。比如，各种缺血动物模型就涉及对正常血管进行结扎处理，而肾脏纤维化模型就要对正常输尿管进行结扎，在这一点上实验动物外科与普通外科学有所差异，同时这也是实验动物外科的一大特点。目前实验动物外科学已经成为各种医疗器械动物评价和动物模型制备工作中必不可少的基础操作技术。本节内容主要介绍实验动物外科手术的常用技术，以期为读者更好地开展科研工作提供帮助。

一、术前准备

（一）制订手术方案

在进行实验动物外科手术操作前，首先应制订完整的工作计划，制订出手术实施方案和应急预案，以保证在实验进行中有计划、有秩序的工作，减少失误，从容应对手术过程中出现的各种问题和意外。手术计划的主要内容应该包括：①手术人员的分工；②药品和器械的准备以及麻醉种类的选择；③手术通路的建立及手术进程；④术前准备的事项，如禁食、导尿、胃肠减压等；⑤手术方法及术中应注意事项；⑥可能发生的手术并发症以及预防和急救措施；⑦术后护理、治疗和饲养管理。

（二）动物以及手术用品的准备

1. 禁食　手术前应该对动物进行禁食处理，首先可以避免由于动物麻醉，胃内容物反流被吸入气管导致的窒息，此外一些手术术前要求排空胃肠道内容物，如肠道吻合技术。禁食的长短应根据手术性质而定，从 24~72h 不等，但禁水不应超过 6h，禁食时应该注意彻底掏空动物料盒中的饲料，以做到彻底禁食。

2. 术前补液　为了提高实验动物对手术的耐受力，防止动物在手术操作中体液流失过度，应该对动物应进行输液纠正。

3. 直肠、阴门及会阴部手术　为防止术中的粪便污染，在术前应当用温水灌肠使手术环境保持清洁。

4. 术前抗生素的应用　如进行胃肠道切开术时，为防止手术中污染而引起的术部或腹腔的感染，应在补液时加入抗生素。

5. 器械、敷料的准备　根据手术的性质，贮备好器械、敷料和缝合材料，对于手术中可能出现的意外情况，抢救用药也应做到有备无患。

（三）手术人员手、臂的准备与消毒

术者的手、臂应用肥皂反复擦刷并用流水充分冲洗以对手、臂进行初步的机械性清洁处理。洗刷完毕后应对擦刷过的手、臂进行浸泡消毒，消毒药品可选择 70%酒精，氯己定或杜米芬溶液，消毒前应将手、臂上的水分拭干，以免冲淡药品浓度。消毒完毕后，用无菌巾拭干后穿手术衣。穿手术衣时用两手拎起衣领部，放于胸前将衣服向上抖动，双手趁机伸入上衣的两衣袖内，助手协助手术人员在背后记上衣带，然后再戴灭菌手套，双手放在胸前轻轻举起妥善保护手臂，准备进行手术。

（四）动物术部的准备与消毒

1. 术部除毛　实验动物尤其是犬类和灵长类动物。被毛比人类粗硬、浓密，在术部除毛前应对动物进行全身洗浴，并吹干。术部除毛可先用推子先初步清理术部，再选用涂抹皂液后用剃刀彻底刮净术部，大小鼠则可使用脱毛膏进行脱毛。也可起到良好的效果。除毛范围应在充分暴露术部的基础上，对外进行适当的延伸，以避免毛发对手术操作的影响。

2. 术部消毒　术部的皮肤消毒，最常用的药物是 5%碘酊在消毒时要注意应由手术区中心部向四周涂擦，消毒的范围要相当于剃毛区。碘酊消毒后必须待碘酊完全干后，再用 70%酒精将碘酊脱碘。对口腔、肛门等处黏膜的消毒不可使用碘酊，可用 0.1%新洁尔灭、高锰酸钾、利凡诺溶液；眼结膜多用 2%~4%硼酸溶液消毒；四肢末端的手术则可选用 2%煤酚皂溶液浸泡。

3. 术部隔离　采用大块有孔手术巾覆盖于手术区，仅在中间露出切口部位，使术部与周围完全隔离。在全身麻醉侧卧保定下进行手术时，可用四块创单隔离术部。

4. 麻醉　目前兽医外科临床上较常应用的麻醉方法有两大类型，即局部麻醉与全身麻醉。按

照手术计划选取。

二、术部组织切开与组织分离

组织切开是显露手术部位的重要步骤。主要包括软组织的切开和硬组织的切开。组织切开应该尽量暴露手术操作部位视野，方便进行实验操作。其中软组织切开包括皮肤、肌肉、腹膜等组织的切开，大动物一般选用传统手术刀或者电刀进行操作，大小鼠等小动物则可选用手术剪进行操作。传统手术刀持握方式主要包括指压式、执笔式、全握式和反挑式，操作简单、成本低廉。电刀也是实验动物外科常用的术部切开方式，其优点包括切开顺畅阻力小以及方便对术部进行止血，但每次使用电刀都应更换刀头和电极片增加了手术成本，此外电极片的大小也对实验动物的体型有一定的限制。

硬组织的切开主要是骨组织的切开，这是目前各种脑立体定位等实验操作必备的实验技术，在操作时首先切开骨膜，然后再分离骨膜，尽可能完整地保存健康部分，切开骨组织一般选取电锯或者电钻，电动器械在切开骨组织时一般会产生大量的细微粉尘，使用时操作者应佩戴口罩以及护目镜，如是实验操作涉及生物安全范畴时，则不应选取电动器械，可用骨锯等传统器械进行操作。

组织分离是显露深部组织和游离器官的重要步骤。分离的范围应根据手术需要进行。分离的操作方法分为锐性分离和钝性分离。锐性分离用刀或剪进行，钝性分离是指用刀柄、止血钳、剥离器或手指等进行，通常用于肌肉、筋膜和良性肿瘤的分离。

三、止血

手术过程中的止血方法很多，常用包括：

1. 压迫止血　即用纱布压迫出血部位，在毛细血管渗血和小血管出血时，经压迫片刻，出血即可停止。压迫止血时，必须是按压，不可用擦拭，以免损伤组织或血栓脱落。

2. 钳夹止血　用止血钳夹住血管的断端，但是应该注意夹的组织要少，切不可做大面积钳夹，易造成大片组织损伤。

3. 填塞止血　当出现深部大血管出血时，可用大量灭菌纱布紧塞于出血的手术创腔内，压迫出血部以达止血目的。

4. 此外，使用电刀的止血功能，也能对中小血管以及毛细血管出血起到良好的止血效果。

四、缝合

目前实验动物常用的缝合方法包括针线缝合以及组织吻合器缝合两种，缝合材料分为可吸收和不可吸收两种。针线缝合可用于各种类型的伤口、组织、器官的缝合，缝合以及打结方法多样，缝合前应做到彻底止血，清除凝血块、异物及组织碎块；缝合针刺入与穿出应彼此相对，针距相等；打结时要适当收紧，创缘、创壁应互相对合，皮肤创缘不得内翻。吻合器缝合使用方便快速，简单易操作，但目前只能用于皮肤、筋膜以及薄层肌肉的缝合。缝合器缝合强度较差，易拆除，采用吻合器缝合后应对创面进行紧密包裹，以防动物撕拽导致缝合部位开裂，当进行灵长类动物手术时则更应注意此类问题的发生，表层缝合最好选用针线缝合并打三叠结。缝合后可在患部涂抹局部镇痛药物，以减少动物抓挠伤口。

五、拆线

是指拆除皮肤缝线，内层组织以及可吸收缝线则不需拆线。缝线拆除时间是在术后 10~12 天，过长时间不拆线，缝线处可引起化脓感染，拆线方法是用碘酊消毒创口、缝线及创口周围皮肤，将线结用镊子轻轻提起，并向线结一侧牵引，剪刀插入线结下，紧贴针眼将线剪断，随即拉出缝线，再次用碘酊消毒。

六、术后护理

（一）动物苏醒

麻醉苏醒：全身麻醉的动物，手术后宜尽快苏醒。在全身麻醉未苏醒之前，设专人看管。在吞咽功能未完全恢复之前，绝对禁止饮水、喂饲。苏醒过程中应该注意保暖，术后 24h 内严密观察动物的体温、呼吸和心脏的变化，如有异常，要尽快找出原因，并进行处理。术后动物由于术部伤口疼痛往往会出现焦躁不安，有时会剧烈运动或者撕咬抓挠伤口，这样会对伤口恢复造成不良影响，此时应对动物进行密切观察，如发现伤口撕裂，或内部组织脱出时应及时对伤口进行处理。必要时注射或外用止痛药，减少动物疼痛，以缓解动物不安。为防止动物撕咬伤口，可以给犬科动物佩戴保护性的脖套，灵长类动物可在伤口敷料外以大量纱布紧密裹覆，以防止动物抓挠撕裂伤口。

（二）预防和控制感染

手术创感染的预防与手术中无菌技术的执行好坏有密切关系。而术后的护理不当也是继发感染的重要原因，为此要保持病房干燥，防止污染术部。防止动物自伤咬啃、舔、摩擦。抗生素类药物，对预防和控制术后感染，提高手术成功率，有良好效果。大多数手术病例在手术期间，或在手术结束后，应全身应用抗生素或持续用到术后 4~5 天。抗生素的治疗应选用广谱抗生素。

（三）术后动物的饲养

灵长类动物和犬等体型较小动物的消化道手术，一般术后 24~48h 禁食，给半流质食物，再逐步转变为日常饲喂。对非消化道手术，术后食欲良好者，一般不限制饲喂、饮水。

（肖　冲）

第五节　影像学技术应用

分子影像学是指应用影像学方法，对活体状态下的生物进行细胞和分子水平的定性和定量研究。分子影像学技术与传统的体外成像或细胞培养相比有着显著优点，能够反映细胞或基因表达的空间和时间分布，从而了解活体动物体内的相关生物学过程、特异性基因功能和相互作用。由于可以对同一个研究个体进行长时间反复跟踪成像，既可以提高数据的可比性，避免个体差异对试验结果的影响，又无需杀死实验动物，既节省费用，又符合实验动物的伦理原则。在药物开发方面，影像学技术可提供即时、定量和动态的药效学研究工具。利用分子影像学技术的结构成像技术可进行活体结构的研究；利用分子影像学技术的功能成像技术则可研究活体的多种生物功能。光学成像、核素成像、磁共振成像和超声成像、CT 成像等技术相辅相成，成为现代医学的重要研究工具。

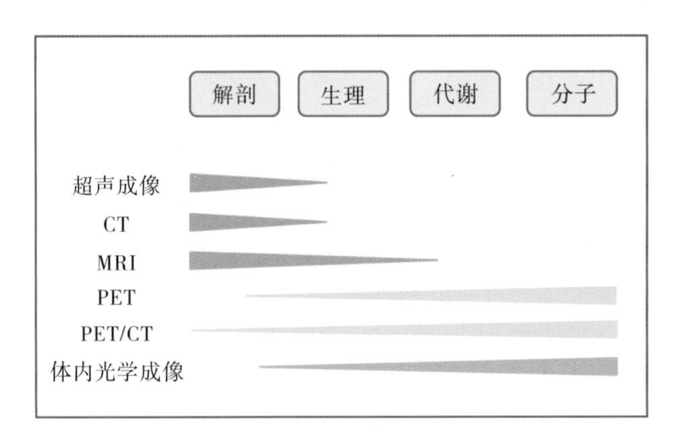

图 5-26　分子影像技术结构和功能成像的比较

超声成像和 CT 成像技术主要以结构成像为主；磁共振成像（MRI）具有很高的结构成像功能，也可以进行生理和代谢的功能成像；核素成像（PET，SPECT）和光学成像（Optical）则主要依靠生理、代谢和分子等水平的功能成像。下面分别对这几种影像技术在实验动物中的最新进展与主要应用进行介绍。

一、活体动物体内光学成像

荧光和生物发光影像作为近年来新兴的活体动物体内光学成像技术，以其高敏感成像效果，操作简便及直观性成为研究小动物模型最重要的工具之一，在肿瘤的生长及转移、疾病发病机制、新药研究和疗效评估等方面的应用中显示了优势。与传统的体外成像或细胞培养相比，活体动物体内光学成像能够反映细胞或基因表达的空间和时间分布，为解决临床药物的安全问题提供了广阔的空间，使药物在临床前研究中通过利用分子成像的方法，获得更详细的分子或基因水平的数据，为新药研究的模式带来了革命性的变革。活体成像对肿瘤微小转移灶的检测具有极高的灵敏度，却不涉及放射性物质和方法，非常安全。其操作极其简单、所得结果直观和灵敏度高等特点，使得它在短短几年中就被广泛应用于生命科学、医学研究及药物开发等方面。

活体动物体内光学成像分为生物发光与荧光发光两种技术。生物发光是用荧光素酶基因进行标记，生物发光技术高灵敏度，对环境变化反应迅速，成像速度快，图像清晰，在体内可检测到 10^2 细胞水平；但是其缺点是信号较弱，需要灵敏的 CCD 镜头，需要注入荧光素。荧光技术则采用荧光报告基团（GFP、RFP，Cyt 等）进行标记。利用一套灵敏的光学检测仪器，研究人员能够直接监控活体生物体内的细胞活动和生物分子行为。荧光技术适用于多种蛋白及染料，可用于多重标记；但缺点是非特异性荧光限制了灵敏度，体内检测最低约 10^6 细胞水平，需要不同波长的激发光，不易在体内精确定量。

（一）光学成像一般实验步骤

1. 麻醉后的小鼠放入成像暗箱平台，软件控制平台升降到一个合适的视野，自动开启照明灯拍摄第一次背景图。

2. 生物发光　关闭照明灯，在没有外界光源的条件下拍摄由小鼠体内发出的光，即为生物发光成像。与第一次的背景图叠加后可以清楚地显示动物体内光源的位置，完成成像操作。

3. 荧光　关闭照明灯，选择适合实验待激发物质波长的激发光，并选择接受小鼠体内发射光的滤光片，拍摄激发后得到的发射光图片，与背景图叠加后完成成像操作。

（二）活体动物体内光学成像在实验动物中的应用

由于活体动物体内光学成像有其方便、便宜、直观，标记靶点多样性和易于被大多数研究人员接受的优点，因此在生物医学领域得到了广泛的应用。通过活体动物体内成像系统，可以观测到疾病或癌症的发展进程以及药物治疗所产生的反应，并可用于病毒学研究、构建转基因动物模型、siRNA 研究、干细胞研究、蛋白质相互作用研究以及细胞体外检测等领域。

1. 肿瘤学方面的应用　活体动物体内光学成像技术可以直接快速地测量各种癌症模型中肿瘤的生长和转移速度，并可对癌症治疗中癌细胞的变化进行实时观测和评估。活体生物发光成像能够无创伤地定量检测小鼠整体的原位瘤、转移瘤及自发瘤大小、位置。活体成像技术提高了检测的灵敏度，即使微小的转移灶也能被检测到，利用双色荧光描绘肿瘤内血管生成的形态以及肿瘤与机体相互作用的其他事件可以清楚地显示种植的肿瘤与邻近的基质成分的不同。

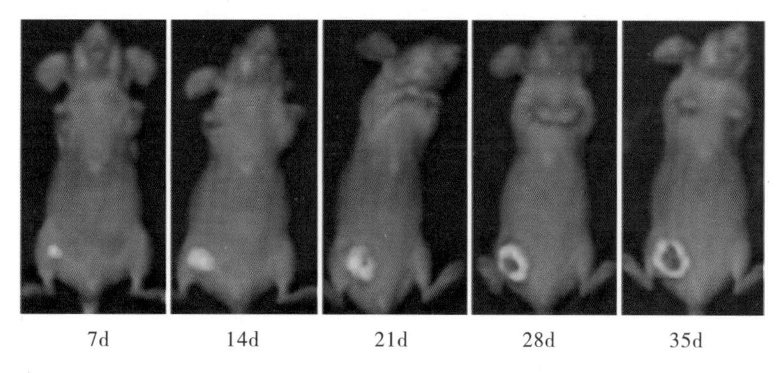

图 5-27　皮下接种 Hela-GFP 肿瘤模型荧光成像

2. 免疫学与干细胞研究　将荧光素酶标记的造血干细胞移植至入脾及骨髓，可用于实时观测活体动物体内干细胞造血过程的早期事件及其动力学变化过程。应用带有生物发光标记的基因的小鼠淋巴细胞，可以检测放射及化学药物治疗的效果，同时有助于探索寻找在肿瘤骨髓转移及抗肿瘤免疫治疗中复杂的细胞机制。应用可见光活体成像原理标记细胞，建立动物模型，可有效的针对同一组动物进行连续的观察，节约动物样品数，同时能更快捷地得到免疫系统中病原的转移途径及抗性蛋白表达的改变。

3. 病源研究　以荧光素酶基因标记病毒后，可观察到病毒对肝脏、肺、脾及淋巴结的浸润，侵染，和病毒从血液系统进入神经系统的过程。多种病毒，如腺病毒，腺相关病毒，慢病毒，乙肝病毒，革兰阳性和阴性细菌等，均已被荧光素酶标记，用于观察病毒对机体的侵染过程。

4. 基因功能研究　为研究目的基因是在何时、何种刺激下表达，将荧光素酶基因插入目的基因启动子的下游，并稳定整合于实验动物染色体中，形成转基因动物模型。利用其表达产生的荧光素酶与底物作用产生生物发光，反应目的基因的表达情况，从而实现对目的基因的研究。可用于研究动物发育过程中特定基因的时空表达情况，观察药物诱导特定基因表达，以及其他生物学事件引起的相应基因表达或关闭。

5. 各种疾病模型　靶基因、靶细胞、病毒及细菌都可以被进行荧光素酶标记，转入动物体内形成所需的疾病模型，包括肿瘤、免疫系统疾病、感染疾病等模型。可监测标记对象在体内的实时情况和对候选药物的准确反应，为药物在疾病中的作用机制及效用提供科学依据研究方法。

二、PET 成像

PET 技术已经成为动物模型研究的强有力工具，可提供生物分布、药代动力学等多方面的丰富信息，准确反映药物在动物体内摄取、结合、代谢、排泄等动态过程。小动物 PET 技术能实现绝对定量，不受组织深浅的影响。深部组织成像结果可以与浅部组织成像结果进行比较。由于放射性物质的卓越的穿透能力，因此，检测实验动物的深度没有限制，从而实现深度组织灵敏度探测；而超声成像、光学成像往往有深度限制。小动物 PET 对于浅部组织和深部组织都具有很高的灵敏度，能够测定感兴趣组织中 f 摩尔数量级的配体浓度。采用三维图像采集，可实现精确定位，获得断层信息。也可以动态地获得秒数量级的动力学资料，从而对生理和药理过程进行快速显像。PET 获得的时间-放射性活度动力学资料完整地描述了单个动物体内生物分布及配体-受体结合动力学，消除了动物间的误差，提高了所获动力学资料质量，而且减少了实验动物的数量，从费用和伦理方面更易接受。小动物 PET 的实验结果可以直接过渡到临床 PET 进行验证，为动物实验和临床研究提供了桥梁，提高了研究效率。

PET 影像技术原理是利用正电子核素标记的示踪剂进行活体显像，观测同一动物体内示踪分子的空间分布、数量及其时间变化，能够无创伤地、动态地、定量地从分子水平观察生命活动变化特点的一种定量显像技术，是实现核素成像的最经典技术。PET 利用正电子放射性核素进行扫描成像。这类放射性核素半衰期通常很短（数分钟至数十分钟），是由专用的小型医用回旋加速器现场生成，利用^{11}C、^{13}N、^{15}O、^{18}F 等发射正电子的短寿命同位素标记的各种药物或化合物。借此在化学合成仪中合成探针。药物注射至生物体内，可以实现体外无创、定量、动态地观察生物内的生理和生化变化，洞察标记药物在生物体内的活动。

（一）动物 PET 实验操作

1. 麻醉　小动物 PET 成像一般需要在麻醉状态下进行。可采用腹腔注射麻醉剂（三溴乙醇、水合氯醛等），但一般采用效果更好的气体（异氟烷，七氟烷等）麻醉方式尤其在采集时间较长或代谢期间需要处于麻醉状态的动物，应该使用呼吸麻醉方式。

2. 生理检测维持系统 小动物在扫描过程中的生命活动需要一直得到监测以防止动物醒来或死亡，要在动物身体上连接心电、呼吸、温度传感器、心电呼吸传感器可以为心电门控、呼吸门控提供信号，也可以实时检测动物生理状态。

3. 动物的摆位 研究人员通常会将动物固定在动物载床上面，通过立体框架结构固定或缠绕固定，一般采取俯卧位。

4. 图像分析 采集到的 Micro PET 数据多采用滤波反投影法和有序子集最大期望值法进行图像重建得到断层图像和三维图像。再通过影像处理软件进行统计分析。PET 显像提供的是功能信息非解剖信息，因此图像的解剖定位非常不明确；同时在大多数情况下，显像中会有多个药物摄取组织器官出现，而其边界并不明显，尤其是体型较小的动物，如小鼠进行显像时；这是传统 PET 研究中较难解决的问题。Micro PET/CT 的出现将 PET 图像与同机扫描的 CT 解剖图像融合在一起（图 5-28），利用融合图像或者精确的 ROI。

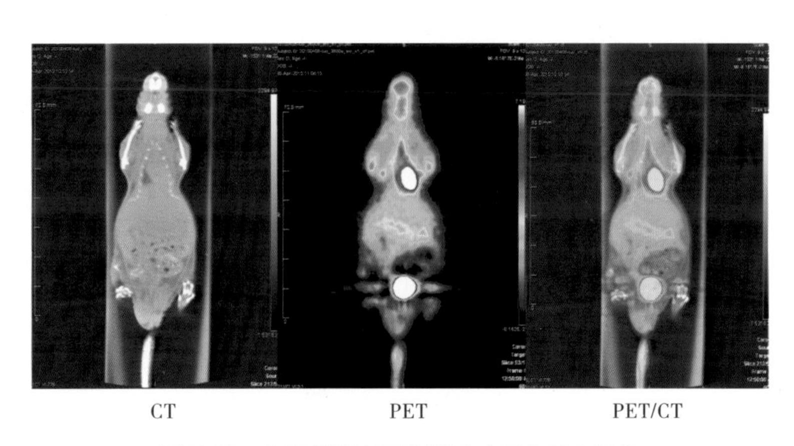

图 5-28 小鼠 PET/CT 肝脏肿瘤显像融合图像

（二）小动物 PET 在实验动物中的应用

1. 小动物 PET 在肿瘤学的研究 目前^{18}F-FDG 小动物 PET 显像可准确观察和监测转移性肿瘤的侵袭和蔓延，得到三维的形态学与肿瘤代谢定量数据，应用十分广泛。小动物 PET 还用于进行 PET 肿瘤和转移性肿瘤显像的新的肿瘤特异性标记探针的研究。

2. 小动物 PET 神经系统疾病模型中的应用 小动物 PET 能够清晰辨识动物脑内结构，通过对神经系统动物模型进行活体显像，对脑血管疾病、帕金森病、脑肿瘤、癫痫等神经系统疾病的研究提供独特的代谢与器官功能的信息。

3. 小动物心脏疾病模型中的应用 当前的小动物 PET 的空间分辨率，足以检查大鼠和小鼠的心脏，已有研究测定心肌缺血和梗死模型中葡萄糖代谢（^{18}F-FDG）和心肌血流速度（^{13}N-氨），小动物 PET 也被用于心血管疾病的一些受体现象。

4. 标记靶向探针 有关生命活动的小分子如葡萄糖、氨基酸、多肽、抗体、胆碱等都可以被标记，从而探讨生命活动的分子基础。无机的小分子药物也可以被标记，从而可以研究药物在体内的吸收、分布、分泌和排泄等过程。基因可以被标记，用于细胞示踪、基因表达、转基因小鼠以及

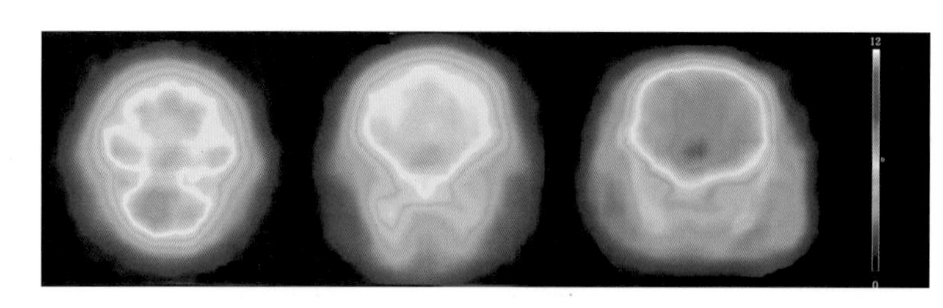

图 5-29 阿尔茨海默症（AD）小鼠脑冠状面 PET 影像（从左到右依次为正常对照，模型和安理申治疗） AD 的典型特征是与脑新皮质相关部位（后扣带回，颞顶叶和额叶多元联合区等）葡萄糖代谢受损。

基因治疗等方面。配体可以被标记，从而研究受体的功能。分子成像探针是 PET 与分子生物学的技术的结合，具有广阔的前景。目前所知，放射性核素标记的单克隆抗体片段、人鼠嵌合抗体、基因重组的生物活性物质、小分子的生物多肽、反义寡核苷酸等都已经进入小分子探针研究领域。

三、磁共振成像

小动物磁共振成像已成为研究小动物活体生物学过程最好的成像方法之一。相对于 CT，小动物 MRI 具有无电离辐射性损害、高度的软组织分辨能力以及无需使用对比剂即可显示血管结构等的独特优点。对于核素和可见光成像，小动物 MRI 具有微米级的高分辨率及低毒性的优势；在某些应用中，MRI 能同时获得生理、分子和解剖学的信息。小动物 MRI 是一个功能强大、多用途的成像系统，可直接通过 3D 序列扫描获得小动物的立体影像，对动物模型进行精确的描述。可以进行离体成像，还可以在体（活体内）获得图像，从而促进了对比研究的发展。同时，小动物 MRI 在细胞和分子水平的各种活体成像，包括基因表达传递成像、细胞示踪、肿瘤分子影像学、生物医学药材料研究等方面发挥独特的作用。

MRI 技术原理是利用一定频率的射频信号在一外加磁场内，对人体或实验动物的任何平面，产生高质量的切面图像。常规 MRI 包括 T_1 加权成像、T_2 加权成像和质子加权成像。MRI 的成像系统包括 MR 信号产生和数据采集与处理及图像显示两部分。磁体有常导型、超导型和永磁型 3 种，直接关系到磁场强度、均匀度和稳定性，并影响 MRI 的图像质量。MRI 的空间分辨率和场强直接相关，临床使用的 MRI 磁场强度一般为 0.15~2.0T。目前最先进的动物专用 MRI，具有高性能、多功能和多通道的特点；具有 4.7~11.7T 几种不同的超屏蔽磁体，比临床用的 MRI 有更高的空间分辨率。磁共振成像分两个层次：①实验小动物活体器官结构水平成像；②细胞水平成像。MRI 主要有质子密度成像、血管造影（MRA）、扩散（弥散）、化学位移成像和其他核的成像等五种成像方式。在医学生理学方面的取像包括磁共振血管摄影、磁共振胆胰摄影、扩散权重影像、扩散张量影像、灌流权重影像、功能性磁共振成像。

（一）小动物核磁共振共振成像一般操作

1. 扫描前准备　在进行小动物 MRI 扫描前，研究者首先要明确检查目的和要求，明确需要扫描的器官位置，图像的方向，需要监测的病理变化等，做到心中有数。小动物进入扫描室前应除去体内或体表的金属物品、磁性物品（如金属耳号等）。

2. 麻醉　小动物 MRI 实验一般使用小动物麻醉机，进行异氟烷气体麻醉。

3. 生理参数监护系统　在整个扫描过程中，应持续监测小动物的生命活动、生理状态，包括但不限于呼吸监测、心电监测、温度监测等。

4. 动物的摆位　根据动物大小选择合适的动物床，先将动物床置于扫描架，并固定好，传至扫描位置。根据扫描部位不同将动物固定在动物载床之上，动物摆放俯卧姿，使头正中矢状面与身体长轴平行，身体中轴线与床板中轴重合。通过调节扫描架位置，将扫描部位放置于磁场中心位置。

5. 序列选择和参数设定　根据实验的要求与扫描对象的特征确定扫描条件。首先根据扫描部位选择合适的线圈（头线圈、心脏线圈或体线圈等），根据实验需求确定扫描序列，并决定重复时间（TR）、回波时间（TE）；扫描层数、层厚、层间距、FOV 大小、扫描矩阵等参数。扫描前要对扫描对象先行定位像，并将扫描部位调整到磁场以及 FOV 中心，以求达到最佳信噪比，并保证磁场均匀性，并进行脉冲校正、匀场等操作，从而最优化图像质量。确定所有条件后开始扫描。

（二）MRI 在实验动物中的应用

1. MRI 在神经系统疾病模型中的应用　MRI 广泛应用于急性脑血管病变脑损伤、阿尔茨海默病、帕金森病、癫痫、颅脑肿瘤、脑白质损伤、精神分裂症和抑郁症模型等神经系统疾病动物模型的发病机制与疾病进程研究。T_1WI 和 T_2WI，DWI 序列对于脑部早期改变非常敏感，BOLD 序列可作为大脑功能评价指标。同时，MRI 也广泛应用于神经系统疾病药物药理研究和药效评价研究。

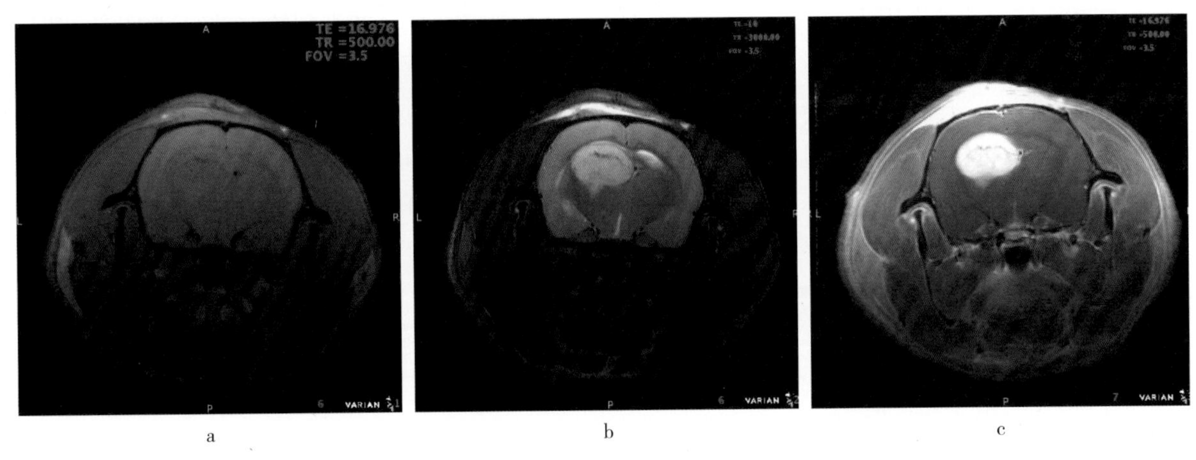

a　　b　　c

图 5-30　大鼠脑原位接种脑胶质瘤细胞 C6-Luc⁺肿瘤 MRI 图像

注：a. T_1 加权图像；b. T_2 加权图像；c. Gd-DTPA 增强 T_1 加权图像

2. MRI 在心脏疾病模型中的应用　心脏磁共振成像在心脏解剖结构的显示方面表现出特征性优势，可自由选择成像平面以较大的视野来评估心脏和血管结构间的联系，提供准确的 3D 图像等。该技术被广泛应用于心脏病变形态、冠状动脉粥样硬化病、扩张型心肌病、心肌代谢紊乱（心肌衰弱）大血管疾病动物模型发病机制与疾病进程研究中。

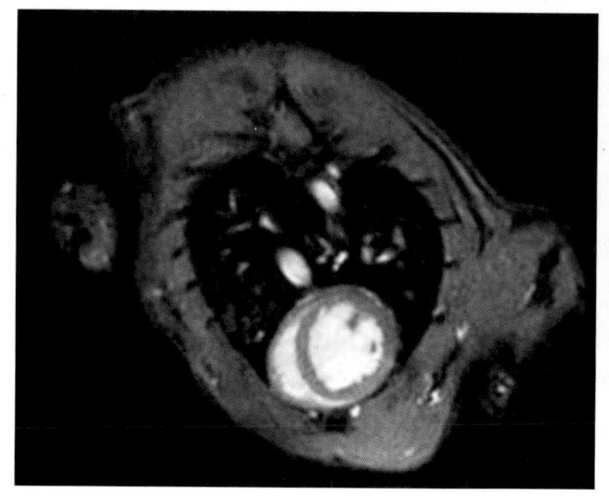

a

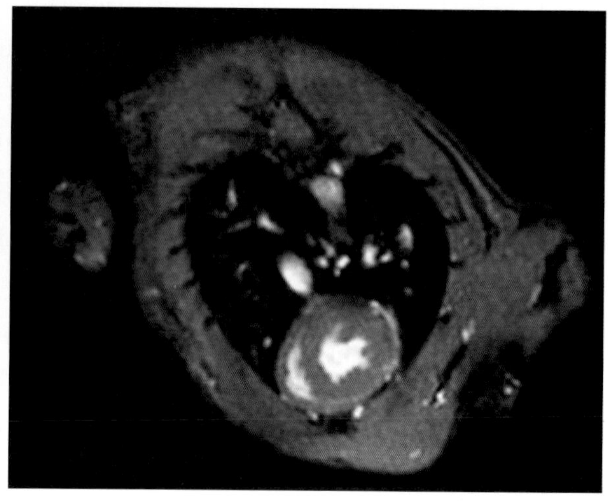

b

图 5-31 大鼠心脏电影（CINE）序列图像

3. MRI 靶向探针成像 MRI 靶向探针成像技术在实验动物模型中也得到了广泛应用。利用非特异探针（如螯合钆）可以显示非特异的分散模式，用于测量组织灌注率和血管的渗透率。靶向探针（如钆标记的抗生物素蛋白和膜联蛋白顺磁性氧化铁颗粒）被设计成特异配体（如多肽和抗体），超顺磁性氧化铁可用于标记癌细胞、造血细胞、干细胞、吞噬细胞和胰岛细胞等细胞，并在体外或体内标记后进行体内跟踪，了解正常细胞或癌细胞的生物学行为或转移、代谢的规律。

4. 磁共振波谱学 利用磁共振现象和化学位移作用，进行特定原子核及化合物的定量分析，可检测出许多与生化代谢有关的化合物，而用化学位移成像的方法就可以得到这些生物分子在体内的分布，成为研究蛋白质、核酸、多糖等生物大分子及组织、器官活体状态的有力工具。由于小动物专用的核磁共振成像仪具有超高的磁场强度，对谱线的分辨能力就更加显著。目前用于磁共振波谱测定的原子核有氢、磷、碳、氟、氮、钠和钾等原子核。

四、小动物超声成像

超声影像是在现代电子学发展的基础上，将雷达技术与超声原理相结合，并应用于医学的诊断方法，广泛应用于临床各领域，包括肝、胆、脾、胰、肾、膀胱、前列腺、颅脑、眼、甲状腺、乳腺、肾上腺、卵巢、子宫及产科领域、心脏等脏器及软组织的部分疾病诊断。B 型超声及二维超声心动图能实时显示脏器内部结构的切面图像。M 型心动图可以记录心脏内部各结构的运动曲线。超声多普勒可以检测心脏及血管内血流速度、方向及性质等。超声成像的空间分辨率和穿透深度是成反比关系。对于大鼠，小鼠等小动物的成像较少受到扫描深度的限制，因而可以采用高频超声波（20~100MHz）从而获得 30~100μm 的高空间分辨率。小动物超声影像技术是为利用疾病动物模型进行医药研究而开发的专用设备，其特点是分辨率高，可以分析大鼠、小鼠、兔等心血管、肝、肾等多种器官相关的疾病和药物研究，超声影像技术在心血管病诊断、研究方面应用最为广泛，常用于将心肌病、高血压、动脉粥样硬化、心肌梗死这些疾病的大、小鼠疾病模型研究中。

（一）超声实验操作一般步骤

1. 麻醉　在保证实验动物安全的情况下，尽量使动物进入深度麻醉，小鼠的心率应控制在300~400次/分。

2. 脱毛　大鼠需要先用推子剃毛，然后用棉棒蘸取适量脱毛膏，均匀涂布在脱毛部位，需完全覆盖脱毛部位，且浸润至表皮。静置1~2分钟后，用棉棒轻轻擦拭被毛，后用纸巾擦拭干净。

3. 固定　将导电胶涂抹于四个金属电极上，用胶布将小鼠的四只爪子固定于电极上，呈仰卧位，头部向前。

4. 体温监测　将导电胶抹于体温电极上，插入小鼠直肠，避开粪便，贴住直肠壁，再用胶布贴住固定（体温应控制在36℃以上）。

5. 耦合剂的使用　将超声耦合剂均匀涂抹于脱好毛的检测部位，厚度约5mm，其中不可产生气泡。

6. 选择与固定探头　根据实验需求与扫描部位选择合适的探头，见图5-32，将探头导线连接于主机，使探头边缘的标记线对准探头夹前部的沟槽，于探头上1/3处加紧固定，调整位置获取图像。

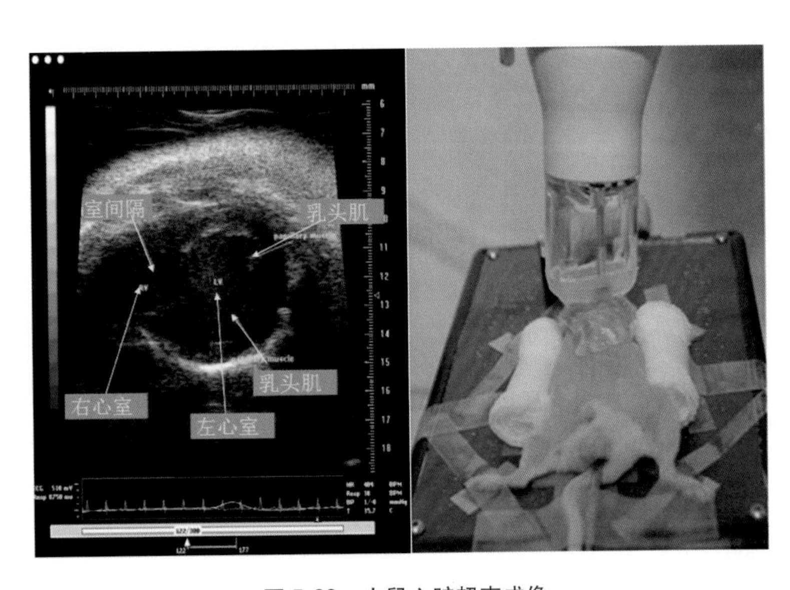

图5-32　小鼠心脏超声成像

（二）显微超声在实验动物中的主要应用

1. 超声在心血管疾病模型中的应用　可以利用其高空间分辨率观察小动物的心血管系统，能通过B型、M型超声及多普勒，监测心脏的运动、心室壁厚度、心腔的大小、瓣膜的活动、血流的速度等一系列反应心脏功能的指标，这对于研究一些心脏病方面的疾病动物模型非常重要。另外还可以通过特殊的造影剂微气泡，对一些微小血管进行观察，用于微血管病变模型的研究。

2. 超声在肿瘤模型中的应用 目前先进的显微超声系统配备有三维成像设备，可以对肿瘤进行空间扫描、立体成像，用于分析肿瘤的质地以及生长占位；此外，还可以通过能量多普勒、微气泡造影剂跟踪观察肿瘤血管的生长情况，从而动态的监测肿瘤。这对于肿瘤疾病模型的研究有很大帮助。

3. 超声在胚胎中的应用 利用显微超声的高空间分辨率，我们可以清晰的观察到小动物胚胎，研究其发育情况，监测各个重要器官的生长发育，用于某些先天性疾病模型的研究；还可以通过特殊的技术设备进行胚胎注射，建立特殊的动物模型。

4. 超声介导穿刺 超声介导下的活体穿刺技术早已应用到临床方面，但是由于设备技术的因素，在动物模型，尤其是小动物模型方面还鲜有应用。显微超声技术开发很好地解决了此问题，利用其高空间分辨率，我们可以清楚地观察到小动物的各个器官，甚至刚刚发育几天的胚胎，在显微超声设备的帮助下，可以进行如：脑室、心腔、胚胎等部位的穿刺，对于一些动物模型的深入研究有重要意义。

五、Micro CT 成像

Micro CT 成像原理是采用微焦点锥形束 X 线球管对小动物各个部位的层面进行扫描投射，由探测器接受透过该层面的 X 线，转变为可见光后，由光电转换器转变为电信号，再经模拟/数字转换器转为数字信号，输入计算机进行成像。Micro CT 采用了与临床 CT 不同的微焦点 X 线球管，分辨率大为提高，已经有分辨率为 1μm 的产品出现，在实验动物研究中，尤其对小鼠等小型动物显微效果明显。同时 Micro CT 的特点为高分辨率，小 FOV，为了提高分辨率缩小了扫描视野。另外，Micro CT 与普通 CT 采用的扇形 X 线束不同，通常采用锥形 X 线束，能够获得真正各向同性的容积图像，提高空间分辨率在采集相同的 3D 图像时速度远优于扇形射线束。Micro CT 可以采集扫描对象的体积形态、空间坐标、密度等信息。

（一）动物 CT 的一般实验步骤

1. 麻醉 CT 实验中动物使用气体（异氟烷、七氟烷等）麻醉方式效果要优于腹腔注射麻醉剂（三溴乙醇、水合氯醛等）。当采集时间较长应该使用呼吸麻醉方式。

2. 生理检测维持系统 小动物在扫描过程中的生命活动需要一直得到监测，一般会在动物身体上连接心电、呼吸、温度传感器，心电、呼吸传感器可以为心电门控、呼吸门控提供信号，也可以实时检测动物生理状态。

3. 动物的摆位 将动物置于动物载床传动至扫描位置。需要对活体动物某一特定部分高分辨率成像时，应将待扫描部位摆放至床板正中，采用激光定位装置进行轴向、水平位置的精确定位。

4. 参数设置 根据实验的需求与扫描对象的特征确定扫描条件，决定系统放大倍数与 FOV 大小，以确定空间分辨率；确定球管电压、电流、曝光时间、步进步数、旋转角度等参数，扫描前要进行物理中心校正，对扫描对象先行定位像后进行调整位置与参数，以求达到最佳信噪比，并防止曝光过度，从而最优化图像质量。确定所有条件后开始扫描。

5. 图像的重建与分析。

（二）Micro CT 在实验动物中主要应用

1. Micro CT 在骨疾病模型中的应用 骨骼系统是 Micro CT 最主要应用领域之一，其中骨小梁是主要研究对象。骨松质和骨皮质的变化与骨质疏松、骨折、骨关节炎、局部缺血和遗传疾病等有关。目前，Micro CT 技术在很大程度上取代了破坏性的组织形态计量学方法。尤其在活体微型 CT 具有微米量级的空间分辨率，可评价骨的微结构改变，从而反映骨的病理状态。与传统的组织学检查相比，微型 CT 具有无创性、操作简便等优点，已用来研究骨质稀疏所致的骨松质改变、骨的力学特性及力学负荷等；通过三维模式及形态测定反映骨微结构的改变，测定参数包括小梁厚度、小梁间隙、小梁数量等，可以分析骨的力学强度、刚度及骨折危险度。

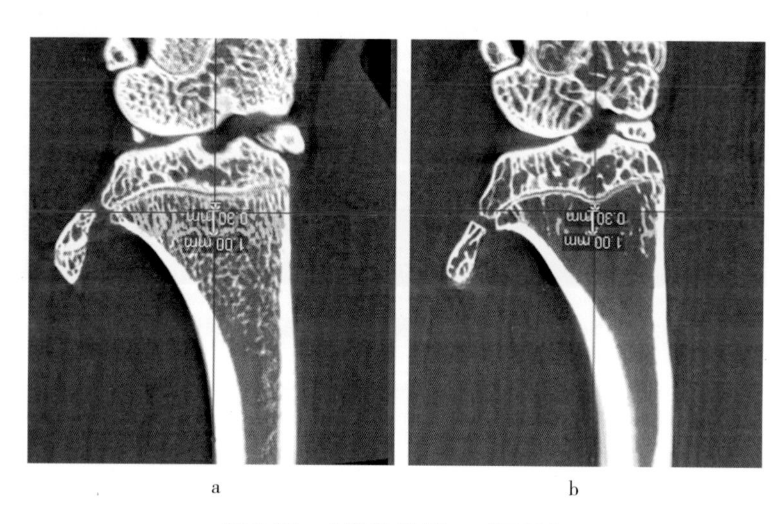

a b

图 5-33 大鼠胫骨 Micro CT 图像

注：a. 野生对照大鼠模型；b. 骨质疏松大鼠模型胫骨骨小梁明显减少

2. Micro CT 在肺疾病中的应用 Micro CT 在大脑、肝、肾等组织密度较小的器官的成像对比度稍显不足，无法清晰辨识出器官结构与边界，但肺组织固有的生理物理特性适用 Micro CT 成像，肺泡、气管、血管与病灶的密度差异使得 Micro CT 广泛应用于人类疾病模型动物模型的肺成像，可以进行动物模型的活体与离体成像对肺功能与肺微结构进行分析。使用数字图像分析技术，还能够对各种急慢性肺疾病模型进行定量分析。可显示肺部微小结构（如细支气管、肺泡管），评估肺泡结构，并能与病理学标准-组织形态学检测相对照。近年来技术的进步使得 Micro CT 在分辨率与采集速度上都大大改进，加载呼吸门控系统后可以对活体小鼠进行成像。

3. 生物材料 Micro CT 可在体或离体对生物材料样本进行高分辨率成像，可评估材料体内动态变化，可分析制备仿生材料支架的孔隙率、强度等参数，优化支架设计。

4. 疾病机制研究 Micro CT 可用于研究不同基因或信号通路对骨骼的数量或质量的影响、疾病状态对骨骼发育、修复的影响、评价高脂血症对心脏瓣膜钙化的影响、细胞因子对骨折后组织修复时血管生长的影响等。

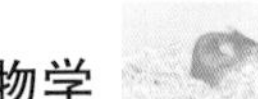

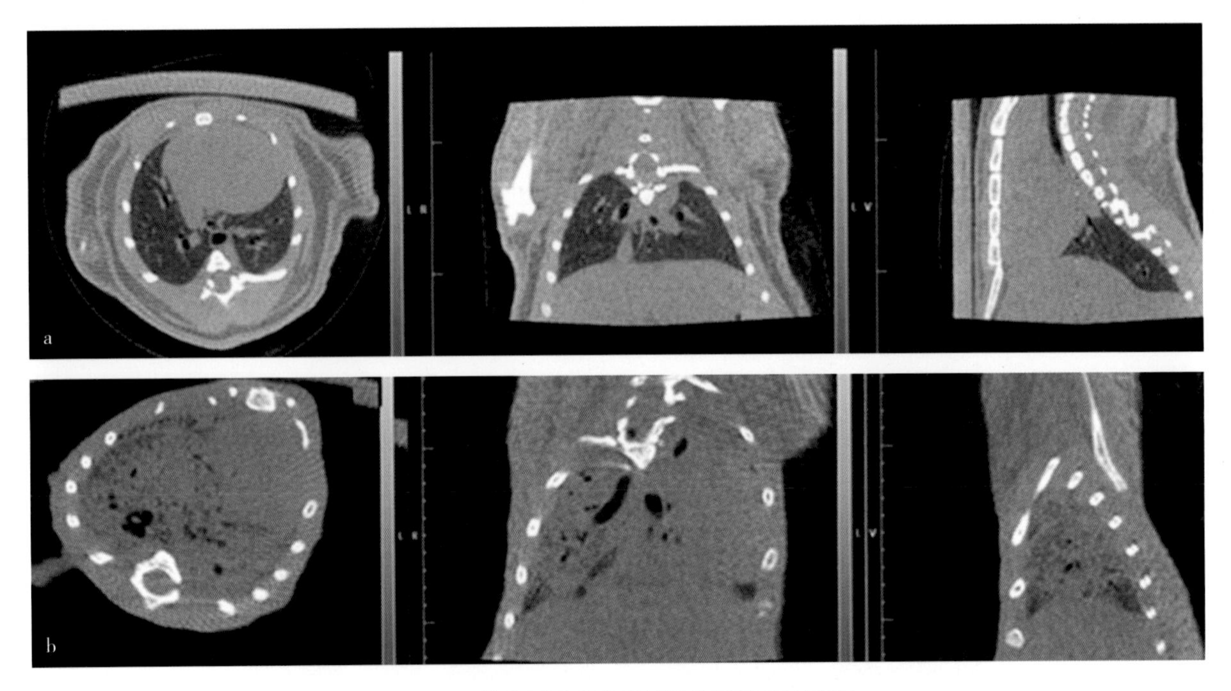

图 5-34　药物诱导小鼠肺纤维化模型疾病进程

注：a. 图为正常对照小鼠，双肺视野清晰；b. 为肺纤维化小鼠，病变区域遍布全肺，实质密度显著升高，呈蜂窝肺影

（高　凯）

第六节　感染性疾病动物模型

一、感染性疾病动物模型制备的一般原则

确定病毒性病原作为某种疾病的病原，需满足科赫（Koch）定律 6 项要素，即能从患者中分离到病毒；能在某种宿主细胞中培养；病原具有滤过性；在同一宿主种类或相关动物种类中能复制疾病；在感染的动物中能再分离到病毒；并且能检测到针对此病毒产生的特异性免疫反应。这些要素也成为动物模型的重要参考指标，关键点是病原对动物的致病性问题，换而言之，动物能不能被病原感染，复制、模拟出全部或部分疾病特征的问题。感染性疾病动物模型是以导致感染性疾病的病原感染动物，或人工导入病原遗传物质，使动物发生与人类相同疾病、类似疾病、部分疾病改变或机体对病原产生反应，为疾病系统研究、比较医学研究以及抗病原药物和疫苗等研制、筛选和评价提供的模型。感染性动物模型包括 3 个要素：确切的病原、明确的动物和充分的实验室指标。

二、感染性疾病动物模型制备方法

感染性动物模型的制备方法通常是选用标准化感染性病原，确定一定剂量，经不同途径感染候选动物，观察特征性临床表现，病原学指标、血清学指标、病理生理学指标和免疫学指标以及其他辅助性指标，评价、明确模型类型，综合评价模型的应用程度、范围和比较医学用途等（图 5-35）。

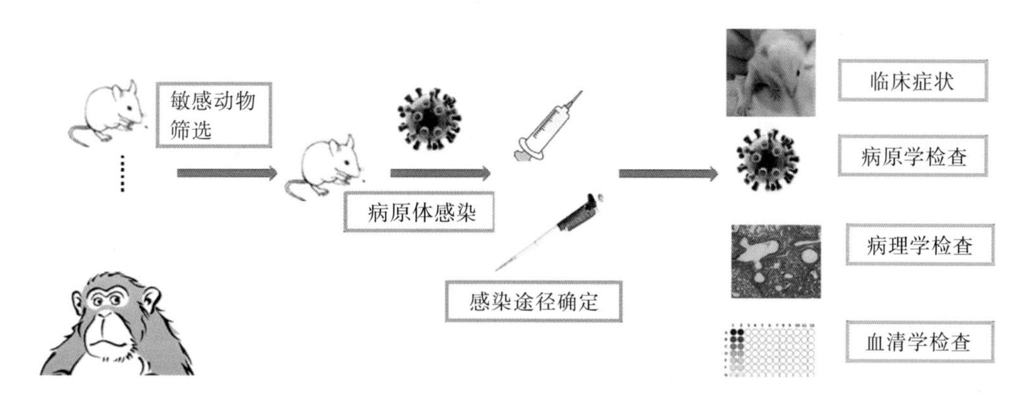

图 5-35 感染性疾病动物模型建立的流程图

针对感染性疾病不同的感染途径，可通过非自然途径感染动物，研究病原的致病性差异等。多种途径同时感染可综合了解病原和机体的相互作用。新发传染病病原传播机制研究、不同动物相互感染等研究均可利用不同传播途径设计制备模型。以下是常用感染方法。

1. 经鼻接种方法　经呼吸道传播的病原体多采用经鼻接种方法感染实验动物。经鼻感染方法有滴鼻和喷雾两种常见方式。

滴鼻感染方法，据动物呼吸频率滴入感染性液体，使液体被动物自主性吸入。通常选择一侧鼻孔滴入感染性液体，双侧鼻孔滴加易引起动物窒息死亡。操作时应注意，滴入液体的速度和体积，滴入速度过快会导致刺激动物吞咽，使液体被大量吞入消化道，另外滴过快或体积过大会引起动物窒息死亡。动物自主吸入感染性液体同时会有少量液体被呼出，应按照病原体微生物等级在相应等级实验室内进行防护和操作。雾化吸入方法需要有雾化设备，多采用气溶胶发生器，感染过程控制雾化体积，病原体含量以及持续时间。雾化吸入法更接近动物自然感染方式。

2. 灌胃接种方法　经粪口途径传播的病原体多采用灌胃接种方法感染实验动物。动物灌胃法是用灌胃器将感染性物质灌到动物胃内。灌胃器由注射器和特殊的灌胃针构成。灌胃针的尖端焊有一小圆金属球，金属球为中空的。焊金属球的目的是防止针头刺入气管或损伤消化道。操作时注意，动物胃容积，灌胃体积要小于动物耐受量。同时注意灌胃的速度和体积，过快或体积过大导致动物呕吐易引起窒息。

三、感染性疾病动物模型鉴定方法

建立感染性疾病动物模型，需采用适当方法证明感染是否成功。目前常用方法有以下几种。

1. 临床症状观察　实验动物感染病原微生物后会出现其特征性临床症状的变化，例如，体重下降、精神萎靡、活动度下降、腹泻、嗜睡等，甚至出现死亡。动物感染后出现典型的临床症状，初步表明动物已被感染。根据病原体引起人类疾病或动物疾病分级，进行症状评分，量化动物患病的严重程度，便于比较和分析。

2. 病原体检测方法　实验动物被感染后，在病原体繁殖的高峰期取组织分离目标病原微生物。采用病原体敏感细胞测定组织病毒滴度，绘制病毒在动物体内复制动力曲线，确定复制高峰期，为研究病原体致病机制，评价疫苗药物作用效果确定合适取样时间。

PCR 方法的特点是简便、快捷、灵敏、特异，该方法用于早期快速确定动物被病原体感染。

免疫组织化学方法检测组织中的病原体的抗原，确定病原体在感染动物体内组织分布。

3. 血清学检测方法　实验动物被病原体感染后可产生特异性抗体，用 ELISA 法或中抗体方法检测血清中特异性抗体可间接证实体动物已被感染。抗体检测还可用于实验开始前入组动物的筛选，目标病原微生物抗体为阳性的动物应被剔除。病原体感染后引起宿主病毒血症或菌血症，用 ELISA 法检测抗原可直接证明动物已被感染。

4. 病理学检测方法　根据疾病的整体和局部病变特点做出病理学诊断。被感染动物出现典型临床症状后，按照疾病进展时间，分时间段处死动物进行病理学检查。首先肉眼观察被感染动物组织器官大体病理变化，然后在明确病变区域或主要靶器官切取一定大小的组织，用病理组织学方法制成病理切片用显微镜进一步检查病变。

5. 其他鉴定　动物感染后会引起血细胞、血液生化指标、免疫细胞、细胞因子等多种变化。血细胞检测方法用于检测血液细胞总数、分类计数以及比例的变化；血生化检测用于检测血液中多种酶含量、离子含量等；血气检测动脉血或静脉血中血氧分压、二氧化碳分压、碳酸盐含量等变化。其他检测方法包括影像学检测、流式细胞检测等。

（鲍琳琳）

第六章

实验动物福利

随着人类社会的进步，生命科学技术的发展，实验动物作为医药研发、生命科学及医学研究的重要支撑条件日益得到人们的重视。实验动物从业人员的专业素质、操作理念、动物实验过程中的技术操作等因素会影响实验动物的精神状态和生理状态，直接影响到实验结果的准确性和可靠性，不能客观地体现动物实验的真实性和准确性。从科学角度看，善待动物既是人道主义的需要，也是科学实验的需要。国际上不同国家对实验动物管理和立法虽有不同特点，保障动物福利和保证动物实验质量两个方面是各国的共识。实验动物生命的全过程都应当得到良好的照顾，保持实验动物稳定的心理、生理状态，使动物实验得到理想的结果。

本章重点介绍实验动物福利伦理原则，实验动物的使用和管理以及实验动物福利和伦理审查的内容。

第一节　实验动物福利原则

实验动物福利（laboratory animal welfare）是指在实验动物饲养及动物实验设计、实验操作过程中和实验操作结束后，采取相应的措施，尽可能减轻对动物造成在生理和心理上的伤害。让动物在康乐的情况下生存，其标准包括动物无任何疾病、无行为异常、无心理紧张、压抑和痛苦等。1822年英国通过了世界首部动物福利保护法《马丁法》，美国于1966年颁发了世界上第一个《实验动物福利法》，我国在2006颁布了《关于善待实验动物的指导性意见》，是第一个专门关于实验动物福利伦理管理的规范性文件，对实验动物的饲养、运输、使用、研究等环节提出了实验动物福利的规范，要求在实验动物的使用过程中，应将动物的紧张和疼痛减少到最低程度。

一、动物享有的五大自由

实验动物的福利贯穿于实验动物的饲养、运输、实验设计、实验过程及实验后处理等各个环节。动物福利包括生理福利、环境福利、卫生福利、行为福利和心理福利的五个基本要素。按照现在国际上通认的说法，动物福利被普遍理解为五大自由。

（一）享有不受饥渴的自由

生理福利，提供动物保持良好健康和精力所需要的食物和饮水。

（二）享有生活舒适的自由

环境福利，提供适当的动物饲养设施或栖息场所，让动物得到舒适的休息和睡眠。

（三）享有不受痛苦伤害和疾病威胁的自由

卫生福利，保证动物不受额外的疼痛，对动物采取疾病预防、疾病诊断和疾病治疗的方式。

（四）享有生活无恐惧感和悲伤感的自由

心理福利，保证避免动物遭受精神痛苦的各种条件和处置。

（五）享有表达天性的自由

行为福利，给动物提供足够的空间、适当的设施以及与同类动物一起生活。

二、3R 原则

1959 年，W. M. S. Russel 和 R. L. Burch 出版了科研工作者在考虑动物实验中实验设计时替代、优化和减少的实际策略——3R 原则。人们逐渐认识到应用 3R 不仅是适应动物保护主义的一种需要，而且也符合生命科学发展的要求。目前 3R 已被国际上科研工作者在决定研究和设计人性化动物科研时广泛接受。

（一）减少原则（reduction）

尽可能减少实验中所用动物的数量，提高实验动物利用率和动物实验精确度。在动物实验设计过程中，采取合理的设计和统计分析方法，根据实验的目的要求，使用较少量的动物获取同样多的实验数据，或将使用的动物数量（样本含量）减少到最低，并保证实验的科学性。制定标准操作规程，提高动物实验成功率。针对不同的实验目的，应采取不同的实验设计方案，利用已有的研究数据，使用相应的统计分析方法计算其所需要的样本量。使用近交系动物开展相关疾病发病机制的研究实验，因其遗传背景的高度一致，则少量的动物即可满足统计学意义的要求。

例如，在毒理学实验中常进行急性毒性试验来观察动物出现的毒性反应，作为后续毒理试验剂量选择的参考和提示后续毒性试验需要重点观察的指标。过去使用的经典方法是测定药物的半数致死量（LD50，预期引起 50%动物死亡的剂量），标准方法是应用 4~6 个剂量，每个剂量 10 只动物，该值是经统计学处理所推算出的结果，不同实验室对于同一药物所得出的结果差异较大。现在多采用近似致死量法、最大给药量法、最大耐受量法获取相关信息，大大减少了动物的使用量。

（二）优化原则（refinement）

采用适当的实验方法减少动物的精神紧张和痛苦。在实验操作过程及实验操作后的护理过程中，通过改进和完善实验程序，避免、减少或减轻给动物造成的疼痛和不安，或为动物提供适宜的生活条件，以保证动物健康和康乐，保证动物实验结果可靠性和提高实验动物福利的科学方法。

1. 实验方案的优化　在实验方法的选择、实验动物的选择与使用和统计分析等方面进行方案的优化，既可以减少动物的使用量，又可获得高精确度的结果。

2. 实验指标的优化　实验指标的选取尽量考虑全面。实验动物是活的生命体，其生理机制和生理反应随时间而发生变化，单一的测量指标无法说明复杂的变化。应尽可能全面地记录动物的变化，包括体重、摄食、活动、血液学指标等。同时确定采样时间、采样方式和采样部位。

3. 实验技术的优化　饲养管理人员和实验操作人员在进行操作前应进行相关的培训，熟练、准确地进行操作。

4. 实验环境条件的优化 实验动物饲养环境对实验结果影响很大。环境因素包括温度、相对湿度、噪声、压差、照度、笼具、氨浓度、饲料、饮水、垫料等。在实验研究中，要充分考虑动物的生理和心理上的需求。

（三）替代原则（replacement）

在可能的条件下，用体外试验替代动物体内试验，使用低等级替代高等级动物、用无脊椎动物替代脊椎动物、用组织细胞替代整体动物、用分子生物学、人工合成材料、计算机模拟等非动物实验方法替代动物实验，并达到与动物实验相同的目的。建立与动物实验具有同等说服力的替代实验方法，从推动科学进步和发展的层面上体现了实验动物福利，也是社会走向稳定和文明的重要标志。欧盟2013年后禁止用动物试验检测化妆品原料及成品进入欧盟市场，并列入WTO双边协议的条款。替代理论方法涉及科研、教育、化学品、化妆品、疫苗等社会发展的各个层面，目前较成熟的替代试验有：神经发育毒性动物实验替代方法，贝类毒素检测的动物替代方法，化妆品安全检测的动物实验替代方法（皮肤刺激性/腐蚀性试验、皮肤变态反应试验、皮肤光毒性试验、眼刺激试验）和化学品的毒性试验等。

第二节 实验动物使用和管理

实验动物使用和管理是一个系统管理，包括硬件、软件和人员管理，涉及实验动物生产和实验动物使用两个方面。

一、实验动物的饲养环境和管理

（一）硬件管理

硬件是指设施设备符合实验动物福利的要求，环境福利的基本原则是必须保证动物有一个洁净、安全、舒适的居住环境。国家标准《实验动物设施及设施》中对实验动物的环境有明确的要求指标。实验动物饲养的福利环境要求包括动物设施布局合理，人流、物流、动物流分布合理，没有交叉污染的可能；各类设施（饲料、垫料、笼具及其他动物用品的存放设施）的配置合理，防止与实验系统相互污染；动物饲养设施能够根据需要调控温度、湿度、空气洁净度、氨浓度、通风和照明等环境条件；环境指标（温度、相对湿度、噪声、工作照明度、动物照明度、气流速度、换气次数、压强梯度，氨浓度）符合国标的相关技术要求。

（二）软件管理

软件包括管理组织、各项规章制度、操作程序等管理体系文件。管理过程包括项目的申请、动物的采购和运输、动物饲养、动物实验操作过程和实验操作后的处理。为了保证动物福利，应建立相应的管理和标准操作规程（SOP），建立包括动物设施管理、动物饲养、动物给药、动物麻醉等内容，使其满足动物福利的要求并覆盖动物设施内的所有操作。

（三）人员管理

实验动物从业人员应经过培训，具有相关资质，并了解动物实验SOP的内容，严格按照其要求完成工作，保存设施运行记录和动物实验记录等。

二、实验动物医学管理

实验动物医学管理是通过实验动物医师的职责来实现的，它的首要职责是监督用于研究、实验、教学和生产中动物的福利和临床保健，该职责还可扩展为监督和提供动物在整个使用过程中和整个生命阶段的福利。实验动物医师的工作内容贯穿于动物饲养、动物实验和实验后处理的全过程。完善的实验动物医师管理包括下列各项有效的管理。

（一）实验动物采购

实验动物采购前，应该充分论证所使用的实验动物，严格控制动物的使用数量，明确其品种、品系及亚系的确切名称，向有实验动物生产资质的生产机构采购。在购入实验动物时，需要向供货单位索取有效的实验动物生产许可证、实验动物的遗传背景资料，所购实验动物的微生物检查资料，确保实验动物质量合格。

（二）实验动物的运输

可分为两种形式，即从实验动物供应机构到使用单位间的运输，及使用单位在内部设施之间的运输。任何形式的运输，都会对动物的生理和心理造成一定程度的影响。如果运输时间较长，应给动物补充饲料和饮水。运输后为了减少应激对动物实验结果的影响，不应立即进行试验，而应给予动物适宜的适应期以消除应激的影响。实验动物运输要求使用合适的运输笼具和专用的运输工具。在动物运输过程中，给实验动物造成严重伤害或大量死亡的视为虐待实验动物。

（三）动物的隔离与检疫

实验动物使用机构应针对不同种属的动物，建立相应的隔离和检疫程序，确保进入动物实验设施内的动物健康合格。要求包括实验动物生产机构应提供的合格证明，独立的隔离和检疫设施，大动物到达后 24 小时内应得到体检，明确隔离期限等。

（四）动物疾病的监测、预防和治疗

保证每天观察所有的实验动物，建立观察、报告和处理程序。针对不同的实验动物，应制定不同的疾病预防、诊断和治疗方案。妥善保存动物安乐死记录和治疗记录。

（五）疼痛分级

目前国际上公认的动物疼痛分级是美国农业部（USDA）的动物疼痛分级标准，包括 5 级，分别是：

1. A 级　动物园式仿生圈养之苦。
2. B 级　实验动物笼养限制之苦。
3. C 级　实施实验的动物没有疼痛、紧张，或轻微或一过性的疼痛、紧张。如注射、口服、完整的麻醉、安乐死等。
4. D 级　实验过程中有短时间疼痛和紧张，但实施合适的麻醉和镇痛可以缓解。如麻醉中插管或植入导管，简单外科手术，在全身麻醉下进行的重大手术，物理性保定等。
5. E 级　持续疼痛或损伤不能缓解，中等至严重程度的紧迫或不适。如辐射性病痛，非安乐死的处死方法，烧烫伤或创伤性苦痛，病原微生物感染，给予不可预见结果的药物，及任何会造成接

近疼痛阈值且无法以止痛剂解除的疼痛操作。

在动物实验中涉及的动物疼痛分类，大部分是 C 级到 E 级的疼痛。

（六）动物的麻醉和镇痛

良好的麻醉和镇痛，可以消除实验过程和手术中的动物疼痛和不适感，保证实验动物的安全，确保实验顺利进行；以安全性、有效性作为选择麻醉药物的中心原则。

选择麻醉药时应考虑的因素包括：不同实验动物对同一麻醉药物的敏感性存在差异；同一实验动物对不同麻醉药物的敏感性存在差异；动物的生理状态不同，对同一种麻醉药物的敏感性存在差异；所进行的动物实验不同，选择的麻醉剂存在差异；麻醉途径不同，选择麻醉药物也存在差异；麻醉持续时间不同，选择的麻醉剂也存在差异。使用麻醉剂和镇痛药时应注意动物麻醉前宜禁食；配制的药物浓度适中；动物在麻醉期要采取保温措施；使用镇痛药时，应考虑阿片药物的耐药及戒断现象。

（七）动物术前、术中和术后护理

在生命科学研究中，外科手术经常是动物试验的一个重要组成部分，为了确保试验的可靠性、准确性和可重复性，并尽可能减轻手术给动物造成的痛苦，在手术过程及手术前后，应给实验动物合理而科学的护理。对于可能出现的异常，要在手术前充分考虑并有处理的预案。

1. 术前护理　包括手术前准备，如禁食、麻醉插管、建立静脉通路、手术部位的备皮和消毒等。

2. 术中护理　包括合理使用麻醉剂、注意无菌操作、合理使用抗生素、动物生理指标的检测等。

3. 术后护理　包括麻醉苏醒中动物的保温、保证呼吸道畅通、检测呼吸、血压、心率等生命体征，防止术后并发症，保持动物的安静和适宜活动，合理的饮食及输液，适当与动物接触等。

（八）仁慈终点的判断

如果动物的死亡是可预期或必然的实验结果，则研究者应依据病理、生理或行为详细描述动物实验的终点（endpoints）；如无法以其他方式解除动物的疼痛时，应在动物呈现垂死、死后组织自体溶解或死后被笼内其他同类相食前以人道的方式实施安乐死。处死动物的决定由兽医在充分考虑动物生命的尊严而又无其他解决办法时决定。

（九）安乐死

实验动物的安乐死是指在不影响动物实验结果的前提下，用公众认可的、以人道的方法处死动物的技术，使实验动物短时间内在没有惊恐和痛苦的状态下死亡。不会由刺激产生的肉体疼痛及由于刺激引起的精神上的痛苦、恐怖、不安及抑郁，避免对其他动物造成恐惧感。在科学研究中，安乐死不但可以解决动物遭受的严重疼痛，并可通过完整的尸体解剖更进一步了解动物的状态，有助于获得完整的实验数据。动物在供科学研究利用后如陷入不可恢复状态时，研究者应尽可能快地采取动物无苦痛的方法处置动物。对不同的实验动物，应制定相应的安乐死的方式，尽量减轻动物的痛苦。

1. 选择动物安乐死应考虑的因素　包括无法有效控制的疼痛；过度的肿瘤增长或腹水产生；持续性的倦怠，不清洁皮毛（皮毛粗糙无光泽）；食物及水分摄取量下降、尿液及粪便量减少；对人类触碰的物理性反应异常（退缩、跛行、异常攻击性、尖叫、夹紧腹部、脉搏和呼吸次数上升）；

体重下降（20%~25%），生长期动物未增重；脱水；四肢无法行走；体温异常（过高或过低）；脉搏和呼吸异常（过高或过低）；磨牙（常见于兔子及大型农场动物）、流汗（马）；持续性的自残行为，自我伤害疼痛部位；疼痛部位的炎症反应；恶病质（严重贫血、黄疸），异常的中枢神经反应（抽搐、颤抖、瘫痪、歪头等）；因实验因素无法治疗的长期下痢和呕吐，畏光，明显的功能损伤，动物遭受长期窘迫时的行为及生理现象等。

2. 安乐死常用方法　包括物理性方法和化学药物麻醉处死方法。对啮齿类实验动物，可采用脱颈椎法（体重小于200克），用二氧化碳或巴比妥类药物过量麻醉终结生命；对实验兔、犬等动物，可用二氧化碳、异氟烷、巴比妥类麻醉方式终结生命；对非人灵长类动物，先用氯胺酮麻醉，然后再用巴比妥类过量麻醉终结生命。

（十）实验后废弃物处置

实验后废弃物包括人员使用过的一次性防护设备、实验材料和动物尸体。一次性工作服、口罩、帽子、手套及实验废弃物等应按医院污物处理规定进行统一回收；注射针头、刀片等锐利物品应收集到利器盒中统一处理；动物尸体及组织装入专用尸体袋中存放于尸体冷藏柜或冰柜内，集中做无害化处理，不得将动物尸体或废弃物随意丢弃。所有废弃物的处置均要达到环保要求和生物安全的要求。

第三节　实验动物福利和伦理审查

中国2006年颁布的《关于善待实验动物的指导性意见》中要求设立实验动物管理和使用委员会（the institutional animal care and use committee，IACUC）。美国国家学术研究委员会出版的《实验动物保护与使用指南》（guide for the care and use of laboratory animals）已更新到第8版，为IACUC的工作提供了指导意见，包括动物饲养管理和使用计划，动物的环境、饲养和管理，兽医保健管理和动物设施总体规划。国际上包括中国在内的大多数国家均以此为原则。《Science》《Cell》等世界学术界顶级刊物要求对于动物试验研究中使用的实验动物必须获得作者所在机构的批准。

一、实验动物管理和使用委员会（IACUC）

任何单位或机构，只要饲养或使用实验动物必须要建立实验动物福利管理机构，即IACUC。单位内的IACUC负责对本单位开展的所有关于实验动物的研究、繁育、饲养、生产、经营、运输以及各类动物实验的设计、实施过程等所有使用实验动物的项目进行伦理审查，各类动物试验都应获得福利和伦理的批准方可开始实施，并接受日常的监督检查。IACUC的职责包括：

（一）伦理审查

伦理审查应明确伦理审查的程序和审查的原则。IACUC受理有关实验动物项目审查的申请。福利伦理审查原则包括：

1. 动物保护原则　审查动物实验的必要性，对实验目的、预期利益与造成动物的伤害、死亡进行综合的评估。禁止无意义滥养、滥用、滥杀实验动物。制止没有科学意义和社会价值或不必要的动物实验；优化动物实验方案，减少不必要的动物使用数量；在不影响实验结果的科学性、可比性情况下，采取动物替代方法。

2. 动物福利原则 保证实验动物生存时包括运输中享有最基本的权利，享有免受饥渴、生活舒适自由，享有良好的饲养和标准化的生活环境，各类实验动物管理要符合该类实验动物的操作技术规程。

3. 伦理原则 应充分考虑动物的利益，善待动物，防止或减少动物的应激、痛苦和伤害，尊重动物生命，制止针对动物的野蛮行为、采取痛苦最少的方法处置动物；实验动物项目要保证从业人员的安全；动物实验方法和目的符合人类的道德伦理标准和国际惯例。

4. 综合性科学评估原则 公正性：IACUC 的审查工作应该保持独立、公正、科学、民主、透明、不泄密，不受政治、商业和自身利益的影响。必要性：各类实验动物的应用或处置必须以有充分的理由为前提。利益平衡：以当代社会公认的道德伦理价值观，兼顾动物和人类利益。在全面、客观地评估动物所受的伤害和应用者由此可能获取的利益基础上，负责任地出具实验动物或动物实验伦理审查报告。

（二）人员培训

为保证 IACUC 有效运行并得到不断完善，必须对参与实验动物使用与管理活动的所有人员进行培训，包括对委员的培训，对实验动物医师、动物实验操作人员、实验动物饲养人员和管理人员的培训。应明确接受培训的范围、培训计划的制定、培训的形式、培训的内容和要求、培训结果的评价等。

（三）兽医保健

实验动物医师是保证实验动物福利的关键人员。工作制度中应明确总兽医、副总兽医、主管兽医的任职条件和职责，明确其责任权限。定期对实验动物医师工作进行检查，检查内容包括动物疼痛的识别、麻醉药的使用和管理、濒死动物的处理、动物执行安乐死的时机等。总兽医有机会接触机构内的所有实验动物，有权决定动物是否执行安乐死和终止实验。

（四）监督检查

IACUC 对本单位的实验动物生产和使用情况进行全面监督检查，明确检查的频率和形式、检查的内容、检查结果的处理等。定期组织专家、学者对机构的动物设施运行管理和动物实验进行检查，发现问题时应明确提出整改意见，严重者应立即做出暂停实验动物项目的决议。检查内容包括人员是否培训、设施设备是否符合国标要求；动物运输、生产和使用是否符合动物福利伦理原则；饲料、垫料、饮水是否符合动物健康要求；实验方案是否经过福利伦理审查；实验过程是符合要求；动物处死是否符合安乐要求；动物尸体处理是否符合环保要求。及时指出发现的问题，并监督其改正。

二、福利伦理审查举例

研究者在试验开始前应向 IACUC 提交正式的实验动物使用申请书，IACUC 根据实验研究的科学性和动物福利伦理审查原则进行判断是否批准申请。下面以“某注射液静脉注射比格犬急性毒性试验”的申请为例，说明试验申请书的内容。

（一）申请者基本情况

包括申请者及所有参与课题中接触实验动物的人员姓名，以及是否接受实验动物使用的相关培训，培训内容包括实验动物从业人员上岗证培训，实验动物设施运行与管理，动物实验操作基本技术的培训。

（二）所需实验动物

比格犬，普通级，6 个月龄，5.0~6.0kg，6 只，雌雄各半，动物购自某比格犬养殖中心，动物饲养在普通级非啮齿类动物设施内。

（三）动物的运输

由动物供应商使用动物专用运输笼具和车辆运输，如果运输时间超过 6 个小时，需要中途停车补充动物饮水。由动物供应商提供由当地动物主管部门颁发的动物合格证明。

（四）使用实验动物的原理

本试验根据国家食品药品监督管理局《药物单次给药毒性研究技术指导原则》的要求，比格犬是长期毒性试验的首选非啮齿类实验动物之一，且有关的实验背景资料丰富，动物供应充足。因此选择比格犬进行该实验。本试验采用最大给药量法，24 小时内给药 2 次。

（五）动物实验的设计和操作程序

1. 动物识别　动物采用挂牌法，胸牌上写明动物编号，同时在动物饲养笼上标明动物编号。

2. 动物分组　使用 6 条比格犬，按体重随机分为 2 组，对照组 2 只，剂量组 4 只。

3. 给药途径　静脉注射。

4. 给药剂量　剂量组动物给予受试物，每次 25mg/kg，25mg/ml，对照组动物静脉注射等体积的生理盐水注射液。

5. 给药次数　1 天 2 次，间隔 4 个小时，共 1 天。

6. 动物的限制方法　动物在取血检测前 12 小时禁食、不禁水。

7. 标本收集　给药前测定动物体重、体温、心电图各 2 次，测定血液学指标（EDTA 抗凝血）和血清生化（自凝血）指标各 2 次。动物从前肢内侧静脉采血 1.5ml，分别进行 EDTA 抗凝血 0.5 ml 和自凝血 1ml。给药后第 1 天、第 2 天、第 3 天、第 7 天和第 14 天各测定动物体重、体温、心电图、血液学指标和血清生化指标 1 次。

8. 实验对动物的损害程度　因该受试物的毒性未知，本实验方法为最大给药量法，有可能对动物的肝功能和肾功能造成损害。

9. 实验终结标准　给药后第 15 天动物实施安乐死，如实验期间动物出现不能进食、体重下降大于 20%、眼睑反射消失时由实验动物医师决定实施安乐死。

（六）导致疼痛的分类

此试验给予动物不可预见结果的药物，因此疼痛等级为 E（不能缓解的疼痛）。

（七）动物护理

抓取动物实验对动物造成的恐惧，实验操作者应在实验开始前与动物建立良好的感情沟通，使动物逐渐消除恐惧。如果动物出现毒性反应，不能给予药物治疗以缓解动物痛苦，要注意动物饲养环境温湿度的调控（温度在 20~26℃，湿度在 30%~70%），使动物有比较舒适的饲养环境，低噪声。必要时使用电热毯给动物保温。

（八）安乐死方法

使用戊巴比妥钠200mg/kg进行过量麻醉处死。

（九）动物尸体处理

放入-20℃冰柜中冷冻，待专业的动物尸体处理公司进行无害化处理。

（十）特殊仪器设备

动物在进行心电图检测时，为防止动物运动影响测量结果，将动物放在特殊的固定器中，该固定器使用帆布从动物腹下通过，并承担动物体重，动物的头部和四肢均可自由活动。固定时间3~5分钟，不会对动物造成生理和心理的痛苦。

IACUC可采用会议审查或指派委员审查的方式进行，申请者根据委员提出的审查意见进行修改，直至符合要求，则审查的委员在申请书上签字，并将审查结果通知申请者。申请者根据申请书批准的内容进行试验。IACUC定期组织专家、委员对正在进行的试验进行监督检查，对不符合申请书要求的试验进行警告，直至停止试验。

（高 虹 杨志伟）

第七章

动物实验的生物安全

本章重点介绍实验室生物安全的基本概念和要求，动物实验中的生物安全知识和安全操作，动物实验的审查要点，生物安全风险评估以及依据评估采取相应的防护措施。

第一节　实验室生物安全基本概念

提起实验室安全问题，大家会想到发生过的许多“著名”事件和事故，包括实验室人员感染结核、出血热、猴B病毒，甚至SARS等。其实，实验室生物安全事件造成的实验人员得病、死亡只是极端例子。而无时无刻发生在实验室涉及的化学品、药品、试剂、辐射、热、电、水、病原微生物、实验材料以及实验动物等造成的潜在或一般性事件，很容易被忽略。生物安全要求动物实验人员必须具备良好的生物安全意识，掌握生物安全知识和操作技能，将生物安全风险降到最低程度。

一、实验室生物安全

实验室生物安全（laboratory biosafety）是指实验室的生物安全条件和状态不低于容许水平，可避免实验室人员、来访人员、社区及环境受到不可接受的损害，符合相关法规、标准等对实验室生物安全责任的要求。动物实验的生物安全重点强调在动物实验过程中涉及的各个环节可能导致的生物安全问题及相应的安全防护。

二、病原微生物分类

我国根据病原微生物的传染性、感染后对个体或者群体的危害程度，将病原微生物分为四类：第一类病原微生物，是指能够引起人类或者动物非常严重疾病的微生物，以及我国尚未发现或者已经宣布消灭的微生物；第二类病原微生物，是指能够引起人类或者动物严重疾病，比较容易直接或者间接在人与人、动物与人、动物与动物间传播的微生物；第三类病原微生物，是指能够引起人类或者动物疾病，但一般情况下对人、动物或者环境不构成严重危害，传播风险有限，实验室感染后很少引起严重疾病，并且具备有效治疗方法和预防措施的微生物；第四类病原微生物，是指在通常情况下不会引起人类或者动物疾病的微生物。第一类、第二类病原微生物统称为高致病性病原微生物。

操作病原实验，应在相应等级生物安全实验室中进行，具体要求参见卫生计生委颁布的《人间传染的病原微生物名录》。

三、生物安全实验室分级

生物安全实验室（biosafety laboratory）是指通过防护屏障和管理措施，达到生物安全要求的病原微生物实验室。具体讲生物安全实验室主要通过设施（facilities）、设备（equipment）、人员装备（practices）的有效结合实现生物安全保护原则。实验室是通过设施结构和通风设计构成物理防护，防护的能力取决于实验室分区和室内气压，要根据实验室的安全要求进行设计。通过实验室功能和实验室各种设备，如高压蒸汽灭菌器、生物安全柜和个人防护装备，保证病原“污染”能得到有效控制。

根据实验室对病原微生物的生物安全防护水平，并依照实验室生物安全国家标准的规定，将生物安全实验室（bio-safety level，BSL）分为4个等级：一级生物安全实验室（BSL-1）适用于操作在通常情况下不会引起人类或者动物疾病的微生物，即四类病原；二级生物安全实验室（BSL-2）适用于操作能够引起人类或者动物疾病，但一般情况下对人、动物或者环境不构成严重危害，传播风险有限，实验室感染后很少引起严重疾病，并且具备有效治疗方法和预防措施的微生物，即三类病原；三级生物安全实验室（BSL-3）适用于操作能够引起人类或者动物严重疾病，比较容易直接或者间接在人与人、动物与人、动物与动物间传播的微生物，即二类病原；四级生物安全实验室（BSL-4）适用于操作能够引起人类或者动物非常严重疾病的微生物，以及我国尚未发现或者已经宣布消灭的微生物，即一类病原。

以ABSL-1、ABSL-2、ABSL-3、ABSL-4（animal bio-safety level，ABSL）表示动物生物安全实验室相应等级，包括从事动物活体操作的实验室的相应生物安全防护水平。

第二节 动物实验的生物安全

动物实验人员必须取得“实验动物从业人员岗位证书”和生物安全专业培训资格后方可上岗，定期做体检，不符合从业人员健康标准者不得进行动物实验活动。实验室必须制定饲养、使用、管理操作规程，人员必须进行良好的防护，如穿戴工作服、鞋、帽、口罩后方可进入实验室，不得在各动物饲养室之间随意串行以防止交叉感染。

一、实验动物生物安全特性

实验动物具有两大特点：一是为人类研究需要改变自己，似像非像原种动物，成为“病态异类”的新品系或品种；二是由于遗传改变，原有抵抗病原的能力呈现不同程度下降，对病原谱系发生改变，更易得病。

实验动物、分泌物、排泄物、样品、器官、尸体等控制、操作不当会变成病原污染的扩大器，造成更大范围传播。因此，了解实验动物生物安全特性，就应该首先要做好思想准备，注重病原防控，防备于未然。

二、实验动物病原体检测和检疫

使用的实验动物或实验用动物应是经过质量监测、检疫合格、来源明确的动物。动物实验之前应了解拟使用动物可能的携带、感染病原情况；动物必须排除人兽共患病病原污染，并做好防控。实验室应动态监控实验动物污染或携带微生物状况，及时了解实验动物健康状态，进行风险评估，并采取一定综合措施保证动物实验安全。实验动物病原体检测和检疫强调：①实验动物饲养必须控制在国家标准《实验动物 环境及设施标准》要求的饲养条件内，将污染的可能性降到最低；②必须按照《实验动物 微生物学等级及监测》和《实验动物微生物学检测方法》两部分内容进行定期检测监控；③应采取相应卫生检疫、生物安全及管理要求对不合格、不健康实验动物进行相应处理，确保使用的实验动物质量合格。

微生物检测标准和指标是实验动物微生物质量控制的依据，具体检测要求及项目，包括动物的外观指标、病原菌指标和病毒指标，同时要求寄生虫检测同步进行。动物健康外观指标是指实验动物可以通过临床观察到的外观健康状况，如活动、精神、食欲等有无异常；头部、眼睛、耳朵、皮肤、四肢、尾巴、被毛等是否出现损伤、异常；分泌物、排泄物等是否正常。实验动物要求外观必须健康、无异常，实验室检测合格。为确保生物安全，必须使用合格的实验动物用于实验。

三、实验动物安全饲养要求

实验动物体型不同，饲养设施、设备环境及安全控制存在客观差异。小型动物小鼠、大鼠、地鼠和豚鼠等饲养设备如 IVC、隔离器等条件较好，一般易于控制污染。中型动物兔、犬、猴等受到体型、特性等限制，应尽量做到有效控制。大型动物羊、牛、马等实验用动物尚无国家微生物、寄生虫等检测标准，实验应按相关要求进行。

病原感染性动物实验的设施、设备要求及人员防护取决于病原种类，即病原的烈性程度。高致病性的一、二类病原要求在 ABSL-3 或 ABSL-4 高等级实验室中进行。动物饲养应控制在能有效隔离保护的设备或环境内，如 IVC、隔离器、单向流饲养柜、特定实验室等。三类病原感染性动物实验应采用 IVC 或同类饲养设备进行饲养；四类病原应严格控制实验环境，有条件或必要时应采用 IVC 饲养。动物密度不可过高，饮水须经灭菌处理。动物的移动应做到每个环节实行有效防护，避免病原污染环境。

应保持良好的室内环境条件，操作完毕应清扫地面，不得有积水、杂物，定期用消毒液擦笼架、用具。严格限定动物密度，以保持舒适环境，避免动物过激反应，增加气溶胶产生风险。应做好动物实验室使用前的准备工作，房间一般需消毒处理，以甲醛溶液熏蒸消毒最彻底，用量为 $8g/m^3$，作用 12 小时，消毒时操作人员戴防毒面具，密封门窗管道等，消毒后连续通风 2 天，排出室内甲醛气体、至无残留气体为止。该方法由于副作用大，一般根据病原情况，可采取其他方法熏蒸消毒。应做消毒效果检测，结果合格时，方可投入使用。

动物实验涉及物品应全部消毒灭菌，环境也应及时消毒灭菌处理。

（1）缓冲间：设紫外线灯，灯管使用1000个小时后更换，照射前先用药水擦拭房间四壁。

（2）准备室：保持清洁无尘，每天用药水擦拭、拖地，定期用2%过氧乙酸等喷雾消毒。

（3）动物实验室：每次工作完毕用药水擦四壁、笼架、拖地，定期作喷雾消毒。

人员、物品、动物进出实验室应按流程进行，人员、物品和动物应有清洁措施，应分别进出实验室，减少相互污染。实验设施通常划分为污染区、半污染区和洁净区，根据实验室布局和实验活动，应有相应实验室进出程序，其基本流程如下。

（1）人员流程：准备室→更衣→淋浴→更无菌衣→风淋→清洁走廊→缓冲间→动物室→缓冲间→屏障外。

（2）物品流程：洗刷包装室→灭菌室→洁净贮存室→洁净走廊→动物室→缓冲间→污物处理室→洗刷包装。

（3）动物流程：屏障外→传递窗→洁净库→观察室→饲养室→洁净库→传递窗→屏障外。

四、动物实验样本采集中的生物安全

实验研究中，经常要采集实验动物的血液等样本，进行常规检查或某些特定指标的生物化学分析以及病原检测。因此，掌握正确的采血和样本采集技术十分必要，良好的动物样本采集技术，既能满足实验需要，也能有效实现生物安全控制。除血液、分泌物、排泄物、体表物质采集外，其他样本往往通过解剖或手术技术取得。为避免意外发生，原则上活检采样时应对动物进行麻醉。对接种了病原体的中、大型动物进行采血或体检时，要求将动物麻醉。对小动物进行灌胃、注射和采血时，可不麻醉动物，但要防范动物抓咬受伤。标本的运输，要求用防渗漏的容器装标本，放入标本的容器应确保密封。将动物标本从实验室传出应严格按照有关规定程序执行。所有样本采集器具、物品必须严格消毒灭菌后，方可处理。

手术、解剖操作时容易被血液、体液、样品污染或被器械、针头刺伤，存在潜在的生物危害，因此必须做到：操作一定要使用适当的镇静、镇痛或麻醉方法；尽量减少样本活体采集，禁止不必要的重复操作；不提倡利用一个动物进行多个手术实验；严格实验操作规程，防止发生血液、体液外溅。严格控制组织、器官等标本采集处置和意外划伤、针刺伤等；手术后的动物、标本以及所用器具材料等必须按规定程序妥善处置。

动物实验中常用的利器包括手术刀、剪刀、注射器、缝合针、穿刺针和载玻片等，应严格操作，避免划伤、刺伤实验人员。生物安全操作应注意：当一只手持手术刀、剪刀或注射器等利器操作时，另一只手应持镊子配合操作，不应徒手操作；应尽可能使用一次性的手术刀和注射器，禁止徒手安装、拆卸手术刀片和回套注射器针帽，必要时必须借助镊子或止血钳辅助；双人操作时，禁止传递利器；一次性手术刀和注射器使用后应立即投入利器盒。

五、含有感染性材料的动物实验操作

动物实验中会产生各种各样感染性材料，应该充分识别可能的风险，严格进行生物安全防护，实现有效控制。对感染性材料污染的清除和处理最可能直接导致人员手、面等部位污染。由于手、手套被污染而导致感染性物质的食入或皮肤和眼睛的污染时常发生，也较易污染门把手、电话、书籍等公用环境。破损玻璃器皿的刺伤，使用注射器操作不当可能被扎伤而引起经血液感染。血液样本采集时可能因喷溅和气溶胶产生可导致呼吸道感染或误入眼睛而发生黏膜感染等。

动物等级、大小、特性、饲养、操作、咬伤、抓伤、气溶胶等可导致的感染各有不同。举例来说，小鼠产生的气溶胶要远远小于犬、猴等较大动物产生的气溶胶，因此，控制措施就会有所不同。在含有感染性材料的动物实验操作时，应重点注意以下方面。

（1）动物实验涉及感染性材料的操作要在生物安全柜中进行，并防止泄露在安全柜底面。操作包括感染动物的解剖、组织的取材、采血及动物的病原接种。

（2）实验后的动物笼具在清洗前先做适当的消毒处理。

（3）垫料、污物、一次性物品需放入医疗废物专用垃圾袋中，经高压灭菌后方可拿出实验室。

（4）动物尸体用双层医疗废物专用垃圾袋包裹后，放入标有动物尸体专用的容器中，用消毒液喷雾容器表面后，运至解剖区域剖检。

（5）生物安全柜使用后应用消毒液擦拭、揩干。

（6）动物实验相关废液需按比例倒入有消毒液的容器中，倒入时需沿容器壁轻倒并戴眼罩，防止溅入眼中。

（7）如果有感染性物质溅到生物安全柜上、地上以及其他地方，应及时消毒处置。

（8）每天工作结束时，应用消毒液擦拭门把手和地面等表面区域。

（9）动物组织等废物放人高压灭菌器时需同时粘贴指示条，物品移出前观察指示条是否达到灭菌要求。

（10）在处理病原微生物的感染性材料时，使用可能产生病原微生物气溶胶的搅拌机、离心机、匀浆机、振荡机、超声波粉碎仪和混合仪等设备，必须进行消毒灭菌处置。

六、废弃物和尸体处理

动物实验会产生很多废弃物，如动物的排泄物、分泌物、毛发、血液、各种组织样品、尸体以及相关实验器具、废水、废料、垫料物品等。处理不当，都会作为病原载体造成人员和环境污染，必须按照生物安全原则，根据不同特点和要求，进行严格消毒灭菌处置。具体处理如下。

1. 血液和体液标本的处理　用于抗体、抗原、病原微生物、生化指标等检查的血液和体液，按照要求进行处理并检测，检测后的标本经 121℃，30min 高压灭菌处理。

2. 动物脏器组织的处理　动物器官组织，尤其是用于病原微生物分离的组织按照标准程序进行处理；用于病理切片的组织，均需经过甲醛固定后再进行切片。剩余的组织经 121℃，30min 高压灭菌处理。

3. 动物尸体的处理　安乐死药物处死后的动物尸体，取材完毕后，经 121℃，30min 高压灭菌处理后，集中送环保部门进行无害化处理。动物生物安全三级（ABSI-3）及以上的实验室的感染动物尸体需经室内消毒灭菌处置后再经 ABSL-3 实验室双扉高压灭菌，才能移出实验室。

4. 动物咽拭子的处理　用于病原分离和 PCR 检测的咽拭子，按照各自的要求处理后，进行病毒分离和 PCR 检测，剩余的标本经 121℃，30min 高压消毒处理。

5. 病原分离培养物的处理 病原分离的培养物，不论是阳性还是阴性结果，均需经 121℃，30min 高压消毒处理。

第三节 动物实验的风险评估及控制

一、常见生物危害、风险识别

1. 动物性危害 动物咬伤、抓伤、皮毛过敏原等造成直接危害。动物感染实验从接种病原体到实验结束的整个过程，包括动物喂食、给水、更换垫料及笼具等，病原体随尿粪、唾液排出，都会有感染性接触、不断向环境扩散的危险。解剖动物时，实验者还会接触体液、脏器等标本中的病原体的危险。用来做实验研究的野生动物、实验用动物等也可能携带对人类产生严重威胁的人兽共患病病原微生物。

2. 病原性危害 不合格动物携带的人兽共患病病原以及实验所用的各种病原污染。生物废弃物有实验动物标本，如血液、尿、粪便和鼻咽试纸等；检验用品，如实验器材、细菌培养基和细菌病毒阳性标本等。开展病原性实验的实验室会产生含有害微生物的培养液、培养基，如未经适当的灭菌处理而直接外排，会使生物细菌、毒素扩散传播，带来污染，甚至带来严重不良后果。

3. 物理、化学、放射等危害 玻璃器皿、注射器、手术刀的直接创伤或通过伤口感染等。化学药品（如核酸染料 EB）、毒品的误用都能造成损伤。放射性污染常常通过放射性标志物、放射性标准溶液污染等。

4. 生物工程危害 近年来发展快速的基因工程实验所带来的潜在危险以及由肿瘤病毒引起的潜在致癌性等问题也是动物实验中存在的生物危害。

5. 废弃物危害 实验动物所产生的三废与尸体如果处理不当，将会对周围环境造成污染。如果在没有相应污物和尸体无害化处理设施的环境条件下开展动物实验，将导致严重的不良后果并产生极坏的社会影响。

6. 不良动物设施危害 实验动物饲养环境条件与动物实验环境条件不合格，造成动物逃逸、病原扩散等危害。

二、动物实验的生物安全和福利伦理审查

动物实验单位应设立生物安全委员会和实验动物使用管理委员会，负责咨询、指导、评估、监督实验室的动物生物安全活动的相关事宜以及动物实验活动安全管理。一般实验人员往往注重动物实验本身，对动物福利、伦理和生物安全要求不太关注或不够专业。因此，国际上提倡成立动物实验福利、伦理委员会，负责审查动物实验，对涉及动物保护、动物福利、科学需要、生物安全等各方面内容的每个环节把关。生物安全原则提倡要保证实验人员和环境的安全，良好的福利审查也可从福利伦理方面提供生物安全保障。

动物实验方案审查的内容应该包括：实验人员是否符合安全操作要求；设施设备是否符合生物安全要求；饲料、垫料、饮水是否符合安全要求；动物尸体处理是否符合无害化环保要求等方面。

动物实验福利、生物安全审查中应注意的问题非常多，主要有以下内容。

（1）人员培训情况：动物实验人员必须经过操作培训，包括：动物基本知识、动物操作、麻醉方法、手术方法、给药方法、取材方法、解剖方法、生物安全防护等各种操作，最好持有专业培训证书。

（2）兽医监护：兽医在维护动物权利的同时也应识别可能的生物危害。

（3）动物选择：应该选用微生物等级明确的动物用于实验，提倡在得到足够结果时最大限度地减少动物数量的使用。尽量使用遗传背景一致性好的动物和微生物控制级别高的动物，可以做到以质量代替数量。数量减少和质量提高，可降低生物危害的范围。

（4）动物实验的必要性：提倡生命替代系统、非生命系统、电脑模拟的应用。离体培养的器官、组织、细胞、微生物在许多研究中得到广泛应用，能够利用替代性材料时不使用活体动物，也能较易实现对微生物控制。

（5）动物实验方案的合理性：严谨合理的方案应使动物操作安全合理，减少污染。使用合适的统计学方法，鼓励用少量动物获得较多结果，使污染源尽量缩小范围。

（6）感染动物隔离：要避免碰撞和惊吓动物，动物活动量增加，释放气溶胶、广泛接触的可能性就加大，风险也随之加大。

（7）动物饲养：要正确饲养动物，饲养空间要足够大，保证饮水质量，食物要干净，室内、室外环境要保持卫生清洁，降低疾病发生的概率。

（8）实验过程：应尽量在麻醉状态下进行动物实验。实验开始前，准备工作要充分，各种可能发生的生物安全意外事故和解决方案均要考虑周全。

（9）疾病护理：应判断实验造成动物不适、疼痛的等级。应考虑使用一切手段来减轻动物在实验过程中所产生的疼痛，合理使用必要的麻醉剂、镇痛剂或镇静剂。疼痛可使动物产生不安、活动加大、相互撕咬、攻击性变强，都会带来一定的安全隐患。

（10）减少对动物侵扰：尽量不过多干扰动物，减少对动物的刺激，避免应激反应。正确而熟练地抓取动物、固定动物，使动物不会剧烈反抗。鼓励人性化动物保定技术，必要时对动物进行训练调教，既能使实验结果更加可靠，也能降低许多风险。

（11）舒适措施（环境丰荣）：福利提倡提供必要的玩具，特别是对犬、猴。有条件时可以给动物增加音乐和色彩环境，对于中、大型实验动物实验会产生较好效果。尽量保证恒温恒湿、通风换气、噪声、光照度等的合理性，同时，设置必要的活动场地。但这些要求增加了生物污染的范围，应该注意玩具等物品的消毒灭菌。高等级病原动物实验时，应以生物安全为第一要素，可减少或不提供玩具等。

（12）动物的处死：对实验结束后的动物要施行安乐死，注意不能在其他动物可视范围内进行动物解剖、处死等操作。如果引起其他动物恐惧，同样会增加动物带来的各种生物安全风险。

三、动物实验风险评估

动物实验风险评估，是指在动物实验过程中，特别是病原研究实验中，动物因素或病原等对实验人员和环境可能造成的危害。针对所识别的各种危害，制定预防控制措施，将风险降到最低水平，确保动物操作的生物安全。风险评估的内容覆盖所有动物实验活动，如动物的种类（包括基因工程动物）、来源、等级、检疫；动物操作中可能出现的抓咬伤、皮毛过敏、分泌物、排泄物、样本、尸体等污染；实验活动中可能造成的设施设备异常情况、液体溅撒、切割伤、刺破伤；病原感染动物的气溶胶扩散、动物逃逸、笼具污染、防护用品的污染、废物处置等。病原的种类、类别、剂量、是否有药物和疫苗可用、防护要求等，不同动物应有针对性分析、评估，得出良好的评估结论，采取有效、适当、有针对性的人员控制措施，保证动物实验的安全防护。

四、动物实验的生物安全防护与控制

动物实验不同于体外实验，任何对动物带来的不良操作，都会影响实验结果或造成生物危害。要求所有从事实验动物和动物实验的人员，包括临时实验人员，必须经过一定时间的培训，考试合格，并取得上岗证后，才能进行动物实验。动物实验的安全控制要求实验人员应该具有良好的动物实验的能力，包括动物饲养能力、对动物的认知能力、操作能力、信息采集能力、分析能力、关护能力、设施设备掌握能力和生物安全防护能力。具备了这些能力，才能完成良好的动物实验，同时保证实验中的生物安全。

实验动物不同于普通动物，它的培育是严格控制在非常清洁的环境中。因此，相对而言，它们的免疫功能是低下或不健全的。人们往往注重它们的饲育、生产环境，忽视使用、实验环境。如饲育时在无菌隔离器中、层流柜中或清洁环境中，但实验时，往往放在普通实验室、一般动物室，甚至在走廊、过道和办公室中。从干净环境中突然到普通环境中，会遇到很多病原微生物和寄生虫的侵袭，加之实验动物本身抵抗力弱，非常容易得病、死亡。实验动物患病后，也会对人的健康带来不利影响，特别是一些人兽共患病，如出血热、结核病、狂犬病、菌痢、寄生虫等疾病更是会直接威胁人类健康。

动物实验不可避免要进行病原感染性实验，也是感染性动物模型制备的基础。如艾滋病动物模型要用到猴；流感病毒要感染小鼠、雪貂；结核模型动物有小鼠、豚鼠和猴等；肝炎模型动物有转基因小鼠、土拨鼠等。做这些感染性实验既要了解病原的危害，也要了解动物感染后的危害和可能的生物安全风险，操作中要提高控制能力，降低风险。

动物活体检测、外科手术、活体采样、解剖取材等技能更是要求实验人员能够熟练掌握。必须经过严格培训，才能实际应用。能力是安全的保证。

以下是一些能力不足的表现。

（1）操作能力不足：动物采血是最常见的操作，如果不了解准确的部位，加之血管非常细小，如小鼠的尾静脉，不通过反复练习，临时或匆忙上阵，会造成动物反复损伤和人员刺伤。动物手术、取样、解剖时一定要重点防范。

（2）护理能力不足：如将手术后的动物放回笼具中后，因处理不当，动物抓挠伤口，造成再次伤害。小鼠通过摘除眼球采血后，止血不好，放回后，遭其他动物嗜咬，不仅非常残忍，而且造成局部环境污染。

实验人员安全防护最主要的手段是通过穿戴适合的个人防护装置来实现，适当的个人防护装置的选择以风险评估为依据。原则是：因接触性污染应重点防护可能通过皮肤、黏膜接触被污染，如应穿戴实验服、手套、眼镜、面罩、鞋套等隔绝防护；经呼吸道途径污染应重点防护可能通过飞沫、空气和气溶胶等被污染，应在穿戴实验服、手套、眼镜、面罩、鞋套等的基础上，必须配备口罩或特殊呼吸防护装置。不同类型的口罩和特殊呼吸防护装置功能不同，一定事先做好针对性的风险评估。

五、实验动物和动物实验的安全操作及环境控制

在进行动物实验中，应该重点注意三方面内容：一是正确选择实验动物，对所用动物必须了解其整体概况，特别是微生物携带情况、免疫情况。二是保证动物应享有的福利，在使用动物进行实验研究时，尽量避免给动物带来不必要的痛苦或伤害。痛苦和伤害往往使动物活动量增加、暴露增大，增加生物安全风险。三是在使用动物进行感染性病原研究时，必须保护好实验人员和周围环境，防止被感染和污染。所以要求实验人员必须了解动物实验的原则和要求。

为防止被动物咬伤、抓伤，在进行皮下、腹腔、尾静脉注射、采血、给药和处死的实验操作时，必须首先正确抓取、保定动物，应佩戴动物专用防护手套等防护物品。

要进行良好的安全管理，在实验动物饲养和动物实验过程中，要采取严格的饲养管理和生物安全控制措施。

1. 日常的预防措施

（1）饲养人员应严格按照不同等级实验动物的饲养管理、卫生防疫制度、操作规程，认真做好各项记录，发现情况，及时报告。

（2）实验动物设施周围应无传染源，不得饲养非实验用家畜家禽，防止昆虫及野生动物侵入。

（3）坚持做好平时卫生消毒制度，减少、消除环境设施中的微生物、病原体含量。

（4）不要从无资质单位引进实验动物，特别是实验用动物。

（5）各类动物应分室饲养，以防交叉感染。饲养室严禁非饲养人员出入和各类人员互串，购买或领用动物者不得进入饲养室内。

（6）饲料和垫料库房应保持干燥、通风、无虫、无鼠，饲料应达到相应的国家标准。

（7）饲养人员和兽医技术人员应每年进行健康检查，患有传染性疾病的人员不应从事实验动物工作。

2. 生物安全措施

（1）及时发现、诊断和上报动物在实验过程中可能会出现严重的人兽共患病。

（2）迅速隔离异常患病动物，污染的环境和器具应紧急消毒。患病动物应停止实验，应对其密切观察或淘汰。

（3）病死和淘汰动物应首先采取高压灭菌等措施处理。如需集中处理，必须冻存，再行无害化处理。

3. 消毒措施，根据消毒的目的，可分以下三种情况。

（1）预防性消毒：结合平时的饲养管理定期对动物实验室、笼架具、饮水等进行定期消毒，以达到预防病原污染的目的。

（2）实验期间消毒：及时消灭患病动物体内排出的病原体而采取的消毒措施。消毒的对象包括患病动物所在的设施、隔离场所以及被患病动物分泌物、排泄物污染和可能污染的一切场所、笼具等。应进行定期的多次消毒，患病动物隔离设施应每天和随时进行消毒。

（3）终末消毒：在动物实验结束后、患病动物解除隔离、痊愈或死亡后，为消灭实验室内可能残留的病原体所进行的全面彻底的消毒、灭菌。

消毒、灭菌的方法，常用的有以下两种。

1. 物理消毒法

（1）高压蒸汽：常用于饲料、垫料、器具以及动物标本、尸体等的消毒。

（2）高热煮沸：常用于对器械、笼具、水瓶等的消毒，但不能用于饲料消毒。

（3）干烤消毒：可达 180℃，30min 可达到消毒目的。有的可抽真空或装有红外线，温度可达到 280℃，15min 即可达到消毒目的。常用于高度污染器械、特殊笼具。

（4）火焰消毒：温度可达 300℃，主要用于不锈钢笼具和金属器械的消毒。

（5）照射：X 线、γ 射线等。主要用于空气、饲料、垫料和器具的消毒。

（6）过滤消毒：主要用于空气净化和消毒。

2. 化学消毒法　是使用化学药物喷洒、浸泡、熏蒸等方法，以达到消毒灭菌的目的。常用化学消毒方法包括液体消毒和蒸汽消毒。

（1）液体消毒剂：包括石炭酸、过氧乙酸、来苏水、次氯酸等，常用于环境消毒、灭菌。

（2）蒸汽消毒：包括甲醛溶液和三聚甲醛等，常用于结核分枝杆菌等烈性病原实验后的室内消毒。

六、无脊椎动物实验室生物安全控制

无脊椎动物由于有身体小、活动力强、易于藏匿并携带病原体广泛、难于控制等特点，实验室应能够有效控制动物本身的危害或可能从事病原感染的双重危害。应具备良好的防护装备、技术和功能，能有效控制动物的逃逸、扩散、藏匿等活动。特别是从事节肢动物（尤其是可飞行、快爬或跳跃的昆虫）的实验活动，应采取的主要措施包括：配备适用的捕虫器、灭虫剂和喷雾式杀虫装置。安装防节肢动物逃逸的纱网；设制冷温装置可以通过降低温度及时降低动物的活动能力；配备适用于放置装蜱、螨容器的油碟；具备操作已感染或潜在感染的节肢动物的低温盘等一系列措施，防止动物失控。应配备消毒、灭菌设备和技术，能对所有实验后废弃动物、尸体、废物进行彻底消毒、灭菌处理；人员应根据动物种类、危害和病原危害，以及风险评估结果采取相应防护水平。

（魏　强　秦　川）

附 录

动物实验信息资源

附录一 实验动物常用参数

由于缺乏大样本检测，实验动物的生物学参数跟实际检测值存在一定差异，本附录中提供的各种参数仅供参考。

附表 1-1 实验动物饲料量、饮水量、产热量表[1,2]

种类	饲料量	饮水量	热量（cal/h）
小鼠	15g/100 g/d	15ml/100 g/d	2.34
大鼠	10 g/100 g/d	10～12ml/100 g/d	15.60
豚鼠	6g/100 g/d	10ml/100 g/d	21.81
兔	5g/100 g/d	5～10ml/100 g/d	132.60
地鼠	10～12g/100 g/d	10～15ml/100 g/d	ND
鸡	96.4 g/d	ND	117
犬（4.5kg）	300～500 g/d	350 g/d	312～585
猴	113～907 g/d	200～950（450）g/d	253.5～780

附表 1-2 实验动物排便排尿量表[1,4]

种类	排便量（g/d）	排尿量（ml/d）	动物种	排便量（g/d）	排尿量（ml/d）
小鼠（成年）	1.4~2.8	1~3	鸡（成年）	113~227	—
大鼠（50g）	7.1~14.2	10~15	猴（成年）	110~300/kg	110~550
豚鼠（成年）	21.2~85.0	15~75	犬（4.5kg）	113~340	65~400
兔（1.36~2.26kg）	14.2~56.7/kg	40~100/kg	牛（成年）	27.0~60.8kg	11.4~19.0L
地鼠（成年）	5.7~22.7	6~12	猪（成年）	2.7~3.2kg	1.9~3.8L

附表 1-3 常用实验动物及人的体表面积比例（剂量换算用）[1]

种类	20g 小鼠	200g 大鼠	400g 豚鼠	1.5kg 兔	2.0kg 猫	12kg 犬	4.0kg 猴	70kg 人
20g 小鼠	1.0	7.0	12.25	27.8	29.0	124.2	64.1	387.9
200g 大鼠	0.14	1.0	1.74	3.9	4.2	17.8	9.2	56.0
400g 豚鼠	0.08	0.57	1.0	2.25	2.4	10.2	5.2	31.5
1.5kg 兔	0.04	0.25	0.44	1.0	1.08	4.5	2.4	14.2
2.0kg 猫	0.03	0.23	0.41	0.92	1.0	4.1	2.2	13.0
4.0kg 猴	0.016	0.11	0.19	0.42	0.45	1.9	1.0	6.1
12kg 犬	0.008	0.06	0.10	0.22	0.24	1.0	0.52	3.1
70kg 人	0.0026	0.018	0.031	0.07	0.076	0.32	0.16	1.0

查表方法：例如犬剂量为 10mg/kg，12kg 的犬总剂量为 12×10mg = 120mg。查上表 70kg 人与 12kg 犬相交处为 3.1，所以人（70kg）的剂量 = 120mg×3.1 = 372mg。

附表 1-4 常用实验动物的基本生物学参数（1）

生理参数		小鼠	大鼠	豚鼠	地鼠	兔	犬	猪	猴	猫
体重/g	初生	0.5~1.5 g	5.5~10 g	50~150 g	1.5~2.5 g	50g 左右	200~500g	900~1600g	0.4~0.55kg	90~130g
	断乳	10g 左右	40~50g	180~240g	25~28g	0.5~1.2kg	1.5~4kg	6~8kg	0.8~1.2kg	0.6~0.8kg
	成年♂	20~40 g	200~350g	500~750g	120 g 左右	2.5~3 kg	13~18 kg	25kg 左右	4.5~5.5 kg	3~4kg
	成年♀	18~35g	180~250g	400~700g	100 g 左右	2~2.5 kg	12~16 kg		4~5 kg	2~3kg
寿命/年		2~3	3~5	5~8	2.5~3	5~12	15~22	平均 16	15~25	8~14
心率/（次/分）		470~780	370~580	200~360	400 左右	123~304	80~120	55~60	140~200	120~140
呼吸频率/（次/min）		84~230	66~114	69~104	33~127	38~60	11~37	12~18	31~52	20~30
体温/℃		37~39	37.8~38.7	38.9~39.7	38.7±0.3	38.0~39.6	38.5~39.5	38~40	38.3~38.9	38.0~39.5
染色体数/2n		40	42	64	22 或 44	44	78	38	42	38
饮水量/［ml/（只·d）］		4~7	20~45	85~150	3.5~5.5 或 15~20	60~140	250~300	3.8~5.7L	200~950	100~200
采食量/［g/（只·d）］		2.8~7.0	9.3~18.7	14.2~24.8	3~4	28.4~85.1	300~500	1.8~2.6kg	113~907	113~227
性成熟/d	♀	35~45d	60d	30~45d	1 月龄	5~6 月龄	6~10 月龄	3~4 月龄	3.5 岁	6~10 月龄
	♂	45~60d	70~75	70d 左右	2.5 月龄	7~8 月龄	6~10 月龄		4.5 岁	6~10 月龄
体成熟/d	♀	65~75d	80 日龄后	约 5 月龄		6~7 月龄				
	♂	70~80d	90 日龄后	约 5 月龄		8~9 月龄				
繁殖季节		全年	全年	全年	全年	全年	春、秋	全年	全年	春、秋
繁殖使用期		1 年	90~300d	1~1.5 年	1~5	2~3 年	1 年			6~8 年
适配年龄		65~90d	♀90d ♂80d	5 月龄左右	♀1.5 月龄 ♂2 月龄	♀5~9 月龄	♀1~1.5 岁 ♂1.5~2 岁		♀3.5 岁 ♂4.5 岁	♀10~12 月龄 ♂1 岁
发情周期/d		4~5	4~5	13~20	3~7	8~15	180	16~30	21~28	15~18
发情持续时间		1~7h	6~8h	1~18h	10h 左右	3~5d	8~14d	1~4d		4~6d
妊娠期/d		19~21	19~23	65~70	14~17	29~36	55~65	109~120	约 165	60~68
窝产仔数/只		6~15	8~13	1~8	5~10	4~10	1~14	2~12	1~2	3~5
胎数/年		6~10	7~10	4~5	7~8	7~11		1~2	1	
哺乳期/d		20~22	20~25	2~3 周	20~25	40~45	45~60	60 左右	3 个月	60 左右
乳头对数		5	6	1	6~7	8~12	4~5	5~7	1	4

附表 1-4 常用实验动物的基本生物学参数（2）

血参数		小鼠	大鼠	豚鼠	地鼠	兔	犬	猪	猴	猫
血浆 pH		7.2~7.4	7.26~7.44	7.26~7.44		7.21~7.57	7.31~7.42	7.36~7.79		7.24~7.40
白细胞	总数/（10^3/mm^3）	5.1~11.6	8.7~18	8.7~18	7.2~8.48	5.5~12.5	11.31~18.27	7.53~16.82	5.5~12.0	9~24
	中性粒白细胞/（%）	6.7~37.2	9~34	9~34	20.2~60.6	38~54	62~80	* 11.67~32.99	21~47	44~82
	嗜酸性粒细胞/（%）	3.5	0~6	0~6	0~2.2	0.5~3.5	2~14	* 0~7.72	0~6	2~11
	嗜碱性粒细胞/（%）	0~1.5	0~1.5	0~1.5	0~0.1	2.5~7.5	0~2	* 0.15~0.61	0~2	0~0.5
	淋巴细胞/（%）	63~75	65~84	65~84	25.7~56.5	28~50	10~28	* 55.78~80.90	47~65	15~44
	单核细胞/（%）	0.7~2.6	0~5	0~5	0~2.9	4~12	3~9	* 4.21~9.54	0.1~1.5	0.5~7
全血容量/（ml/100g）		5.85	5.75~6.99	5.75~6.99	80	4.78~6.95	7.65~10.7	7.4	4.43~6.66	4.73~6.57
血小板（10^3/μl）		100~1000	787~967	787~767	670	304~656	280~402	240	388±93	250
血红蛋白量/（g/100ml）		12.2~16.2	12~17.5	12~17.5	14.85~16.20	8~15	11~18	13.2~14.2	30.0	11~14
红细胞总数/（10^6/mm^3）		7.7~12.5	7.2~9.6	7.2~9.6	5.9~8.3	4.5~7.0	5.5~8.5	5~7	3.6~6.8	6.5~9.5
红细胞比容（体积百分比）		42%~44%	39%~53%	39%~53%	36%~60%	28.6%~41%	35%~54%	41%	32%~52%	24%~55%
血糖/（mg/100ml）		133~256	86~149	86~149	60~150	78~155	64~100	60~90	60~160	75~110
血浆尿素氮/（mg/100ml）		9.6~27.5	26~60	26~60	10~20	13.1~29.5	15~44	5~10	12~28	20~30
血浆总蛋白/（g/100ml）		4.14~6.22	6.9~7.6	6.9~7.6	** 2.4~5.7	6.0~8.3	6.3~8.1	7.9~10.3	7.2~7.5	5.2~6.0
血钾/（mg/100ml）		20~38	20~26	20~26	** 22~28	11~20	15~19	4.2~5.0		4.3
血钠/（mg/100ml）		265~439	330~359	330~359	** 332~349	350~375	340~380	134~140		151
血钙/（mg/100ml）		8.3~112.5	9.4~10.7	9.4~10.7	** 4.5~4.7	11~16	9.5~12	9.5~10.6	9.9~11.9	9.0~12.0
碱性磷酸酶/（IU/L）		45~199	40~95	40~95	** 40.7~98.0	4.1~16.2	14~28		7.5~30	7.2~17.8
谷丙转氨酶/（IU/L）		25~74	30~52	30~52	** 18.6~51.4	48.5~78.9	12~38		23~45	
血清胆固醇/（mg/100ml）		3.3mmol/L	90~150	27~37	** 25~135	27~63	90~194	60~110	116~157	75~151
收缩压/（kPa）		12.67~18.40	10.93~15.99	10.67~12.53	** 12.12~17.77	12.66~17.33	12.66~18.15	14.54~18.68	18.6~23.4	120
舒张压/（kPa）		8.93~11.99	7.99~6.99	7.33~1.73	** 7.99~12.12	8.0~12.0	6.39~9.59	9.90~12.12	12.2~14.5	75

* 西藏猪；** 金黄地鼠

附表 1-4　常用实验动物的基本生物学参数（3）

尿生化参数	小鼠	大鼠	豚鼠	兔	犬	猪	猴	猫
尿量［ml/（kg·d）］	0.5~1.0	150~350	15~75	20.0~350	3.80~23.8	5.00~30.0	70.0~80.0	10.0~30.0
比重	1.038~1.078	1.040~1.076		1.003~1.036	1.033~1.037	0.010~1.050	1.015~1.065	1.020~1.045
pH	7.3~8.5	7.30~8.50		7.60~8.80	5.40~7.30	6.25~7.55	5.50~7.40	6.00~7.00
总蛋白［mg/（kg·d）］	1.1~3.0	1.20~6.20	0.20~0.50	0.74~1.86	38.0~88.0	0.33~1.49	0.87~2.48	3.10~6.82
尿素氮［g/（kg·d）］	0.8~1.1	1.00~1.60		1.20~1.50	0.30~0.50	0.28~0.58	0.20~0.70	0.80~4.00
尿酸［mg/（kg·d）］	1.1~3.0	8.00~12.0		4.00~6.00	3.1~6.0	1.00~2.00	1.00~2.00	2.00~13.0
肌酸酐［mg/（kg·d）］	28.5~33.5	24.0~40.0		20.0~80.0	15.0~80.0	20.0~90.0	20.0~60.0	12.0~30.0
Ca［mg/（kg·d）］		3.00~9.00		12.1~19.0	1.00~3.00		10.0~20.0	0.20~0.45
Cl［mg/（kg·d）］	216~230	50.0~75.0		190~300	5.00~15.0		80.0~120.0	89.0~130.0
Mg［mg/（kg·d）］		0.20~1.90		0.65~4.20	1.70~3.00		3.20~7.10	1.50~3.20
Pi［mg/（kg·d）］		20.0~40.0		10.0~60.0	20.0~50.0		9.00~20.6	39.0~62.0
K［mg/（kg·d）］		50.0~60.0		40.0~55.0	40.0~100.0		160~245	55.0~120.0
Na［mg/（kg·d）］		90.4~110.0		50.0~70.0	2.00~189.00			
肌酸（%m）	2.1~2.5	0~0.40		1.8~3.6	3.0~6.5	3.0~8.0	4.0~6.0	1.2~3.8

引自：施新猷. 现代医学实验动物学. 北京：人民军医出版社，2000

附表 1-5　实验动物生殖生理指标值表[4]

种类	始发情期（生后）（日）	繁殖适龄期（生后）	成熟体重	性周期（日）	发情持续时间（h）	发情性质	由发情开始至排卵	妊娠期（日）	产仔数	新生体重（g）	哺乳时间	离乳体重（g）	成年体重（g）
小鼠	30~40	8周	20g 以上	5(4~7)	12(8~20)	全年	2~3h	19(18~20)	6(1~18)	1.5	21日	10~12	25~30
大鼠	50~60	3个月	♂250g 以上 ♀150g 以上	4(4~5)	13.5(8~20)	全年	8~10h	20(19~22)	8(1~12)	5~6	21日	35~40	250~400
豚鼠	45~60	4个月	500g 以上	16.5 (14~17)	8(1~18)	全年	10h	68(62~72)	3.5(1~6)	85~90	21日	160~170	500~800
地鼠	20~35	8周	♂70g ♀70g 以上	4(4~5)	4(4~5) 6(12)	全年	8~12h	16(15~19)	7(3~14)	1.3~3.2	21日	37~42	110~125
兔	150~240	4个月	2.5kg 以上	-	-	全年	交配后 10.5h	30(29~35)	6(1~10)	70~80	45日	1000	1000~7000 (2900)
犬	180~240	12个月	5~20kg	180 (126~240)	9(4~13)日	春秋2次	1~3日	60(58~63)	7(1~20)	200~500	60日	—	10~30kg
猴	36~40个月	48个月	♂5kg 以上 ♀4kg 以上	28(23~33)	4~6日	11月~3月 发情1次	月经开始后 第11~15日	164 (149~180)	1	300~600	6~8月	—	—

附表 1-6 不同种类实验动物一次给药能耐受的最大剂量（ml）[4]

种类	灌胃	皮下注射	肌内注射	腹腔注射	静脉注射
小鼠	0.9	1.5	0.2	1	0.8
大鼠	5.0	5.0	0.5	2	4.0
兔	200	10	2.0	5	10
猴	300	50	3.0	10	20
犬	500	100	4.0	—	100

附表 1-7 人与动物的给药量换算方法[4]

种类	人				猴			犬			小鼠
体重（kg）	50	60	70	80	4	5	6	10.0	12	15	0.02
μg/（kg·d）	11.2	10.5	10	9.6	28.9	26.8	25.2	20.2	79.0	77.7	730.3
	22.4	21.0	20.0	19.2	57.8	53.6	50.4	40.4	38.0	35.4	260.6
	33.6	31.5	30.0	28.8	86.7	80.4	75.6	60.6	57.0	53.1	390.9
	44.8	42.0	40.0	38.4	115.6	107.2	100.8	80.8	76.0	70.8	527.2
	56.0	52.5	50.0	48.0	144.5	734.0	126.0	107.0	95.0	88.5	651.5
	112.0	105.0	100.0	96.0	289.0	268.0	252.0	202.0	790.0	777.0	1303.0

注；* 表示人与动物的不同体重，以 kg 表示，第三行以下数据单位为 μg/（kg·d）

附表 1-8 实验动物的寿命[5]

种类	最长寿命（年）	平均寿命（年）	种类	最长寿命（年）	平均寿命（年）
大鼠	5	4	地鼠	3	2
小鼠	3	2	猪	27	16
豚鼠	7	5	犬	20	10
猴	30	10	兔	15	8

附表 1-9 配合饲料常规营养成分指标（每千克饲料含量）

指标	小鼠、大鼠		豚鼠		兔		犬		猴	
	维持饲料	生长、繁殖饲料	维持饲料	生长、繁殖饲料	维持饲料	生长、繁殖饲料	维持饲料	生长、繁殖饲料	维持饲料	生长、繁殖饲料
水分和其他挥发性物质/g≤	100	100	110	110	110	110	100	100	100	100
粗蛋白/g≥	180	200	170	200	140	170	200	260	160	210
粗脂肪/g≥	40	40	30	30	30	30	45	75	40	50
粗纤维/g	≤50	≤50	100~150	100~150	100~150	100~150	≤40	≤30	≤40	≤40
粗灰分/g≤	80	80	90	90	90	90	90	90	70	70
钙/g	10~18	10~18	10~15	10~15	10~15	10~15	7~10	10~15	8~12	10~14
总磷/g	6~12	6~12	5~8	5~8	5~8	5~8	5~8	8~12	6~8	7~10

数据来源：http://www.hfkbio.com/cn/Quality.aspx?ids=75

附表 1-10 常用实验动物饮食数量（以下数据因种类、饲育环境等不同而有所差异，仅供参考）

品种	饲料	饮水
小鼠	1. 5gm/10g/day	2. 5ml/10g/day
大鼠	10gm/100g/day	10~12ml/100g/day
地鼠	10~12gm/100g/day	10~15ml/100g/day
豚鼠	6gm/100g/day	10ml/100g/day
兔	5gm/100g/day	5~10ml/100g/day

数据来源：http://www.slaccas.com/info/details.asp?Id=24

附表 1-11 常用 F1 代小鼠命名方法

F1 代名称	亲代	F1 代名称	亲代
	雌 * 雄		雌 * 雄
AKD2F1	AKR * DBA/2	CBA-T6D2F1	CBA-T6 * DBA/2
BA2GF1	C57BL * A2G	CB6F1	BALB/C * C57BL/6
BCF1	C57BL * BALB/C	CCBA-T6F1	BALB/C * CBA-T6
BCBAF1	C57BL * CBA	CC3F1	BALB/C * C3H

续 表

F1 代名称	亲代 雌 * 雄	F1 代名称	亲代 雌 * 雄
BC3F1	C57BL * C3H	CD3F1	BALB/C * DBA/2
B6AF1	C57BL/6 * A	CLF1	BALB/C * C57BL
B6D1F1	C57BL/6 * DBA/1	C3D2F1	C3H * DBA/2
CAF1	BALB/C * AKR	C3LF1	C3H * C57BL
CBAAF1	CBA * A	129B6F1-dy	129 * C57BL/6-dy
BDF1	C57BL/6 * DBA/2		

* 杂交：父代雌鼠和雄鼠的品系背景

数据来源：http://www.slaccas.com/Info/details.asp?Id=23

附录 1-12　BALB/c 小鼠生物学参数

项目	参数	项目	参数
毛色	白化	哺乳期	21 天
成熟期（雄性）	8~10 周	平均日饲料消耗量	5g/8 周龄
成熟期（雌性）	8~10 周	平均日饮水消耗量	6~7ml/8 周龄
交配比例	1∶2	种鼠淘汰周期（雄性）	8~12 月
发情周期	4~5 天	种鼠淘汰周期（雌性）	8~12 月
妊娠期	19~21 天	饲养温度	21℃±2℃
平均每窝产仔数（第一胎）	5 只	相对湿度	30%~70%
平均每窝产仔数（第二胎）	6 只	光照周期	12/12 小时
出生体重	1~2g	运输过程体重消耗	10%
离乳体重（雄性）	8~12g		
离乳体重（雌性）	7~11g		

数据来源：http://www.vitalriver.com.cn/article/show.php?itemid=42&page=1

附录 1-13　SD 大鼠生物学参数

项目	参数	项目	参数
毛色	白化	哺乳期	21 天
成熟期（雄性）	10~12 周	平均日饲料消耗量	5g（每 100g 体重）

续 表

项目	参数	项目	参数
成熟期（雌性）	8~10 周	平均日饮水消耗量	8~11ml（每 100g 体重）
交配比例	1：6	种鼠淘汰周期（雄性）	9~12 月
发情周期	4~5 天	种鼠淘汰周期（雌性）	9~12 月
妊娠期	21~24 天	饲养温度	21℃±2℃
平均每窝产仔数（第一胎）	11 只	相对湿度	30%~70%
平均每窝产仔数（第二胎）	12 只	光照周期	12/12 小时
出生体重	5~7g	运输过程体重消耗	10%
离乳体重（雄性）	40~60g		
离乳体重（雌性）	35~60g		

数据来源：http://www.vitalriver.com.cn/article/show.php?itemid=1&page=1

附录 1-14 F344 大鼠（11~12 周龄）血液、生化指标

生化指标	雄性	雌性	单位	生化指标	雄性	雌性	单位
葡萄糖	7.60	7.60	mmol/L	Alk. Phosph	287	282	U/L
尿素氮	6.41	12.11	mmol/L	LDH	524	412	U/L
肌酐	44.20	44.20	μmol/L	AST	173	115	U/L
尿酸	101.12	71.38	μmol/L	ALT	105	58	U/L
胆固醇	1.76	1.79	mmol/L	GGT	0	<1	U/L
三酰甘油	2.82	1.14	mmol/L	Ca	2.80	2.83	mmol/L
蛋白	77	69	g/L	P	2.33	2.39	mmol/L
白蛋白	46	43	g/L	Na	150	152	mmol/L
球蛋白	31	27	g/L	K	5.4	5.3	mmol/L
胆红素	1.71	1.71	μmol/L	Cl	99	96	mmol/L

血液指标	雄性	雌性	单位	血液指标	雄性	雌性	单位
WBC	6.5	6.8	$\times 10^9$/L	RDW	11.10	9.90	%
RBC	8.37	7.37	$\times 10^{12}$/L	MPV	7.9	7.3	fl
Hb	162	151	g/L	血小板	569	610	$\times 10^9$/L
HCT	0.43	0.40	L/L	中性粒细胞	18	17	%

续 表

血液指标	雄性	雌性	单位	血液指标	雄性	雌性	单位
MCV	51.7	54.9	fl	淋巴细胞	77	77	%
MCH	1.20	1.27	fl	单核细胞	<4	<5	%
MCHC	23.19	23.19	mmol/L	嗜酸性粒细胞	<2	<2	%

数据来源：http://www.harlan.com/education_and_resources/literature/research_model_data_sheets.hl

注：本表数值仅作参考，不同设备获得指标有差异

附录 1-15 金黄地鼠生物学参数

项目	参数	项目	参数
毛色	中褐色	哺乳期	21 天
成熟期（雄性）	7 周	平均日饲料消耗量	10~12g（每 100g 体重）
成熟期（雌性）	7 周	平均日饮水消耗量	8~10ml（每 100g 体重）
交配比例	1∶1	种鼠淘汰周期（雄性）	6~7 月
发情周期	4~5 天	种鼠淘汰周期（雌性）	5~6 月
妊娠期	15.5 天	饲养温度	21℃±2℃
平均每窝产仔数（第一胎）	11 只	相对湿度	30%~70%
平均每窝产仔数（第二胎）	12 只	光照周期	14/10 小时
出生体重	3~4g	运输过程体重消耗	10%
离乳体重（雄性）	40~50g		
离乳体重（雌性）	40~50g		

数据来源：http://www.vitalriver.com.cn/article/show.php?itemid=57&page=1

附录 1-16 Hartley 豚鼠生物学参数

项目	参数	项目	参数
毛色	白化	哺乳期	7 天
成熟期（雄性）	8~10 周	平均日饲料消耗量	6g（每 100g 体重）
成熟期（雌性）	5~6 周	平均日饮水消耗量	10ml（每 100g 体重）
交配比例	1∶6	种鼠淘汰周期（雄性）	12~18 月
发情周期	16~18 天	种鼠淘汰周期（雌性）	12~18 月

续 表

项目	参数	项目	参数
妊娠期	60~65 天	饲养温度	21℃±2℃
平均每窝产仔数（第一胎）	3 只	相对湿度	30%~70%
平均每窝产仔数（第二胎）	4 只	光照周期	12/12 小时
出生体重	50~100g	运输过程体重消耗	20%
离乳体重（雄性）	100~150g		
离乳体重（雌性）	125~175g		

数据来源：http://www.vitalriver.com.cn/article/show.php?itemid=58&page=1

附录 1-17　新西兰兔（NZW）生物学参数

项目	参数
体温	38~40°C，100.4~104℉
心率（每分钟）	130~325
呼吸频率（每分钟）	30~60
体重（雄性）	2~6 kg
体重（雌性）	2~6 kg
出生体重	30~80 g
平均日饮水消耗量	100~600 ml
平均日饲料消耗量	100~300 g
寿命	5~8 年
性成熟期	4~6 个月
发情周期	诱发
发情持续期	NA
妊娠期	29~35 天
生育期	3 年

数据来源：Handbook of Clinical Signs in Rodents and Rabbits，1st Edition，Charles River

附录 1-18　比格犬血液生理参数

血量	7.8±0.5ml	血浆量	3.7±0.4ml
红细胞计数	(6.32±0.8) ×10^6/μl	红细胞体积	67±7fl
红细胞平均厚度	42.4±7.3μm	红细胞分布宽度	16.2±2.8%CV
血红蛋白	149±18g/L	红细胞比容	50.1±8.0%
血红蛋白含量	22±2pg	血红蛋白浓度	30.7±4.5g/L
白细胞计数	(11.6±3.5) ×10^3/μl	中性粒细胞	66±10%
嗜酸性粒细胞	2±2%	嗜碱性粒细胞	0.2±0.2%
淋巴细胞	30±9%	单核细胞	2±1%
血小板计数	(307±125) ×10^3/μl	血小板平均容积	8.6±0.7fl

数据来源：http://www.lasdr.cn/pages/resdata_dataview.jsp?id=10054194

附录 1-19　比格犬生殖生理参数（SPF 级，雌性，40 只）

体成熟	420	d	妊娠期	60±3	d
哺乳期	60±5	d	生产指数	1~12	
性成熟	280	d	初次发情	35035	d
发情期	19248	h	发情周期	90	d
初生体重	0.31±0.13	kg	断奶体重	2.41±0.7	kg
成年体重	11.4±2.3	kg			

数据来源：http://www.lasdr.cn/pages/resdata_dataview.jsp?id=10054194

附录 1-20　比格犬血液生化参数（普通级，6 月龄，不分雌雄，40 只）

血液 pH	7.33±0.12	—	门冬氨酸氨基转氨酶	35±10	U/L
丙氨酸氨基转氨酶	40±10	U/L	碱性磷酸酶	143±61	U/L
乳酸脱氢酶	158±115	U/L	肌酐	70.6±17.4	mmol/L
尿素氮	4.58±1.8	mmol/L	总胆固醇	4.19±0.8	mmol/L
血清总蛋白	61.4±19	g/L	白蛋白	55±4	g/L
三酰甘油	0.47±0.2	mmol/L	血糖	4.77±1.1	mmol/L
Na^+	145±4	mmol/L	K^+	5±1	mmol/L

续　表

血液 pH	7.33±0.12	—	门冬氨酸氨基转氨酶	35±10	U/L
Ca^{2+}	2.61±0.3	mmol/L	Mg^{2+}	1.51±0.9	mmol/L
Cl^{-}	87±4	mmol/L	P^{+}	2.06±0.4	mmol/L

数据来源：http://www.lasdr.cn/pages/resdata_dataview.jsp?id=10054194

附录 1-21　C57BL/6J 小鼠生长期间体重参考值（400~500 只）

年龄（周）	雄性		雌性	
	平均值	St Dev	平均值	St Dev
3	9.7	1.9	9.3	1.7
4	15.7	2.2	14.1	1.8
5	19.4	1.8	16.9	1.2
6	21.1	1.5	17.5	1.0
7	22.9	1.5	18.2	1.1
8	24.0	1.5	18.7	1.2
9	25.0	1.6	19.3	1.2
10	25.6	1.7	19.8	1.3
11	26.7	1.7	20.2	1.4
12	27.7	1.7	20.7	1.4
13	28.4	1.9	21.7	1.5
14	29.1	1.9	22.0	1.6
15	29.7	2.2	22.3	1.7
16	30.1	2.1	22.6	1.8
17	30.7	2.2	22.6	2.0
18	31.1	2.3	23.0	2.1
19	31.4	2.4	23.5	2.3
20	31.8	2.5	23.6	2.3

数据来源：http://jaxmice.jax.org/support/weight/000664.html

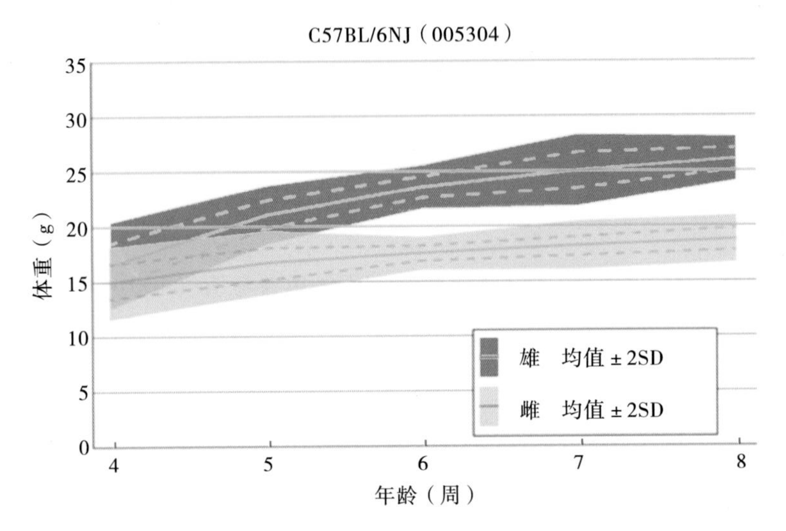

附图 1-1　JAX 小鼠品系 C57BL/6NJ 生长曲线

来源：http://jaxmice.jax.org/strain/005304.html#pheno

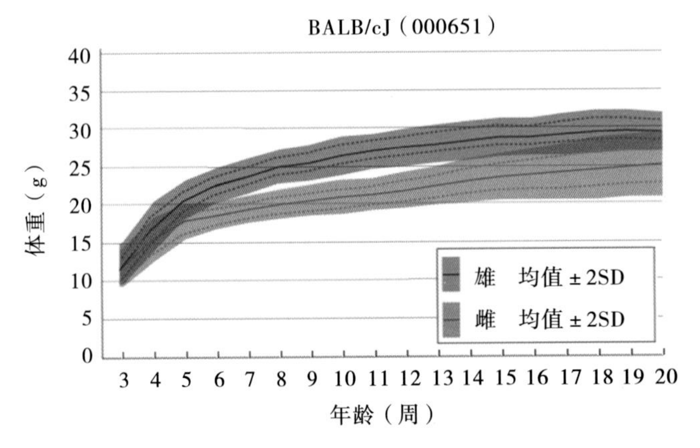

附图 1-2　JAX 小鼠品系 BALB/cJ 生长曲线

来源：http://jaxmice.jax.org/strain/000651.html#pheno

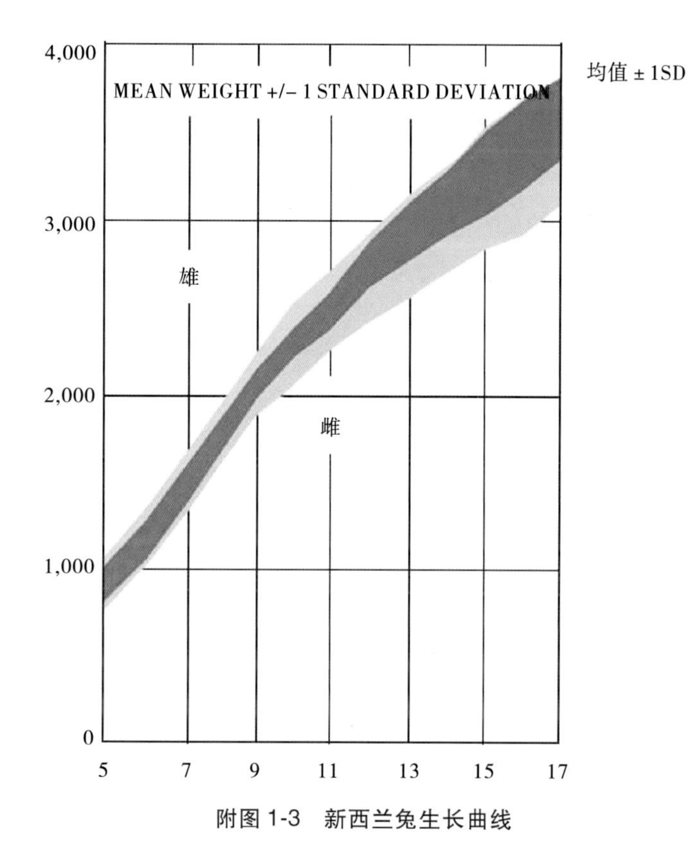

附图 1-3 新西兰兔生长曲线

来源：http://www.criver.com/files/pdfs/rms/nzw/rm_rm_d_nzw_rabbit.aspx

（孔 琪）

附录二　实验动物相关法律法规

中国实验动物法规可以分为四种类型，包括法律、部门规章、规范和标准，主要内容侧重于管理、质量控制、进出口、检疫和传染病控制、上岗培训、种子资源共享体系、许可证体系、动物福利和转基因动物等。按照范围，可以分为国家层面和省市层面。我国主要的实验动物相关法律法规如下。

一、国家层面法规

自1988年起，科技部开始建立各种规章制度用于规范实验动物的生产和使用。科技部等部委已经颁布了十多条实验动物部门规章。

附表 2-1　国家各部委发布的实验动物法规

发布时间（年）	法规编号	法规名称	主要内容	发布部门
1988	2号令	实验动物管理条例	实验动物的饲育管理、检疫和传染病控制、应用、从事实验动物工作的人员、奖励与处罚	科技部
1991	[2000] 99	关于加强药品研究用实验动物管理的通知（2000年修订）	药品研究中使用的实验动物，应来源于具有国家实验动物主管部门核发的《实验动物生产许可证》的单位，并具有相应的质量合格证	药监局
1993	16号令	药品非临床研究质量管理规定（试行）	第一部GLP法规，后归药监局管理，经1999、2003两次修订	科技部
1995	39号令	农业系统实验动物管理办法（1999年修订）	农业系统实验动物管理要求	农业部
1997	[1997] 432	关于“九五”期间实验动物发展的若干意见	发展关键技术（质量控制，转基因，疾病模型和新品种）、建立质量检测体系、种子中心、信息网络等	科技部

续 表

发布时间（年）	法规编号	法规名称	主要内容	发布部门
1997	[1997] 593	实验动物质量管理办法	实验动物种子中心、实验动物生产和使用许可证、检测机构三部分内容	科技部
1998	[1998] 174	实验动物种子中心管理办法	任务、组织机构、经费和管理、检查与监督等	科技部
1998	[1998] 048	国家啮齿类实验动物种子中心引种、供种实施细则	规范啮齿类实验动物的引种、供种工作	科技部
1998	[1998] 059	省级实验动物质量检测机构技术审查准则	规范省级实验动物质量检测机构的技术审查，包括组织、人员、仪器设备、设施、档案等	科技部
	省级实验动物质量检测机构技术审查细则	跟《准则》配套的审查细则	科技部	
1999	[1999] 044	关于当前许可证发放过程中有关实验动物种子问题的处理意见	解决实验动物许可证发放过程中在啮齿类实验动物种子管理上的有关问题	科技部
2001	[2001] 545	实验动物许可证管理办法（试行）	许可证的申请、审批和发放、管理和监督等内容	科技部
2006	[2006] 398	关于善待实验动物的指导性意见	在饲养管理、应用过程、运输过程中善待实验动物及行相关措施	科技部

二、省市层面的法律法规

有23个省市颁布了各省市实验动物管理规章，北京、湖北、重庆、云南、黑龙江、广东、江苏、浙江等省市还实现了对实验动物管理条例的立法工作，其中北京市实验动物立法工作做得比较全面而且有代表性。各省市的实验动物法规大同小异，附表2-2所列为北京市有关实验动物的政策法规。

附表 2-2 北京市实验动物法规

序号	发布时间	法规名称	主要内容	发布部门
1	2004	北京市实验动物管理条例	实验动物管理总要求，包括管理、单位、人员、生产、使用、防疫、监督、责任等	北京市人大常委会
2	2005	北京市实验动物许可证管理办法	实验动物许可证的申请、审批、发放和管理规定	北京市科委
3	2005	北京市实验动物许可证行政审批程序（附许可证申请书）	实验动物许可证行政审批程序（受理、审查、审定、发证）、标准和要求	北京市科委
4	2000	关于加强北京市实验动物行政执法工作的实施办法	规范了实验动物行政执法行为	北京市科委
5	2001	北京市实验动物行政执法责任制（试行）	规定了实验动物行政执法的责任划分及处理	北京市科委
6	2001	北京地区实验动物质量监督员工作守则	规范了实验动物质量监督员的行为规则	北京市科委
7	2004	北京市实验动物使用许可证验收规则（普通环境）	规范了普通环境实验动物设施使用许可证验收流程	北京市科委
8	2004	北京市实验动物使用许可证验收规则（屏障以上环境）	规范了屏障以上环境实验动物设施使用许可证验收流程	北京市科委
9	2004	北京市实验动物生产许可证验收规则（繁育，普通环境）	规范了普通环境实验动物繁育设施生产许可证验收流程	北京市科委
10	2004	北京市实验动物生产许可证验收规则（繁育，屏障以上环境）	规范了屏障以上环境实验动物繁育设施生产许可证验收流程	北京市科委
11	2004	北京市实验动物生产许可证验收规则（笼器具）	规范了实验动物笼器具生产许可证验收流程	北京市科委
12	2004	北京市实验动物生产许可证验收规则（饲料）	规范了实验动物饲料生产许可证验收规则	北京市科委
13	2004	办理实验动物许可证有效期延续须知	规范了办理实验动物许可证有效期延续的流程	北京市科委

续 表

序号	发布时间	法规名称	主要内容	发布部门
14	2004	北京市实验动物生产许可证验收规则（生产繁育，动态换证）	规范了实验动物生产许可证验收流程	北京市科委
15	2004	北京市实验动物使用许可证验收规则（动态换证）	规范了实验动物使用许可证验收流程	北京市科委
16	2006	北京市实验动物行业信用信息管理办法	规范了实验动物行业信用信息管理	北京市科委
17	2006	北京市实验动物信息平台管理办法（试行）	规范了实验动物信息平台的管理	北京市科委
18	2006	北京市实验动物从业人员培训考核管理办法	规范了实验动物从业人员培训考核	北京市科委
19	2006	北京市实验动物质量检测工作管理办法	规范了实验动物质量检测工作流程	北京市科委
20	2006	北京市实验动物从业人员健康体检管理办法	规范了实验动物从业人员健康体检的管理	北京市科委
21	2006	北京市实验动物福利伦理审查指南	伦理审查要求	北京市科委
22	2006	北京市实验动物执法档案管理办法	规范了实验动物执法档案管理	北京市科委

三、实验动物国家标准

附表 2-3 实验动物国家标准

序号	编号	名 称
1	GB 14922. 2-2011	实验动物 微生物学等级及监测
2	GB/T 14926. 1-2001	实验动物 沙门菌检测方法
3	GB/T 14926. 3-2001	实验动物 耶尔森菌检测方法
4	GB/T 14926. 4-2001	实验动物 皮肤病原真菌检测方法
5	GB/T 14926. 5-2001	实验动物 多杀巴斯德杆菌检测方法

续 表

序号	编号	名　称
6	GB/T 14926.6-2001	实验动物　支气管鲍特杆菌检测方法
7	GB/T 14926.8-2001	实验动物　支原体检测方法
8	GB/T 14926.9-2001	实验动物　鼠棒状杆菌检验方法
9	GB/T 14926.10-2008	实验动物　泰泽病原体检测方法
10	GB/T 14926.11-2001	实验动物　大肠埃希菌 0115a，C：K（B）检测方法
11	GB/T 14926.12-2001	实验动物　嗜肺巴斯德杆菌检验方法
12	GB/T 14926.13-2001	实验动物　肺炎克雷伯杆菌检测方法
13	GB/T 14926.14-2001	实验动物　金黄色葡萄球菌检测方法
14	GB/T 14926.15-2001	实验动物　肺炎链球菌检测方法
15	GB/T 14926.16-2001	实验动物　乙型溶血性链球菌检测方法
16	GB/T 14926.17-2001	实验动物　绿脓杆菌检测方法
17	GB/T 14926.18-2001	实验动物　淋巴细胞脉络丛脑膜炎病毒检测方法
18	GB/T 14926.19-2001	实验动物　汉坦病毒检测方法
19	GB/T 14926.20-2001	实验动物　鼠痘病毒检测方法
20	GB/T 14926.21-2008	实验动物　兔出血症病毒检测方法
21	GB/T 14926.22-2001	实验动物　小鼠肝炎病毒检测方法
22	GB/T 14926.23-2001	实验动物　仙台病毒检测方法
23	GB/T 14926.24-2001	实验动物　小鼠肺炎病毒检测方法
24	GB/T 14926.25-2001	实验动物　呼肠孤病毒Ⅲ型检测方法
25	GB/T 14926.26-2001	实验动物　小鼠脑脊髓炎病毒检验方法
26	GB/T 14926.27-2001	实验动物　小鼠腺病毒检验方法
27	GB/T 14926.28-2001	实验动物　小鼠细小病毒检测方法
28	GB/T 14926.29-2001	实验动物　多瘤病毒检测方法
29	GB/T 14926.30-2001	实验动物　兔轮状病毒检测方法
30	GB/T 14926.31-2001	实验动物　大鼠细小病毒（KRV 株和 H-1 株）检验方法
31	GB/T 14926.32-2001	实验动物　大鼠冠状病毒/涎泪腺炎病毒检测方法
32	GB/T 14926.41-2001	实验动物　无菌动物生活环境及粪便标本的检测方法
33	GB/T 14926.42-2001	实验动物　细菌学检测 标本采集

续 表

序号	编号	名　　称
34	GB/T 14926. 43-2001	实验动物　细菌学检测 染色法、培养基和试剂
35	GB/T 14926. 44-2001	实验动物　念株状链杆菌检测方法
36	GB/T 14926. 45-2001	实验动物　布鲁杆菌检测方法
37	GB/T 14926. 46-2008	实验动物　钩端螺旋体检测方法
38	GB/T 14926. 47-2008	实验动物　志贺菌检测方法
39	GB/T 14926. 48-2001	实验动物　结核分支杆菌检测方法
40	GB/T 14926. 49-2001	实验动物　空肠弯曲杆菌检测方法
41	GB/T 14926. 50-2001	实验动物　酶联免疫吸附试验
42	GB/T 14926. 51-2001	实验动物　免疫酶试验
43	GB/T 14926. 52-2001	实验动物　免疫荧光试验
44	GB/T 14926. 53-2001	实验动物　血凝试验
45	GB/T 14926. 54-2001	实验动物　血凝抑制试验
46	GB/T 14926. 55-2001	实验动物　免疫酶组织化学法
47	GB/T 14926. 56-2008	实验动物　狂犬病病毒检测方法
48	GB/T 14926. 57-2008	实验动物　犬细小病毒检测方法
49	GB/T 14926. 58-2008	实验动物　传染性犬肝炎病毒检测方法
50	GB/T 14926. 59-2001	实验动物　犬瘟热病毒检测方法
51	GB/T 14926. 60-2001	实验动物　猴疱疹病毒 1 型（B 病毒）检测方法
52	GB/T 14926. 61-2001	实验动物　猴逆转 D 型病毒检测方法
53	GB/T 14926. 62-2001	实验动物　猴免疫缺陷病毒检测方法
54	GB/T 14926. 63-2001	实验动物　猴 T 淋巴细胞趋向性病毒 1 型检测方法
55	GB/T 14926. 64-2001	实验动物　猴痘病毒检测方法
56	GB 14922. 1-2001	实验动物　寄生虫学等级及监测
57	GB/T18448. 1-2001	实验动物　体外寄生虫检测方法
58	GB/T18448. 2-2008	实验动物　弓形虫检测方法
59	GB/T18448. 3-2001	实验动物　兔脑原虫检测方法
60	GB/T18448. 4-2001	实验动物　卡氏肺孢子菌检测方法
61	GB/T18448. 5-2001	实验动物　艾美耳球虫检测方法

续 表

序号	编号	名　　称
62	GB/T18448. 6-2001	实验动物　蠕虫检测方法
63	GB/T18448. 7-2001	实验动物　疟原虫检测方法
64	GB/T18448. 8-2001	实验动物　犬恶丝虫检测方法
65	GB/T18448. 9-2001	实验动物　肠道溶组织内阿米巴检测方法
66	GB/T18448. 10-2001	实验动物　肠道鞭毛虫和纤毛虫检测方法
67	GB 14923-2010	实验动物　哺乳类实验动物的遗传质量控制
68	GB/T 14927. 1-2008	实验动物　近交系小鼠、大鼠生化标记检测法
69	GB/T 14927. 2-2008	实验动物　近交系小鼠、大鼠免疫标记检测法
70	GB 14924. 1-2001	实验动物　配合饲料通用质量标准
71	GB 14924. 2-2001	实验动物　配合饲料卫生标准
72	GB 14924. 3-2010	实验动物　配合饲料营养成分
73	GB/T 14924. 9-2008	实验动物　配合饲料常规营养成分的测定
74	GB/T 14924. 10-2001	实验动物　配合饲料氨基酸的测定
75	GB/T 14924. 11-2001	实验动物　配合饲料维生素的测定
76	GB/T 14924. 12-2001	实验动物　配合饲料矿物质和微量元素的测定
77	GB 14925-2010	实验动物　环境及设施
78	GB50447-2008	实验动物　设施建筑技术规范

（孔　琪）

附录三 实验动物相关专业期刊

一、国外期刊对实验动物的要求

著名学术刊物一般由发达国家的学术团体主办，这些发达国家的法律比较健全，涉及实验动物的规章制度较多，为了避免科学或伦理的冲突，保证刊物的权威性，绝大多数刊物都对实验动物的应用做了严格的要求。

1.《Science》《科学》

在《Science》的作者须知中有这么一段话："Care of experimental animals was in accordance with institutional guidelines." 涉及动物实验时提的要求比较笼统，要符合研究机构的规章。

2.《Cell》《细胞》

《Cell》的投稿规定："All experiments on live vertebrates or higher invertebrates must be performed in accordance with relevant institutional and national guidelines and regulations. In the manuscript, a statement identifying the committee approving the experiments and confirming that all experiments conform to the relevant regulatory standards must be included in the Experimental Procedures section. The editors reserve the right to seek comments from reviewers or additional information from authors on any cases in which concerns arise." 当实验动物是脊椎动物或高级无脊椎动物时，在实验操作部分中要有明确的实验方案得到专门委员会认可的陈述。

3.《Nature》《自然》

《Nature》杂志对作者的要求："For primary research manuscripts in the Nature journals (Articles, Letters, Brief Communications, Technical Reports) reporting experiments on live vertebrates and/or higher invertebrates, the corresponding author must confirm that all experiments were performed in accordance with relevant guidelines and regulations. The manuscript must include in the Supplementary Information (methods) section (or, if brief, within of the print/online article at an appropriate place), a statement identifying the institutional and/or licensing committee approving the experiments, including any relevant details." 与《细胞》的基本一致。

4.《ALTEX》《动物实验替代》

《ALTEX》是报道动物实验替代方面研究的杂志，侧重于动物福利，对使用实验动物要求比较多，投稿须知中规定"When reporting experiments on animals:

-do not list animals as materials;

-indicate which institutional and national guides for the care and use of laboratory animals were followed;

-describe animal experiments in detail according to the ARRIVE guidelines: http://www.nc3rs.org.uk/ARRIVE and/or the Gold Standard Publication Checklist: http://bit.ly/1na53H9; indicate species and, where appropriate, strain of the animal; total number of animals used throughout the study; experimental design including statistical design and analysis; other pertinent details relating to the lifetime experience of the animals, including housing and care; refinements of experimental procedures to reduce suffering; pain management; humane end points; and euthanasia methods.

-confirm that the study went through a process of ethical review prior to the study commencing; this should include a weighing of the likely adverse effects on the animals against the benefits likely to result from the work;

-confirm that the potential for application of the 3Rs was rigorously researched prior to starting, and every opportunity was taken during the course of the study to implement each of them;

-confirm that animal husbandry and care was in accordance with contemporary best practice and all individuals involved with the care and use of animals were trained and skilled to an acceptable level of competency, with euthanasia carried out according to contemporary best practice, and that

-appropriate anesthesia and analgesia were used to minimize pain and distress, and humane endpoints were defined and implemented where appropriate.

When reporting experiments on human subjects, indicate whether the procedures followed were in accordance with the ethical standards of the responsible committee on human experimentation (institutional and national) and with the Helsinki Declaration of 1975, as revised in 2008. If doubt exists whether the research was conducted in accordance with the Helsinki Declaration, explain the rationale for the approach and demonstrate that the institutional review body explicitly approved the doubtful aspects of the study."

5.《Laboratory Animals（UK）》《实验动物（英国）》

《Laboratory Animals（UK）》在投稿须知中规定"Animals, materials and methods: The journal requires detailed information on the animals and their conditions of husbandry (see Laboratory Animals 1985; 19 : 106-108). The methodology for the euthanasia of animals should be consistent with recommendations in previously published reports (see Laboratory Animals 1996; 30 : 293-316 and 1997; 31 : 1-32). The protocols and studies involving fish should be reported in the manner detailed in Laboratory Animals 2000; 34 : 131-135. Of particular note, the source and full strain nomenclature of any laboratory animal stock must be specified (see Abbreviations section below) according to international recommendations. Authors should note this information is available from source laboratories and animal vendors. A brief statement describing the legislative controls on animal care and use should be provided. Measures to refine experimental techniques to benefit animal welfare can be described in detail and the disposition and fate of the animals at the end of the experiment should be clear. Products used (e. g. drugs, equipment, feed, bedding) should be described in the format "generic description (trade name, vendor name, city and country where vendor located)".

关于动物实验，规定："The experimental design and the statistical analysis should be detailed, particularly in relation to using only the appropriate numbers of animals (see Festing M et al. The Design of Animal Experiments: Reducing the use of animals in research through better experimental design, available from SAGE). Pre-test power analyses should be presented in justification of sample size or number of animals required whenever possible. Power analyses for many common statistical procedures both parametric and non-parametric are given in Zar J. Biostatistical Analysis，4th edn. When reporting variability about the mean，variances，and/or discussing significance or non-significance of statistically derived values，the Zar recommendations should be considered，and claims of statistical non-significance should be accompanied by post-test power analyses whenever possible."。

二、国内刊物对实验动物要求

绝大多数学术期刊没有对实验动物的来源、饲养、操作及实验后的处理做出明确的规定。只有很少数的杂志对实验动物有明确的要求，《生理学报》投稿须知要求"动物实验也应符合国家《实验动物管理条例》和有关动物保护与使用的法律和法规"。《癌症》"要求说明实验动物的来源及合格证号"。实验动物专业期刊目前有四本，只有《实验动物与比较医学》对实验动物提出明确要求，"所用实验动物要注明品种、品系、微生物学等级、性别、年龄、体重、提供单位以及生产或使用许可证的编号"。

根据国际惯例，文章中实验使用实验动物时，应提供：①品种、品系；②来源，应购自拥有实验动物生产许可证的单位，写明批号；③体重；④微生物等级；⑤饲养环境和实验环境；⑥性别；⑦饲养方式的描述；⑧动物数量；⑨动物健康状况；⑩动物实验处理方式。进行动物实验的机构应具有实验动物使用许可证。

三、实验动物相关专业期刊

1. LAB ANIM-UK

中文名称：实验动物

英文名称：Laboratory Animals

出版周期：双月刊

主办单位：欧洲实验动物学会联合会（Federation of European Laboratory Animal Science Association，FELASA）和英国实验动物学会（Laboratory Animal Science Association，LASA）

刊物简介："Laboratory Animals"为国际性杂志，发表生物医学研究中所有跟动物有关的文章，包括：动物模型、实验动物微生物学、病例报告，技术革新，替代法，动物实验影响因素，动物模型的血液学、生物化学或病理学数据。

2. ILAR J

中文名称：实验动物研究杂志

英文名称：ILAR Journal

出版周期：双月刊

主办单位：美国 NIH 实验动物研究所（Institute for Laboratory Animal Research，National Institutes for Health）

刊物简介：该杂志发表实验动物使用、管理和生物学研究材料应用方面文章。

3. Comparative Med（CM）

中文名称：比较医学

英文名称：Comparative Medicine

出版周期：双月刊

主办单位：美国实验动物学会（American Association for Laboratory Animal Science，AALAS）

刊物简介：该杂志是比较和实验医学方面的国际杂志，发表比较医学和实验动物科学方面的文章。主要发表：动物模型、动物生物学、实验动物医学、实验动物病理学、动物行为学、动物生物技术、动物福利以及相关主题文章。

4. J Comp Pathol

中文名称：比较病理学杂志

英文名称：Journal of comparative pathology

出版周期：4 期/半年

刊物简介：比较病理学杂志是一个英文语言的国际杂志，发表家畜及其他脊椎动物病理学比较方面的文章，包括组织病理学、超微结构、微生物学、免疫学、毒理学、寄生虫、功能、分子和临床病理等栏目。

5. Anim Welfare

中文名称：动物福利

英文名称：Animal Welfare

出版周期：双月刊

主办单位：英国动物福利大学联合会（Universities Federation for Animal Welfare，UFAW）

刊物简介：该杂志主要发表动物福利有关的科学研究和技术应用方面的文章，包括实验动物、农场动物、公园动物、伴侣动物和野生动物等。

6. ATLA-alternatives to laboratory animals

中文名称：实验动物替代法

英文名称：ATLA-alternatives to laboratory animals

出版周期：双月刊

主办单位：英国医学实验动物替代法基金会（Fund for the Replacement of Animals in Medical Experiments）

刊物简介：ATLA 发表所有与实验动物替代法有关的文章，包括论文、综述、快讯、新闻评论、会议报道和书讯等。

7. EXP ANIM TOKYO

中文名称：东京实验动物

英文名称：Experimental Animals

出版周期：季刊

主办单位：日本实验动物学会（Japanese Association for Laboratory Animal Science，JALAS）

刊物简介：日本实验动物学会主办的刊物。

8. J Am Assoc Lab Anim

中文名称：美国实验动物学会杂志

英文名称：The Journal of the American Association for Laboratory Animal Science

出版周期：双月刊

主办单位：美国实验动物学会（American Association for Laboratory Animal Science，AALAS）

刊物简介：该杂志是美国实验动物学会官方杂志，主要面向 AALAS 成员，报道动物生物学、技术、设施管理和应用，以及 AALAS 活动方面内容。

9. CONTEMP TOP LAB ANIM

中文名称：实验动物科学前沿

英文名称：Contemporary topics in laboratory animal science

出版周期：双月刊

主办单位：美国实验动物学会（American Association for Laboratory Animal Science，AALAS）

刊物简介：美国实验动物学会官方杂志，2006 年开始发行。内容包括评论性文章、书评、委员会报告、AALAS 新闻等。面向实验动物相关技术人员、设施管理人员、临床兽医师、动物研究人员等发行。

10. Lab Anim.（NY）

中文名称：实验动物

英文名称：Lab animal

出版周期：月刊

刊物简介：Lab Animal 出版实验动物科学各方面的文章，包括动物管理和饲养，疾病诊断和治疗，设施规划和管理，人员培训和教育及相关规章制度等。

11. SCAND J LAB ANIM SCI

中文名称：Scandinavian 实验动物杂志

英文名称：Scandinavian Journal of Laboratory Animal Science

出版周期：季刊

主办单位：斯堪的纳维亚（Scandinavian）实验动物学会

刊物简介：斯堪的纳维亚地区（包括挪威、瑞典、丹麦、冰岛）实验动物学专业杂志，发表所有与实验动物科学相关的文章。

12. J APPL ANIM WELF SCI

中文名称：应用动物福利学杂志

英文名称：Journal of applied animal welfare science

出版周期：季刊

主办单位：美国防止虐待动物协会（The American Society for the Prevention of Cruelty to Animals，ASPCA）和社会与动物论坛（Society and Animals Forum）

刊物简介：JAAWS 发表在动物实验、管理和使用方面有关促进实验室、野生动物、公园动物和伴侣动物有关福利问题的文章或报道。

13. Laboratory Primate Newsletter

中文名称：灵长类实验动物通讯

英文名称：Laboratory Primate Newsletter

出版周期：季刊

主办单位：美国布朗大学（Brown University）

刊物简介：提供非人灵长类动物有关的文章。

14. 中国实验动物学报

中文名称：中国实验动物学报

英文名称：Acta Laboratorium Animalis Scientia Sinica

出版周期：双月刊

主办单位：中国实验动物学会

刊物简介：1993 年创刊，刊载有关实验动物和动物实验的理论专著、科研成果论文、科学实验新方法、新材料、实验动物新资源开发、新的动物品系的培育和应用以及与实验动物有关的其他学科的科学论述。

15. 中国比较医学杂志

中文名称：中国比较医学杂志

英文名称：Chinese Journal of Comparative Medicine

出版周期：月刊

主办单位：中国实验动物学会

刊物简介：1991 年创刊，由中国实验动物学会主办的国家级学术期刊。主要刊载有关实验动物和动物实验的理论专著、科研成果论文、科学实验新方法、新材料、实验动物新资源开发、新的动物品系的培育和应用以及实验动物有关的其他学科的科学论述。

16. 实验动物与比较医学

中文名称：实验动物与比较医学

英文名称：Laboratory Animal and Comparative Medicine

出版周期：双月刊

主办单位：上海市实验动物学会，上海实验动物研究中心

刊物简介：1981 年创刊，国内实验动物科技领域第一本专业性学术刊物，兼顾普级与提高，刊登实验动物和动物实验两大领域的研究论文和文献综述、国内外动态等基础文章。

17. 实验动物科学

中文名称：实验动物科学

英文名称：Laboratory Animal Science

出版周期：双月刊

主办单位：北京实验动物学学会，北京实验动物研究中心，北京实验动物管理委员会

刊物简介：1984 年创刊，1994 年改名为《实验动物科学与管理》，由北京实验动物学学会、北京实验动物管理委员会、北京市实验动物研究中心共同主办。2007 年改为《实验动物科学》。

附录四　参考文献

1. 窦如海，金庆东、刘兆平. 实验动物与动物实验技术. 济南：山东科学技术出版社，2006.
2. 王荫槐. 实验动物与动物实验. 北京：中国建材工业出版社，1999：116.
3. Xu L，Bao L，Deng W，et al. The mouse and ferret models for studying the novel avian-origin human influenza A (H7N9) virus. Virology Journal，2013，10：253.
4. Xu L，Bao L，Deng W，et al. The Novel Avian-Origin Human A (H7N9) Influenza Virus Could be Transmitted between Ferrets via Respiratory Droplets. Journal of Infectious Disease，2014，15，209 (4)：551-556.
5. Lili Xu，Linlin Bao，Fengdi Li，et al. Adaption of Seasonal H1N1 Influenza Virus in Mice. PLoS ONE，2011，6 (12)：e28901.
6. Huang Y，L Mucke. Alzheimer mechanisms and therapeutic strategies. Cell，2012，148 (6)：1204-1222.
7. Thomas B，MF Beal. Parkinson's disease. Hum Mol Genet，2007，16 Spec No. 2：R183-194.
8. 秦川. 医学实验动物学（第2版）. 北京：人民卫生出版社，2015.
9. 秦川. 实验动物学. 北京：人民卫生出版社，2010.
10. 徐淑云. 药理实验方法学（第3版）. 北京：人民卫生出版社，2002.
11. 国家食品药品监督管理局：药物非临床研究质量管理规范认证管理办法. 2007.
12. 秦川. 常见人类疾病动物模型的制备方法. 北京：北京大学医学出版社，2007.
13. Hyttinen JM，Peura T，Tolvanen M，et al. Generation of transgenic dairy cattle from transgene-analyzed and sexed embryos produced in vitro. Biotechnology (N Y)，1994，12 (6)：606-608.
14. Campbell KH，McWhir J，Ritchie WA，et al. Sheep cloned by nuclear transfer from a cultured cell line. Nature，1996，380 (6569)：64-66.
15. 廖清华，赵广伟，何若钢，等. 动物异种核移植的研究进展. 安徽农业科学，2008，36 (30)：13064-13066.
16. Zhao XY，Li W，Lv Z，et al. iPS cells produce viable mice through tetraploid complementation. Nature，2009，461 (7260)：86-90.
17. Kim HKim JS. A guide to genome engineering with programmable nucleases. Nat Rev Genet，2014.
18. Bedell VM，Wang Y，Campbell JM，et al. In vivo genome editing using a high-efficiency TALEN system. Nature，2012，491 (7422)：114-118.
19. Mali P，Yang L，Esvelt KM，et al. RNA-guided human genome engineering via Cas9. Science，2013，339 (6121)：823-826.
20. Cong L，Ran FA，Cox D，et al. Multiplex genome engineering using CRISPR/Cas systems. Science，2013，339 (6121)：819-823.
21. Jinek M，Chylinski K，Fonfara I，et al. A programmable dual-RNA-guided DNA endonuclease in adaptive bacterial immunity. Science，2012，337 (6096)：816-821.
22. Cho SW，Kim S，Kim JM，et al. Targeted genome engineering in human cells with the Cas9 RNA-guided endonuclease. Nat Biotechnol，2013，31 (3)：230-232.
23. Ma Y，Zhang L，and Huang X. Genome modification by CRISPR/Cas9. FEBS J，2014，281 (23)：5186-5193.
24. Prut L，Belzung C. The open field as a paradigm to measure the effects of drugs on anxiety-like behaviors：a review. Eur J Pharmacol，2003，463 (1~3)：3-33.

25. 王琼，买文丽，李翊华，等. 自主活动实时测试分析处理系统的建立与开心散安神镇静作用验证. 中草药，2009，(11).

26. Karl T，Pabst R，von Horsten S. Behavioral phenotyping of mice in pharmacological and toxicological research. Exp Toxicol Pathol，2003，55 (1)：69-83.

27. Barez-Lopez S，Bosch-Garcia D，Gomez-Andres D，et al. Abnormal motor phenotype at adult stages in mice lacking type 2 deiodinase. PLoS One，2014，9 (8)：e103857.

28. Linden J，Fassotte L，Tirelli E，et al. Assessment of behavioral flexibility after middle cerebral artery occlusion in mice. Behav Brain Res，2014，258：127-137.

29. Li S，Shi Z，Zhang H，et al. Assessing gait impairment after permanent middle cerebral artery occlusion in rats using an automated computer-aided control system. Behav Brain Res，2013，250：174-191.

30. Bromley-Brits K，Deng Y，Song W. Morris water maze test for learning and memory deficits in Alzheimer's disease model mice. J Vis Exp，2011，(53).

31. McHugh SB，Niewoehner B，Rawlins JN，et al. Dorsal hippocampal N-methyl-D-aspartate receptors underlie spatial working memory performance during non-matching to place testing on the T-maze. Behav Brain Res，2008，186 (1)：41-47.

32. Stewart S，Cacucci F，Lever C. Which memory task for my mouse? A systematic review of spatial memory performance in the Tg2576 Alzheimer's mouse model. J Alzheimers Dis，2011，26 (1)：105-126.

33. Brush FR. Selection for differences in avoidance learning：the Syracuse strains differ in anxiety，not learning ability. Behav Genet，2003，33 (6)：677-696.

34. Popovic M，Gimenez de Bejar V，Popovic N，et al. Time course of scopolamine effect on memory consolidation and forgetting in rats. Neurobiol Learn Mem，2015，118：49-54.

35. Walf AA，Frye CA. The use of the elevated plus maze as an assay of anxiety-related behavior in rodents. Nat Protoc，2007，2 (2)：322-328.

36. Bourin M，Hascoet M. The mouse light/dark box test. Eur J Pharmacol，2003，463 (1~3)：55-65.

37. Kumar V. Characterization of anxiolytic and neuropharmacological activities of Silexan. Wien Med Wochenschr，2013，163 (3~4)：89-94.

38. Porsolt R，Bertin A，Jalfre M. Behavioral despair in mice：a primary screening test for antidepressants. Arch Int Pharmacodyn Ther，1977，229 (2)：327-336.

39. Steru L，Chermat R，Thierry B，et al. The tail suspension test：a new method for screening antidepressants in mice. Psychopharmacology (Berl)，1985，85 (3)：367-370.

40. Seligman M，Beagley G. Learned helplessness in the rat. J Comp Physiol Psychol，1975，88 (2)：534-541.

41. Matthews K，Forbes N，Reid IC. Sucrose consumption as an hedonic measure following chronic unpredictable mild stress. Physiology & Behavior，1995，57 (2)：241-248.

42. Yang M，Li L，Jiang P，et al. Dual-color fluorescence imaging distinguishes tumor cells from induced host angiogenic vessels and stromal cells. Proc Natl AcadSciUSA，2003，100：14259-14262.

43. Yang M，Baranov E，Jiang P，et al. Whole-body optical imaging of green fluorescent protein-expressing tumors and metastases. Proc Natl AcadSci USA，2000，97 (3)：1206-1211.

44. Iyer M，Berenji M，Templeton N S，et al. Noninvasive imaging of cationic lipid-mediated delivery of optical and PET reporter genes in living mice. MolTher，2002，6 (4)：555-562.

45. Edinger M，Cao Y A，Verneris M R，et al. Revealing lymphoma growth and the efficacy of immune cell therapies using in vivo bioluminescence imaging. Blood，2003，101 (2)：640-648.

46. Sundaresan G, Paulmurugan R, Berger F, et al. Micro PET imaging of Cre-loxP-mediated conditional of a herpes simplex virus type 1 thymidine kinase reporter gene. Gene Ther, 2004, 11：609-618.
47. Wipke BT, Wang Z, Kim J, et al. Dynamic visualization of a joint-specific autoimmune response through positron emission tomography. Nat Immunol, 2002, 3：366-372.
48. Thanos PK, Taintor NB, Alexoff D, et al. In vivo comparative imaging of dopamine D2 knockout and wild type mice with (11) C-raclopride and micro PET. J Nucl Med, 2002, 43：1570-1577.
49. Hirani E, Sharp T, Sparakes M, et al. Fenfluramine evokes 5-HT2A receptor-mediated responses but does not displace, MDL 100907：small animal PET and gene expression studies. Synapse, 2003, 50：251-260.
50. 高凯，袁树民，董伟，等. 利用Micro-PET显像技术分析阿尔茨海默病小鼠模型的脑糖代谢. 解剖学报，2011，42（1）：141-143.
51. Yu X, Tesiram YA, Towner RA, et al. Early myocardial dysfunction in streptozotocin-induced diabetic mice：a study using in vivo magnetic resonance imaging (MRI). CardiovascDiabetol, 2007, 19 (6) ：6.
52. Zhou YQ, Zhu Y, Bishop J, et al. Abnormal cardiac inflow patterns during postnatal development in a mouse model of Holt-Oramsyndrome. Am J Physiol Heart Circ Physiol, 2005, 289 (3)：H992-H1001.
53. Rottman JN, Ni G, Khoo M, et al. Temporal changes in ventricular function assessed echocardiographically in conscious and anesthetized mice. J Am SocEchocardiogr, 2003, 16 (11)：1150-1157.
54. Pollick C, Hale SL, Kloner RA. Echocardiographic and cardiac Doppler assessment of mice. J Am SocEchocardiogr, 1995, 8 (5 Pt 1)：602-610.
55. 张里仁，等. 医学影像设备学. 北京：人民卫生出版社，2000，11：75-168.
56. Yang M, Li L, Jiang P, et al. Dual-color fluorescence imaging distinguishes tumor cells from induced host angiogenic vessels and stromal cells. Proc Natl AcadSciUSA, 2003, 100：14259-14262.
57. Iyer M, Berenji M, Templeton N S, et al. Noninvasive imaging of cationic lipid-mediated delivery of optical and PET reporter genes in living mice. MolTher, 2002, 6 (4)：555-562.
58. Edinger M, Cao Y A, Verneris M R, et al. Revealing lymphoma growth and the efficacy of immune cell therapies using in vivo bioluminescence imaging. Blood, 2003, 101 (2)：640-648.
59. Sundaresan G, Paulmurugan R, Berger F, et al. Micro PET imaging of Cre-loxP-mediated conditional of a herpes simplex virus type 1 thymidine kinase reporter gene. Gene Ther, 2004, 11：609-618.
60. Wipke BT, Wang Z, Kim J, et al. Dynamic visualization of a joint-specific autoimmune response through positron emission tomography. Nat Immunol, 2002, 3：366-372.
61. Thanos PK, Taintor NB, Alexoff D, et al. In vivo comparative imaging of dopamine D2 knockout and wild type mice with (11) C-raclopride and micro PET. J Nucl Med, 2002, 43：1570-1577.
62. 高凯，袁树民，董伟，等. 利用Micro-PET显像技术分析阿尔茨海默病小鼠模型的脑糖代谢. 解剖学报，2011，42（1）：141-143.
63. Zhou YQ, Zhu Y, Bishop J, et al. Abnormal cardiac inflow patterns during postnatal development in a mouse model of Holt-Oramsyndrome. Am J Physiol Heart Circ Physiol, 2005, 289 (3)：H992-H1001.
64. Rottman JN, Ni G, Khoo M, et al. Temporal changes in ventricular function assessed echocardiographically in conscious and anesthetized mice. J Am SocEchocardiogr, 2003, 16 (11)：1150-1157.
65. Pollick C, Hale SL, Kloner RA. Echocardiographic and cardiac Doppler assessment of mice. J Am SocEchocardiogr, 1995, 8 (5 Pt 1)：602-610.
66. 贺争鸣，李冠民，邢瑞昌 .3R理论的形成、发展及在生命科学研究中的应用. 中国生物制品学杂志，2005，15（2）：122-124.

67. 刘冕. 关于完善我国实验动物福利与伦理法律体系的几点思考. 实验动物科学，2007，24：55-63.

68. 张楠楠，梁锦锋，宋淑亮，等. 神经发育毒性动物实验替代方法研究进展. 中国药理学与毒理学杂志，2012，26（1）：116-119.

69. Stern M，Gierse A，Tan S，et al. Human Ntera2 cells as a predictive in vitro test system for developmental neurotoxicity. Archives of Toxicology，2014，88：127-136.

70. Combes R D，Balls M. Every silver lining has a cloud：The scientific and animal welfare issues surrounding new approaches to the production of transgenic animals. ATLA，2014，42：137-145.

71. 程树军，黄韧，刘慧智. 贝类毒素监测的动物试验优化及替代方法. 中国比较医学杂志，2011，21（2）：51-55.

72. 张洁宏，赵鹏. 化妆品皮肤毒性的动物实验替代方法研究进展. 右江民族医学院学报，2013，4：542-544.

73. 秦瑶，程树军，黄健聪. 整合 CAMVA 和 BCOP 方法检测化妆品的眼刺激性. 中国比较医学杂志，2014，24（6）：78-82.

74. Anon. How slippers can end mascara irritation. University of Liverpool News，2014.

75. Thomason，Montagnes D J S. Developing a quick and inexpensive in vitro（nonanimal）bioassay for mascara irritation. Int J Cosmet Sci，2014，36（2）：134-139.

76. 李宏，黄清臻，邓兵. 化学品动物毒性试验的替代法. 医学动物防制，2007，23（1）：25-26.

77. Zhao Y，Yao R，Ouyang L，et al. Three-dimensional printing of HeLa cells for cervical tumor model in vitro. Biofabrication，2014，6（3）：035001.

78. Weightman A P，Pickard M R，Yang Y，et al. An in vitro spinal cord injury model to screen neuroregenerative materials. Biomaterials，2014，35：3756-3765.

79. Matteo Cassotti，DavideBallabio，Viviana Consonni，et al. Prediction of Acute Aquatic Toxicity Toward Daphniamagnaby using the GA-kNN Method. Altern Lab Anim，2014，42（1）：31-41.

80. Guide for the care and use of laboratory animals. Eighth Edition，2011.

81. 中国医学科学院实验动物研究所，中国质检出版社第一编辑室. 实验动物标准汇编. 北京：中国标准出版社，2011.

82. 方喜业，邢瑞昌，贺争鸣. 实验动物质量控制. 北京：中国标准出版社，2008.

83. WHO. 实验室生物安全手册. 第 3 版.

84. 祁国明. 病原微生物实验室生物安全. 第 2 版. 北京：人民卫生出版社，2006.

85. 卢耀增. 医用实验动物学. 北京：中国协和医科大学出版社，1994.

86. 卢胜明，岳秉飞. 我国实验动物种质资源的保护与利用现状. 实验动物科学与管理，2003，20（z1）：1-4.

87. 中科院上海生命科学信息网，http://www.lifesciencE.orG.cn/.

88. 重庆医科大学实验动物中心 2004 年 5 月公布数据.

89. 中国科学院上海实验动物中心网站，http://www.slaccas.com/htm/labjszl1.htm.

90. 吉林大学实验动物中心网站，http://lac.jlu.edu.cn/news.htm.